电子
线路

■ 徐长根 张建超 王瑞萍 王秀丽 编著

U0378268

清华大学出版社
北京

内 容 简 介

本书是一本针对通信与电子类专业的试验教材,力图将低频电子线路和高频电子线路的主要内容进行归并,以帮助学生缩短专业基础课程的学习时间。在编写上以够用、易学为原则,回避深奥理论,淡化数学运算,注重物理意义,结合实际应用。

全书共12章:前7章分别是半导体器件基础、基本放大电路、多级放大电路、负反馈放大电路、集成运算放大电路、功率放大电路和直流电源;后5章分别是正弦振荡电路、高频小信号放大电路、调制与解调、高频功率放大电路和高频自动控制。

本书内容连贯,通俗易懂,图文并茂,注重对比学习,并配有适度练习题。

本书可作为高等院校、职业院校通信、电子、电气、自动化、机电一体化等专业基础课程教学的教材,也可供从事电子技术的工程技术人员或电子技术爱好者参考。

图书在版编目(CIP)数据

电子线路/徐长根等编著.--北京:清华大学出版社,2014(2023.8重印)

ISBN 978-7-302-36968-4

Ⅰ.①电… Ⅱ.①徐… Ⅲ.①电子线路－高等职业教育－教材 Ⅳ.①TN710

中国版本图书馆 CIP 数据核字(2014)第 135278 号

责任编辑:田在儒
封面设计:傅瑞学
责任校对:袁 芳
责任印制:宋 林

出版发行:清华大学出版社

网 址:http://www.tup.com.cn,http://www.wqbook.com
地 址:北京清华大学学研大厦 A 座　　　　　邮 编:100084
社 总 机:010-83470000　　　　　　　　　　邮 购:010-62786544
投稿与读者服务:010-62776969,c-service@tup.tsinghua.edu.cn
质量反馈:010-62772015,zhiliang@tup.tsinghua.edu.cn

印 装 者:天津鑫丰华印务有限公司
经 销:全国新华书店
开 本:185mm×260mm　　　印 张:18　　　字 数:413 千字
版 次:2014 年 9 月第 1 版　　　　　　　　印 次:2023 年 8 月第 3 次印刷
定 价:59.00 元

产品编号:060139-02

PREFACE 前言

党的二十大报告指出：教育、科技、人才是全面建设社会主义现代化国家的基础性、战略性支撑。

本书力图将低频电子线路和高频电子线路的主要内容进行归并，以够用、易学为原则，帮助学生缩短专业基础课程的学习时间，以便有效地进入专业课程的学习和训练，尽快融入社会需求之中。

本书适合于高等院校、职业院校通信和电子类专业，要求学生在此之前已经完成"电路"和"电子装配工艺"课程的学习。

本书共 12 章，其中低频电路 7 章，高频电路 5 章。建议全学期理论教学时数为 96，配套的实验教学时数为 32，实验内容视教学条件而定。

本书每节的内容比较均衡，首尾呼应，独立性较强。每节的难度逐步加大，尽量做到深入浅出，言简意赅；强化物理分析，弱化公式计算；突出实际应用，回避深奥理论；注重对比学习和图表的视觉效果，文字描述通俗易懂。

本书低频部分注意到知识的逐步演进：半导体器件基础→基本放大电路→多级放大电路→负反馈放大电路→集成运算放大电路→功率放大电路→直流电源。在负反馈放大电路之前，将直接耦合放大电路和差动放大电路内容适度进行了展开；在集成运算放大电路之后，更侧重于从应用角度了解电路原理，物理意义解释多于数学分析。

本书用正弦振荡电路作为衔接，从低频部分过渡到高频部分，逐步引出关联的主要知识点：正弦振荡电路→高频小信号放大电路→调制与解调→高频功率放大电路→高频自动控制。在调制解调之前，把混频电路作为过渡，引出频率变换，小信号放大电路全部介绍之后，再进入高频功率放大电路，最后一章属于知识拓展内容。

本书配套练习题在每章篇末出现，确保掌握应知应会内容，难度逐渐加深。

本书已在校内试用两届。教学督导裴帮新对本书提出了许多宝贵意见，在此谨致谢意。

由于编者水平有限，书中难免存在不足之处，敬请各位读者批评、指正。

编　者
2023 年 8 月

常用符号表

符号	量　名　称	符号	量　名　称	符号	量　名　称
	基本符号	u_c	集电极瞬时电压	g_c	三极管变频跨导
I	电流	u_{be}	发射结瞬时电压	g_m	场效应管跨导
U	电压	u_{ce}	三极管管压降	I_{DSS}	场效应管饱和漏电流
P	功率	U_{CC}	集电极电源/可变直流电源	U_P	场效应管夹断电压
R	电阻	U_{BB}	基极电源	U_T	场效应管开启电压
G	电导	U_{EE}	发射极电源		高频参数
X	电抗	I_{c0}	谐振电路直流分量	p	接入系数
B	电纳	I_{c1}	谐振电路基波分量	k	耦合系数
Z	阻抗 $Z=R+jX$		功率、效率	η	耦合因数
Y	导纳 $Y=G+jB$	P_u	电源提供功率	$\lvert r \rvert$	反射系数
L	电感	P_o	电路输出功率	ρ	驻波比
C	电容	P_T	集电极损耗功率	Z_0	特性阻抗
M	互感	η	电路效率	M_a	调幅系数
t	时间		阻抗、导纳、频率	$K(t)$	开关函数
τ	时间常数	R_s	信号源内阻	K	乘法因子,传输系数
F,f	频率	R_i	电路输入电阻	K_d	检波效率
ω	角频率	R_o	电路输出电阻	K_f	调频灵敏度
f_h	高端截止频率	R_L	电路负载电阻	K_p	调相灵敏度
f_1	低端截止频率	r	谐振电路损耗电阻	M_f	调频系数
f_{BW}	通频带 $f_{BW}=f_h-f_1$	g	谐振电路损耗电导	M_p	调相系数
φ	相位	f_0	谐振电路中心频率	$\Delta\omega$	频偏
Q	品质因数	R_0	谐振电路谐振电阻	$\Delta\varphi$	相移
A_u	电压增益		器件参数	S_f	鉴频灵敏度
A_i	电流增益	C_j	二极管结电容	θ	半导通角
A_p	功率增益	U_{th}	二极管死区电压	α	余弦脉冲分解系数
VT	三极管	U_{br}	二极管反向击穿电压	g_1	波形系数
VD	二极管	U_Z	稳压管稳压值	ξ	广义失谐
T	变压器	I_Z	稳压管工作电流		集电极电压利用系数
Y	石英晶体	r_Z	稳压管动态电阻	K_v	压控灵敏度
	电压、电流	$\bar{\beta}$	三极管直流放大倍数	K_d	鉴相灵敏度
$U(I)$	电压(电流)直流值	β	三极管交流放大倍数		
	下标大写表示直流	$r_{bb'}$	三极管基区体电阻		
	下标小写表示有效值	r_{be}	三极管输入电阻		
$u(i)$	电压(电流)瞬时值	I_{CBO}	三极管反向饱和电流		
	下标大写表示直流	I_{CEO}	三极管穿透电流		
	下标小写表示交流	I_{CM}	三极管最大集电极电流		
u_s	信号源电压	P_{CM}	三极管最大集电极功耗		
u_i	电路输入电压	U_{EBO}	三极管反向击穿电压		
u_o	电路带载输出电压	U_{CES}	三极管集电极饱和压降		
u_o'	电路空载输出电压	f_T	三极管特征频率		

CONTENTS 目录

半导体器件基础

1.1 半导体基本知识

半导体技术发展至今,已有 60 多年的历史,半导体器件在电子学领域得到了极为广泛的应用。从分立元件到集成电路,再到大规模集成电路,电子技术的发展已经进入了微电子时代。无论技术先进到何种程度,硬件仍然主要是依靠半导体技术。

本节是半导体技术的一个入门,从应用角度对半导体基本知识进行简单的介绍,在认知本征半导体和杂质半导体的基础上,重点学习 PN 结的单向导电性,并了解其制造过程。

1.1.1 本征半导体

自然界中的物质按照导电能力一般分为导体、半导体和绝缘体 3 类。本征半导体是半导体的自然形态,虽然不能导电,但它为半导体导电奠定了基础。

1. 四价元素原子结构

半导体是导电能力处于导体和绝缘体之间的一种物质,常用的半导体材料有硅、锗和砷化镓等。

半导体的导电能力会随着温度、光照或掺入杂质而发生明显变化,这也是近代电子学利用半导体材料制造成各种半导体器件和集成电路的主要原因。

图 1-1 为简化的原子结构模型。

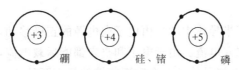

图 1-1　简化的原子结构模型

四价元素硅或锗在半导体制作过程中起主要作用,不大于三价或不小于五价的元素也会在掺杂过程中发挥作用。通常把原子最外层的电子称为价电子,物质的导电性能取决于价电子的数目。

2. 共价键结构

把半导体材料制成晶体之后,其原子结构按照一定规则排列组成晶体点阵,每两个相邻原子的最外层轨道上都有一对公有电子,形成共价键结构,如图1-2所示。

纯净的半导体晶体称为**本征半导体**。本征半导体在热力学零度(−273℃)时,价电子没有能力挣脱共价键的束缚形成自由电子,因此不导电。

3. 本征激发

在室温条件下,价电子在不停地热运动,其中少数电子获得足够的动能之后,有可能挣脱共价键的束缚,成为自由电子,这种现象称为热激发或**本征激发**。

一旦共价键中的某个电子成为自由电子后,在其原来的位置上就会留下一个空位,称为**空穴**。由于电子带负电,空穴则带正电。因此,自由电子和空穴是成对出现的,称为**电子空穴对**。

本征激发产生自由电子和空穴,如图1-3所示。

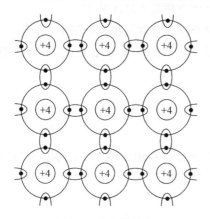

图1-2　共价键结构

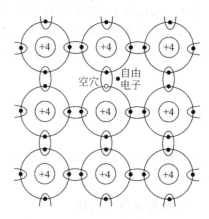

图1-3　本征激发

热激发导致电子空穴对产生,而自由电子在移动过程中又可能填补某个空穴,使得一对电子空穴对消失,此现象称为电子空穴对的复合。产生的电子空穴对越多,复合的机会越大。这样,在一定的室温条件下,本征半导体内的电子和空穴的浓度是相等的。

4. 外加电场作用

在外加电场作用下,半导体中的自由电子向电源的正极移动,形成电子电流;空穴向电源的负极移动,形成空穴电流。由于电子和空穴都能运载电流,统称为**载流子**。

本征半导体不同于金属导体的一个重要特性就是有两种载流子参与导电。

1.1.2　杂质半导体

在室温条件下,本征半导体内的电子空穴对数量极少,导电能力很差。但是,只要在其中掺入千万分之一的某种杂质,导电能力就大为改观。掺入杂质的半导体称为**杂质半导体**。

　　通过掺入不同种类和数量的杂质元素,来控制半导体的导电性能,可以制造出各种半导体器件,例如二极管、三极管、场效应管、集成电路和各种特殊的半导体器件。

　　根据掺入杂质的不同,杂质半导体分为 N 型半导体和 P 型半导体两类。

1. N 型半导体

　　在硅或锗晶体中掺入少量五价元素(如磷、砷、锑等)后,杂质原子就代替了晶体中某些硅原子的位置,它同相邻的 4 个硅原子组成共价键时,多余的一个价电子在共价键之外,成为自由电子。

　　杂质原子因为失去一个价电子而成为正离子,它们在晶格中不能移动,因此不能参与导电。

　　由于杂质原子可以提供大量的自由电子,而不产生空穴,使得半导体中的自由电子数量远远超过空穴的数量。这种半导体将以自由电子导电为主,称自由电子为多数载流子或多子,称空穴为少数载流子或少子。

　　N 型半导体是以自由电子为多子,也称其为电子型半导体。

2. P 型半导体

　　在硅或锗晶体中掺入三价元素(如硼、铝、铟等)后,杂质原子的 3 个价电子与周围的硅原子组成共价键时,出现一个空穴。

　　邻近的价电子受到热激发获得能量时,很有可能填充这个空穴,使杂质原子变成不能移动的负离子。杂质原子在产生空穴的同时并不产生新的自由电子,使得半导体中的空穴数量远远超过自由电子的数量。

　　P 型半导体是以空穴为多子,也称其为空穴型半导体。

　　N 型半导体和 P 型半导体的结构如图 1-4 所示。

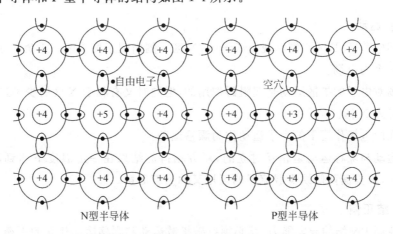

图 1-4　N 型半导体和 P 型半导体的结构

3. 杂质半导体的电中性

　　本征半导体掺入杂质后,既不损失电荷,也不获得电荷,内部正负电荷处于平衡状态,杂质半导体呈电中性。但是,控制掺杂浓度可以改变其导电能力,半导体集成电路中的电阻就是基于此原理制作的。

1.1.3　PN 结及其单向导电特性

在本征半导体中掺进不同的杂质,使一部分为 P 型,另一部分为 N 型,那么在 P 型与 N 型中间就会产生一个过渡区,这个过渡区具有特殊的电学性能,称为 PN 结。

1. 扩散运动

同时具有 P 型和 N 型的杂质半导体在 P 区和 N 区之间形成了一个界面,如图 1-5 所示。

在 P 区多子是空穴,少子是自由电子,N 区情况相反,这样在两区的交界面就出现了多子和少子的浓度差。这种浓度差会引起 N 区的电子向 P 区运动,称为扩散运动,扩散到 P 区的电子不断地与空穴复合。同样的道理,P 区的空穴向 N 区扩散,与 N 区的电子复合。交界面两侧多子复合的结果,就出现了一个空间电荷区,这就是 PN 结,如图 1-6 所示。

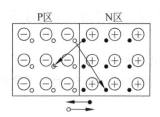
图 1-5　载流子扩散运动

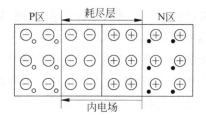
图 1-6　PN 结的形成

2. 漂移运动

在空间电荷区,P 区一侧出现负离子区,N 区一侧出现正离子区。正负离子在交界面两侧形成一个内电场。

内电场对电子的扩散运动是起阻碍作用的,但同时又有利于 N 区的少子进入 P 区,P 区的少子进入 N 区。

这种在内电场作用下的少子运动称为**漂移运动**。

扩散运动与漂移运动是相互对立的,双方相持的结果在一定温度下达到动态平衡。动态平衡时,交界面两侧缺少载流子的区域又称为**耗尽层**。

3. PN 结正偏

要想控制 PN 结的导电能力,就必须打破扩散运动和漂移运动建立的平衡,可以通过给 PN 结外加电场来实现,有正偏和反偏两种做法。

所谓**正偏**,就是 P 区接电源正端,N 区接电源负端。外加电场与 PN 结内电场方向相反,内电场被削弱,耗尽层变窄,PN 结平衡状态被打破,扩散运动占优势。

多子形成的扩散电流通过回路形成很大的正向电流,PN 结呈现的正向电阻很小,称为正向导通。PN 结正偏如图 1-7 所示，R 为保护 PN 结的限流电阻。

4. PN 结反偏

所谓**反偏**，就是 P 区接电源负端，N 区接电源正端。外加电场与 PN 结内电场方向相同，内电场被加强，耗尽层变宽，PN 结平衡状态被打破，漂移运动占优势，PN 结反偏如图 1-8 所示。

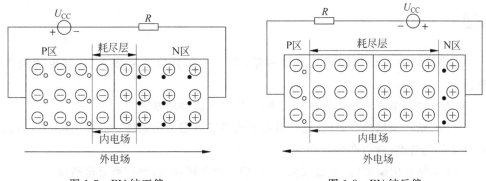

图 1-7　PN 结正偏　　　　　　　　　　　图 1-8　PN 结反偏

两区浓度很低的少子在内电场作用下，漂移通过 PN 结形成反向电流，也称反向饱和电流 I_S，电流很小。锗管的反向饱和电流在 μA 级，硅管的在 nA 级。PN 结反偏时电阻很大，称为反向截止。

综上所述，PN 结外加正向电压时导通，外加反向电压时截止，这就是 PN 结的单向导电性。

环境温度改变时，由于热激发使半导体内少数载流子浓度增加，使 PN 结的反向饱和电流增大，这在实际应用中需要加以考虑。

1.1.4　PN 结的生产制造

半导体器件的制造主要取材于自然界的硅材料，借助于精密的制造设备和复杂的工艺过程，在超净的制造环境保障下，才能得以完成。PN 结是最简单的半导体，制造过程仍然需要经过前后两个工序。

1. 前工序

前工序过程包括：原始晶片的提纯、芯片加工和中间测试，最后完成管芯。芯片加工包括衬底、氧化、外延、光刻掩膜、腐蚀、扩散等工艺。

2. 后工序

后工序过程包括：划片、贴片、键合、封装、筛选、产品测试，最后以产品方式提交给用户。

二极管前后工序产品外形如图 1-9 所示。

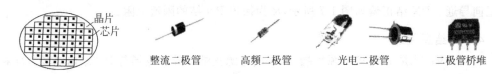

图 1-9　二极管前后工序产品外形图

小结

（1）半导体主要依赖四价元素硅和锗，在三价和五价元素掺入后，导电能力大为改观。

（2）PN 结是杂质半导体的典型代表，是半导体器件的基础。

（3）PN 结在未加外电场时，已经具备了改变导电能力的条件。这种内因一旦得到某种外部条件的帮助，就会产生一个飞跃。

（4）PN 结正向偏置时，电流很大，几乎相当于金属导线，使信号直接通过。

（5）PN 结反向偏置时，电流很小，几乎相当于开路，使信号无法通过。

（6）半导体在电子技术中发挥的作用远远超过了金属和绝缘体，使该技术受到广泛关注。

1.2　半导体二极管

在一块完整的本征半导体硅或锗上采用掺杂工艺，使一边形成 P 型半导体，另一边形成 N 型半导体，其结合的交界处会形成特殊的薄层（PN 结）。将 PN 结封装起来，并引出两个电极，便组成了一只半导体二极管。

本节是半导体技术的最基本最简单的应用，通过学习半导体二极管的伏安特性，了解各种半导体二极管的特点及应用情况。

1.2.1　二极管的结构与分类

半导体二极管本质上就是一个 PN 结，电路图形符号为 —▷|— 或 —▷|— 。一端称为正极或阳极，另一端称为负极或阴极。二极管在电路图中的标识大多用 VD 或 D 表示。

从应用角度看，需要了解半导体二极管的内部结构和功能。

1. 按照内部结构分类

根据内部结构，半导体二极管可分为点接触型和面接触型两类。性能比较如表 1-1 所示。

表 1-1　点接触型和面接触型二极管性能比较

结构名称	内部结构	接触面积	结电容	工作电流	工作频率
点接触型	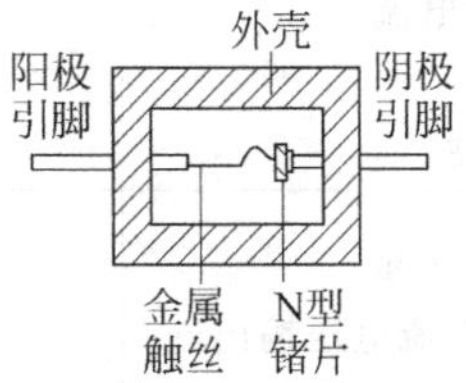 外壳　阳极引脚　阴极引脚　金属触丝　N型锗片	小	小	小,几十毫安以下	高,几百兆赫兹以上
面接触型	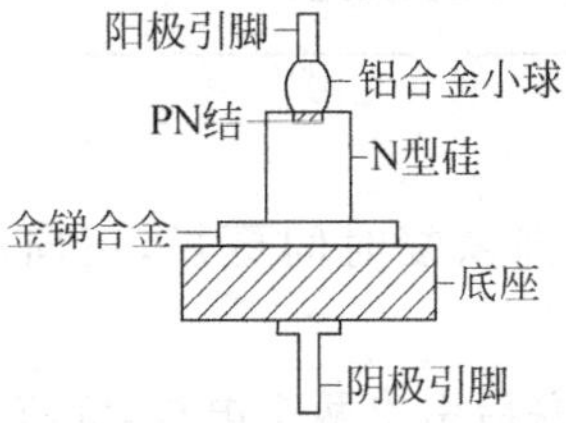 阳极引脚　铝合金小球　PN结　N型硅　金锑合金　底座　阴极引脚	大	大	大,几百毫安以上	低,几十千赫兹以下

　　从表 1-1 可以看出,两种结构各有利弊,都能完成一定的功能,但很难同时兼顾工作电流大和工作频率高的要求。

2. 按照功能分类

　　按照功能分类的常见半导体二极管性能特点如表 1-2 所示。

表 1-2　常见半导体二极管性能特点

名　称	图形符号	特点与用途	外　形
整流二极管	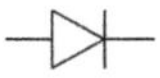	面接触型功率器件 结电容大,工作频率低 用于将交流转换成直流的电源电路	
检波二极管	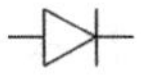	检出叠加在高频载波上的低频信号 检波效率高,频率特性好 用于高频检波电路	
开关二极管	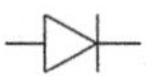	反向恢复时间短 满足高频和超高频应用 用于接通或关断信号的电路	
稳压二极管	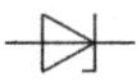	硅材料面接触型,反向运用能稳压 使用时二极管反向偏置 用于稳压、限幅等电路	
变容二极管		结电容与外加电压有关 使用时二极管反向偏置 用于谐振电路	
发光二极管	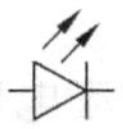	PN 结注入正向电流 非平衡载流子在复合过程中发光 用于通信、控制和显示电路	

续表

名　称	图形符号	特点与用途	外　形
光电二极管		半导体材料因光照而产生电流 使用时二极管反向偏置 用于通信、控制和告警电路	
二极管桥堆		将 4 只二极管桥接封装在一起 用于交流输入时，整流成直流电压输出 用于直流输入时，输入极性接反无危害	

常见二极管还包括以下类型。

（1）快速恢复二极管是开关二极管的特例，反向恢复时间更短，正向压降低，耐压值高。

（2）双向触发二极管是将两只稳压管背靠背串联后引出两个电极，无极性，一定电压时导通击穿。

（3）双向稳压二极管是将两只稳压管背靠背串联后引出两个电极，无极性，具有正负两种电压输出。

（4）双色光发光二极管是将两只不同颜色的发光二极管封装在一起，引出 3 个电极，可以完成双色发光功能，两种颜色分别受控。

（5）双整流二极管是将两只相同特性的整流二极管封装在一起，引出 3 个电极，可以完成双整流功能，使整流电流加大一倍。

1.2.2　二极管的正向特性

二极管的**正向特性**是指二极管正极接高电位，负极接低电位，随着正向电压的改变，输出电流发生变化的规律。由于电压和电流的测量单位分别是伏特和安培，通常把二极管的这种特性称为**伏安特性**。

1. 二极管正向伏安特性

二极管正向偏置电路、测量方法及伏安特性曲线如图 1-10 所示。

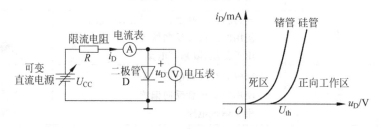

图 1-10　二极管正向偏置电路及伏安曲线

将可变直流电源电压 U_{CC} 从零开始，逐步增加电压值，通过限流电阻 R，使二极管 D 正向电压值不断增加，从电压表和电流表读数可绘出二极管正向伏安特性曲线。

2. 正向运用特点

二极管的 PN 结方程为

$$i_D = I_S(e^{u_D/u_T} - 1) \tag{1-1}$$

式中，I_S 为反向饱和电流；u_T 为温度的电压当量($u_T = kT/q$)。

从二极管正向特性可以看出如下规律。

(1) 二极管正向电流随着正向电压的增加是非线性的，变化过程中存在一个转弯处，此时的电压称为**正向阈值电压或死区电压**，记为 U_{th}，阈值左边称为死区；阈值右边开始导通，称为正向工作区。

(2) 锗管和硅管都具有上述特性，但两者的阈值不同，锗管的死区电压为 0.1~0.2V，正向工作电压为 0.3V，硅管的死区电压为 0.5V，正向工作电压为 0.7V。

(3) 温度上升会使二极管的阈值下降，每上升 1℃，会使 U_{th} 下降 2~2.5mV。

(4) 二极管运用时，如果信号幅度足够大，或在 U_{th} 附近人为预设一定的正向偏置电压，可认为二极管工作特性为线性；如果信号幅度小，则可近似认为是平方规律。

(5) 二极管正向工作常用来隔离、整流、检波和发光等，发光二极管的正向压降一般在 1.0V 左右，比普通二极管的正向压降大，图形符号 ⎓ 也增加了标记，箭头朝外。

3. 正向运用实例

二极管正向应用电路如图 1-11 所示。由图中可知以下几点。

(1) 桥式整流电路中，整流二极管 D_1 和 D_4 在正弦波的正半周导通，整流二极管 D_3 和 D_2 在正弦波的负半周导通，在电容上产生 310V 直流电压。

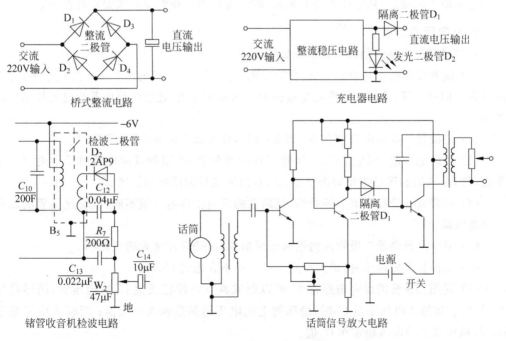

图 1-11 二极管正向应用电路

（2）充电器电路中，隔离二极管 D_1 用来防止外部电流倒灌；发光二极管 D_2 用作正常工作的显示。

（3）锗管收音机电路中，检波二极管 D_2 用作对调幅信号的包络检波。

（4）话筒信号放大电路中，隔离二极管 D_1 用作两级放大器之间的连接。

电路图中所有的二极管均为线性工作。

1.2.3 二极管的反向特性

二极管的反向特性是指二极管正极接低电位，负极接高电位，随着反向电压的改变，输出电流发生变化的规律。

1. 二极管反向伏安特性曲线

二极管反向偏置电路、测量方法及伏安特性如图 1-12 所示。

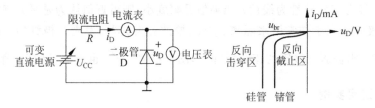

图 1-12　二极管反向偏置电路及伏安曲线

将可变直流电源电压 U_{cc} 从零开始，逐步增加电压值，通过限流电阻 R，使二极管 D反向电压值不断增加，从电压表和电流表读数，可绘出二极管反向伏安特性曲线。

2. 反向运用特点

从二极管反向特性曲线可以看出如下规律。

（1）随着反向电压的增加，二极管的反向电流在一段范围内几乎不变接近于零，称此区域为反向截止区，流过二极管的电流称为反向饱和电流，硅管的反向截止电流比锗管的更小。

（2）二极管的反向电流也存在一个转弯处，称为反向击穿电压，记为 U_{br}。

（3）反向电压达到 U_{br} 之后，二极管特性曲线陡直，再增加反向电流时反向电压几乎不变，称 U_{br} 左边的区域为反向击穿区，U_{br} 右边的区域为反向截止区。

（4）锗管或硅管都具有上述特性，但两者的反向击穿电压值不同，硅管比锗管的反向击穿电压高。

（5）温度上升会使二极管反向饱和电流加大，但硅管比锗管的变化小。

（6）二极管反向运用时，最大反向工作电压不宜超过 $U_{br}/2$。

（7）利用二极管的反向击穿特性，可以制成具有各种稳压值 U_z 的稳压管，图形符号为 。当输入电压不足 U_z 时，稳压管上的电压仍然是输入电压值；当输入电压超过 U_z 时，稳压管上的电压稳定在 U_z 值。

（8）变容二极管利用在反向电压条件下，PN 结电容发生变化的特性制成，图形符号

为 ─▷├─ 。

（9）光电二极管利用在反向电压条件下产生光电子，从而形成电流的原理制成，图形符号为 ─▷├─ ，箭头朝里。

3. 反向运用实例

二极管反向应用电路如图 1-13 所示。

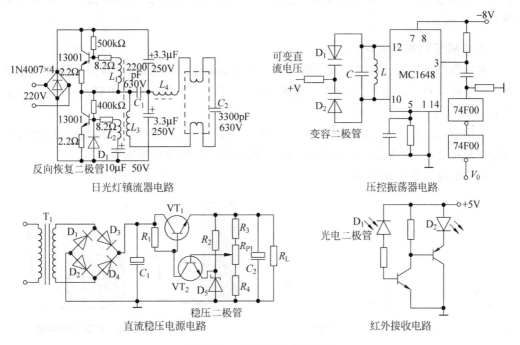

图 1-13　二极管反向应用电路

由图 1-13 可知以下几点。

（1）日光灯镇流器电路中，反向恢复二极管 D_1 用于保护振荡管 13001 的发射结，遇到反向冲击电压时，二极管瞬间短路，使得冲击电流不会进入三极管。

（2）压控振荡器电路中，变容二极管 D_1 和 D_2 与 LC 一起，支持集成电路 MC1648 产生高频正弦振荡信号。

（3）直流稳压电源电路中，稳压二极管 D_5 为调整管 VT_1 提供基准电压。

（4）红外接收电路中，处于反偏工作状态的光电二极管 D_1 感受红外信号，产生微弱电流，然后通过三极管放大。发光二极管 D_2 处于正偏工作状态，发光时表示光电管 D_1 收到红外光照射信号。

1.2.4　二极管的使用

正确使用二极管包括极性判别和简单测试，了解二极管技术参数之后，掌握二极管替换原则。

1. 二极管的极性判别

判别二极管的极性通常采用目测方法,规律如下:

（1）大多数二极管虽然体积小,但在其外壳上会用明显标记"－"表示负极。

（2）二极管在出厂之后,会用长短脚方式区分正负极性,短脚为负极。

（3）二极管安装在电路板上之后,通过观察玻璃壳内的金属体,还可以判别正负极,金属体小或形状呈"凸"状的为正极,金属体大或形状呈"凹"状的为负极。具体情况如图 1-14 所示。

2. 二极管的简单测试

利用数字万用表,选择"二极管测试"挡,通过测量正反向电压,可区分二极管的正负极。对于硅材料二极管,正向电压一般在 0.5V 左右;对于锗材料二极管,正向电压一般在 0.2V 左右。

利用指针式万用表,选择电阻"×100"或"×1k"挡,黑表笔(高电位)接正极,红表笔(低电位)接负极,可测得正向电阻约为几百至几千欧姆,反向电阻则很大。

具体情况如图 1-15 所示。

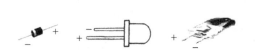

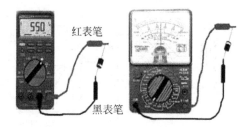

红表笔

黑表笔

图 1-14　目测法判别二极管极性　　　　图 1-15　用万用表对二极管简单测试

3. 二极管的技术参数

二极管的技术参数主要包括以下几点。

（1）最大整流电流 I_F,指二极管长期运行时允许通过的最大正向平均电流,由二极管 PN 结的结面积和外部散热条件决定。

（2）最高反向工作电压 U_{RM},指二极管使用时允许反向电压的峰值,一般取反向击穿电压的一半。

（3）反向电流 I_R,体现二极管单向导电性能的一个参数,越小越好。

（4）最高工作频率 f_M,由二极管结电容决定,二极管单向导电性能受工作频率的影响,超过 f_M 时单向导电性能变差。

上述技术参数几乎都是极限参数,反映二极管的极限能力。

4. 二极管的替换原则

所谓替换是指在实际工程中,无法获得与原设备相同规格型号的元器件备件时,用相近或优于元器件参数的同类型器件替代的一种工程方法。

二极管的替换原则如下:

（1）极限参数高于或接近原来的参数，如整流电流大的二极管替代整流电流小的二极管，高频二极管替代低频二极管。

（2）外形尺寸不宜超出原来的尺寸，除非电路板上有足够的安装空间。

（3）由于工作频率和功率消耗是相互制约的，尽管高频管可以替代低频管，但不一定能兼顾功率的要求，替换需要慎重。

（4）情况紧急时，也可考虑硅锗两种不同材料的二极管相互替换。

总的原则是，在条件许可时，重新安装原来设计要求的二极管。上述替换原则同样适合于其他元器件。

小结

（1）半导体二极管是半导体技术在电子学的基本应用，由于体积小、耗能低、功能全，使传统的电子管几乎完全退出电子工程应用领域。在电子线路中，半导体二极管可简单地理解为正向导通视同短路，反向截止视同开路。半导体二极管需要通过外部电场来控制其电性能，也称其为有源器件，以区别于电性能不依赖于电源的电阻、电容和电感等无源器件。

（2）半导体二极管的物理特性及分析方法，可以延续到更加复杂的其他半导体有源器件如三极管和场效应管。

1.3　半导体三极管

半导体三极管又称为晶体三极管，简称为晶体管或三极管。由两个靠得很近且相互影响的 PN 结组成，封装以后有 3 只引脚，分别称为**基极**、**发射极**和**集电极**。借助于电源的能量，能对信号进行电压放大、电流放大或功率放大。三极管是广泛用于电子线路中的有源器件。

本节主要了解三极管的内部特性，包括：结构和分类、电流分配关系、特性曲线和技术参数，为学习后续各种三极管放大电路打下基础。

1.3.1　三极管的基本识别

半导体三极管本质上是两个 PN 结，因为选材和制作方式的不同，图形符号及命名方式也各不相同。但三极管在电路图中的标识大多用"VT"或"Q"表示。

1. 三极管内部结构与分类

根据内部结构，半导体三极管可分为 NPN 型和 PNP 型两类。根据制作材料，半导体三极管可分为锗管和硅管；根据工作频率，半导体三极管可分为低频管和高频管；根据输出功率，半导体三极管可分为小功率管和大功率管；根据制造厂家，半导体三极管可分为国产管和进口管。

国产三极管代号比较如表 1-3 所示。

表 1-3   国产三极管代号比较

结构名称	内部结构	图形符号	功率大小	低频锗管	高频锗管	低频硅管	高频硅管
NPN 型	基极 B 集电极 C 发射极 E	基极 B 集电极 C 发射极 E	小功率	3BX..	3BG..	3DX..	3DG..
			大功率	3BD..	3BA..	3DD..	3DA..
PNP 型	基极 B 集电极 C 发射极 E	基极 B 集电极 C 发射极 E	小功率	3AX..	3AG..	3CX..	3CG..
			大功率	3AD..	3AA..	3CD..	3CA..

2. 三极管外形及引脚规律

三极管的外形主要取决于其输出功率。通常情况下,功率小则外形体积小,功率大则外形体积大。多数情况下,可通过目测方式判断出 3 个电极。

如果面对小功率三极管正面,引脚成一排,则从左至右分别为 EBC;如果面对引脚,引脚成等腰三角形,顶点在上从左至右,也分别为 EBC,发射极 E 旁边还有特殊标记。

如果面对大功率管正面,引脚成一排,则从左至右分别为 BCE,集电极 C 还与外壳相通,以便散热;金属封装的大功率三极管只有两只引脚,外壳为集电极,通过两个金属螺钉安装,面对引脚使 BE 在左侧,则下方为基极 B,如图 1-16 所示。

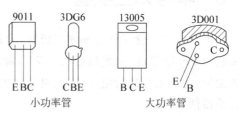

图 1-16   常见半导体三极管外形及引脚规律

3. 三极管的简单测试

根据三极管的内部 PN 结结构,先用万用表测量两只引脚的正向电阻或正向压降,硅三极管 PN 结正向电阻一般在几百欧姆至几千欧姆,正向压降一般在 0.7V 左右。需要对 3 只引脚测量 6 次,6 次测量结果中必有 2 次相同,另外 4 次结果也相同,可以迅速判断出属于 NPN 型还是 PNP 型三极管,基极也能同时判断出来。上述判断的原理与二极管完全相同。

三极管判断出内部结构形式及基极之后,可用指针式万用表再把集电极 C 和发射极 E 判别出来。

以 NPN 型三极管为例,在基极与假定的集电极之间并接 $100\text{k}\Omega$(或用手指捏住代替),使 3 只引脚变成了两端。测量正反向电阻值时,如果假定的集电极不是真正的集电极,则正反向电阻值都很大,需要把发射极与集电极互换一次再作测量;如果假定的集电极是真正的集电极,则黑表笔触碰集电极时正向电阻值较小。具体情况如图 1-17 所示。

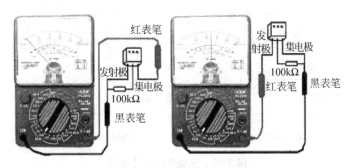

图 1-17　用指针式万用表判断三极管极性

1.3.2　三极管的物理特性

半导体二极管只有一个 PN 结,两只引脚,与其相关的物理量无非是正反向电压和正反向电流;而半导体三极管内含两个 PN 结,在三极管放大电路运用中,需要关注的物理量包括发射结、集电结、基极电流、集电极电流、发射极电流和管压降。

1. 物理量及表示方法

发射结:指关联基极 B 和发射极 E 的那个 PN 结,结电压用"U_{BE}"表示。对于锗三极管,U_{BE} 一般为 0.3V,对于硅三极管,U_{BE} 一般为 0.7V。

集电结:指关联基极 B 和集电极 C 的那个 PN 结,结电压用"U_{BC}"表示。

基极电流:对于 NPN 管,指流入基极的电流,用"I_B"表示,一般为 μA 数量级。

集电极电流:对于 NPN 管,指流入集电极的电流,用"I_C"表示,一般为 mA 数量级。

发射极电流:对于 NPN 管,指流出发射极的电流,用"I_E"表示,一般为 mA 数量级。

管压降:指集电极与发射极之间的电压,用"U_{CE}"表示,一般为 V 数量级。

三极管物理量具体情况如图 1-18 所示。

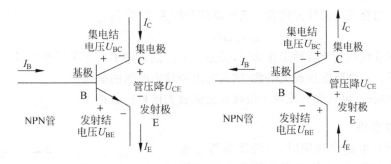

图 1-18　三极管物理量及表示方法

在三极管放大电路运用中,静态工作状态用到 4 个物理量:I_B、U_{BE}、I_C 和 U_{CE}。

2. 工作条件

用三极管组成放大电路,必须借助于电源及少量外围元器件,使发射结正偏,集电结反偏；电容用来耦合信号，以便输入信号和输出信号，如图 1-19 所示。

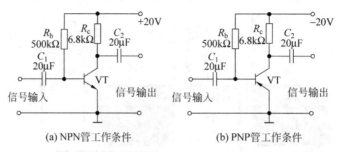

(a) NPN管工作条件　　　　(b) PNP管工作条件

图 1-19　三极管的工作条件

3. 电流关系

无论是 NPN 管还是 PNP 管，三极管的内部电流关系都服从如下规律。

$$I_E = I_B + I_C \tag{1-2}$$

此关系式可通过图 1-20 所示的实验电路得到验证，并从实验数据中看到，基极电流的微弱变化，引起了集电极电流很大的变化。

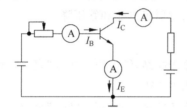

电流＼次数	1	2	3	4
$I_B/\mu A$	10	28	40	65
I_C/mA	0.99	1.97	2.96	4.94
I_E/mA	1.00	2.00	3.00	5.00

图 1-20　电流分配关系测试电路与数据

图 1-20 中三极管处于共发射极放大状态，直流电流放大倍数及直流电流分配关系如下：

$$I_C = \bar{\beta} I_B, \quad I_E = (1 + \bar{\beta}) I_B \tag{1-3}$$

上述概念是分析三极管直流工作状态的基础。

三极管的交流电流放大倍数及交流电流分配关系如下：

$$\beta = \Delta i_C / \Delta i_B, \quad i_e = (1 + \beta) i_b \tag{1-4}$$

为区别直流和交流两种工作状态，关系式中分别采用了大写字母和小写字母，交流关系式是分析放大电路电压放大倍数、输入电阻和输出电阻的基础。

工程应用时，可认为直流放大倍数和交流放大倍数近似相等。

4. 等效电路

三极管在电路中运用时，只看图形符号很难定量地进行分析，小信号微变等效电路可使问题得到简化；换言之，借助于三极管微变等效电路，不但可以看懂电路，还能设计电路。

NPN 型三极管微变等效电路如图 1-21 所示。

从微变等效电路可以看出，三极管的 3 个

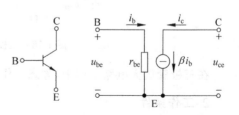

图 1-21　NPN 管微变等效电路

电极对外特征未变,仍然是 B、C、E 三个电极,但内部特性已经简化成输入端的输入电阻和输出端的受控电流源。

输入电阻计算公式如下:

$$r_{\mathrm{be}} = \frac{\Delta U_{\mathrm{be}}}{\Delta I_{\mathrm{B}}} = r_{\mathrm{bb'}} + (1+\beta)\frac{26(\mathrm{mV})}{I_{\mathrm{E}}(\mathrm{mA})} \approx 300 + \frac{26(\mathrm{mV})}{I_{\mathrm{B}}(\mathrm{mA})} \tag{1-5}$$

式中,$r_{\mathrm{bb'}}$ 称为**基区体电阻**（300Ω）,另一项与三极管静态工作电流有关,计算时基极电流或集电极电流以 mA 单位计入。工程应用时,如果信号较小（I_{C} 在 2mA 左右）,可近似认为 $r_{\mathrm{be}}=1\,000\Omega$。

输出端的受控电流源直接表达了三极管的电流放大特性。

以后分析以三极管为核心形成的放大电路时,利用三极管微变等效电路,可以简化为线性电路。

1.3.3　三极管的特性曲线

三极管的特性曲线表示的是各个电极之间的电压与电流的关系,是分析和设计三极管放大电路的依据之一。三极管共发射极连接方式的特性曲线如图 1-22 所示。

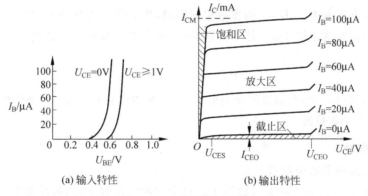

(a) 输入特性　　　　(b) 输出特性

图 1-22　三极管特性曲线

1. 输入特性

输入特性是指基极电流 I_{B} 随着发射结电压 U_{BE} 变化的规律,此规律受到参变量 U_{CE} 的制约。

三极管的输入特性表现在,当 $U_{\mathrm{CE}}=0$ 时,相当于发射极与集电极短路,发射结与集电结并联,输入特性与二极管正向伏安特性相似,有阈值现象,也有受温度影响的问题。

随着发射结电压 U_{BE} 的增加,输入特性曲线应该是一族曲线。但是,当 U_{CE} 超过 1V 以后,变化不大,几乎重叠在一起。因此,三极管输入特性多以两条曲线显示。

2. 输出特性

输出特性是指基极电流 I_{B} 为某一定值时,集电极电流 I_{C} 与管压降 U_{CE} 之间的关系,此规律受到参变量 I_{B} 的制约。

随着基极电流 I_{B} 的变化,输出特性曲线也应该是一族曲线。

自下而上,输出特性曲线首先显示的是**截止区**。此时,$I_B \leqslant 0$,$I_C \approx 0$。基极开路时,集电极 C 和发射级 E 之间的电流称为**穿透电流** I_{CEO}。U_{CE} 增大到一定程度时,集电极至发射极达到击穿状态 U_{CEO}。为使三极管工作在截止区,发射结和集电结都处于反偏状态。

在三极管输出特性曲线的**放大区**,发射结正偏,集电结反偏,集电极电流 I_C 基本与 U_{CE} 无关,与横轴基本平行;对应于不同的 I_B 有不同的 I_C 曲线,集中反映了三极管的电流放大特性。

当 $U_{CE} \leqslant U_{CES}$ 时,发射结和集电结都处于正偏状态,集电极电流 I_C 不受基极电流 I_B 的控制,三极管工作在**饱和区**。此时,三极管的管压降称为饱和压降 U_{CES},硅管的饱和压降为 0.3V,锗管的饱和压降为 0.1V。

1.3.4 三极管的主要技术参数

1. 一般参数

三极管的一般参数包括以下几个。

直流电流放大倍数 $\bar{\beta}$:定义如式(1-3)所示。

交流电流放大倍数 β:定义如式(1-4)所示。

集—基反向饱和电流 I_{CBO}:指发射极开路时,集电极 C 与基极 B 之间的电流。

集—射反向穿透电流 I_{CEO}:指基极开路时,集电极 C 与发射极 E 的电流,符合如下关系式:

$$I_{CEO} = (1 + \beta)I_{CEO} \tag{1-6}$$

选用三极管时,一般希望极间反向电流小,以减少受温度的影响,硅管的反向电流比锗管的小 2~3 个数量级。

2. 极限参数

三极管的极限参数包括以下几个。

特征频率 f_T:指电流放大倍数为 1 时可达到的工作频率,此参数决定了三极管放大电路对信号频率的适应能力。

集电极最大允许电流 I_{CM}:超过此值后,三极管的 β 值明显下降。

集电极最大允许功耗 P_{CM}:此值与三极管的工作温度有关。

反向击穿电压 U_{EBO}:指集电极开路时,发射结的反向击穿电压。

反向击穿电压 U_{CBO}:指发射极开路时,集电结的反向击穿电压。

反向击穿电压 U_{CEO}:指基极开路时,集电极至发射极的反向击穿电压。

选用三极管时,一般不把其极限参数用足,只用到 70%~90%,宁可大材小用;此外,还要保证良好的散热和接地条件,才能保证性能稳定。

3. 三极管的温度特性

温度对三极管的影响突出表现在以下几点。

(1) 对电流放大倍数 β 的影响:温度每升高 1℃ ,β 值增大 0.5%~1.0%,三极管的电流放大倍数 β 将直接影响放大电路的性能。

（2）对发射结电压 U_{BE} 的影响：此特性与二极管类似，温度每升高 $1℃$，$|U_{BE}|$ 下降 $2.0\sim2.5\mathrm{mV}$，三极管的发射结电压 U_{BE} 将直接影响基极电流，从而改变对集电极电流控制的稳定程度。

（3）对反向饱和电流 I_{CBO} 的影响：温度每升高 $10℃$，I_{CBO} 增加约 1 倍，反向饱和电流 I_{CBO} 对有用信号的放大是无贡献的，但 I_{CBO} 增大之后，放大电路的稳定性和可靠性降低了。

综上所述，用半导体材料制作的三极管，虽然具有很多突出的优点，但必须注意温度对其性能造成的影响。在使用三极管的过程中，需要采取各种措施改善直至完全消除温度的影响。

小结

（1）与半导体二极管相比较，半导体三极管虽然只多了一个 PN 结，但性能及技术参数却发生了很大的变化，使其在电子线路中的地位和作用也变得更加重要，应用也更加广泛。

（2）本节是对半导体三极管的初步认识，电流关系、等效电阻、特性曲线、温度特性等是后续三极管放大电路的基础。

（3）由于三极管本质上还是 PN 结，有些特性可参照二极管特性予以延续，如结压降和正反向电流等。还需注意，三极管的物理特性中，各个字母符号表示的大小写都有特定含义，不能混淆。

1.4　场效应晶体管

场效应晶体管（FET）（通常简称为场效应管）与三极管一样，也是采用半导体材料制成的有源器件，场效应管外形及应用与三极管有很多相似之处，但内部工作机理差别较大。场效应管是一种电压控制型器件，输入电阻高（$10\mathrm{M}\Omega$ 以上）、噪声低、热稳定好、抗辐射能力强等，这些都是场效应管的突出优点。因此，在近代微电子学中得到了广泛应用。

本节首先将三极管和场效应管做了一个粗略的比较，然后对**结型场效应管**（JFET）和**绝缘栅型场效应管**（MOSFET）的工作原理、特性及主要参数一一加以介绍。

表 1-4 粗略比较了三极管和场效应管的主要特性。

表 1-4　三极管与场效应管特性比较

比较内容	三　极　管	场　效　应　管
称谓别名	双极型晶体管	单极型晶体管
内部机理	两种多数载流子参与导电	一种多数载流子参与导电
电极称谓	基极 B、发射极 E、集电极 C	栅极 G、源极 S、漏极 D
结构类型	NPN 型和 PNP 型	N 沟道和 P 沟道
控制机制	基极电流控制集电极电流	栅极电压控制漏极电流
控制方式	只有一个基极	可以一个或两个栅极

续表

比较内容	三 极 管	场 效 应 管
直流特性	CE 之间动态电阻很大	SD 之间动态电阻极小
静电影响	基极感应静电不易使 CE 击穿	栅极感应静电容易使 SD 击穿
电路形式	共发射极、共集电极、共基极	共源极、共漏极、共栅极
图形符号	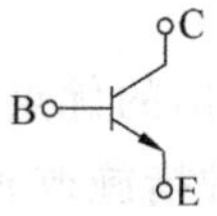	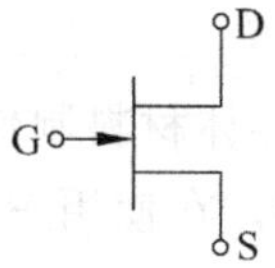
等效电路	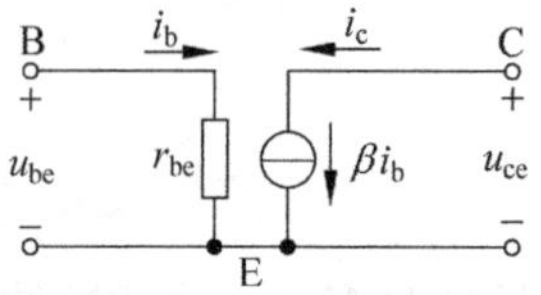	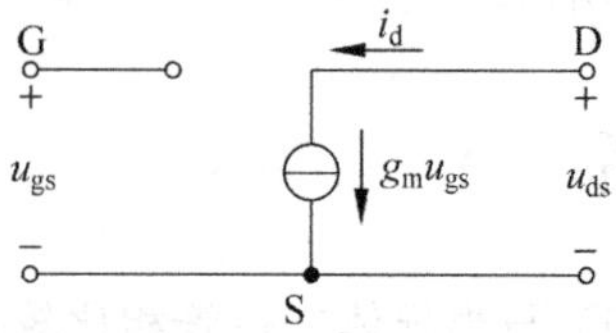
核心参数	电流放大倍数 β	跨导 g_m
输入电阻	不高	极高
转移特性	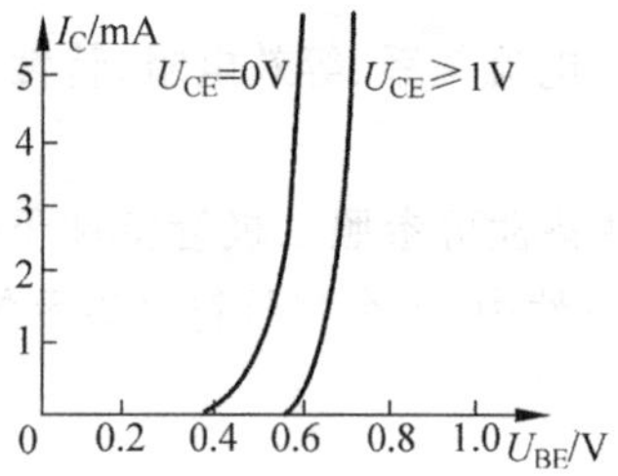	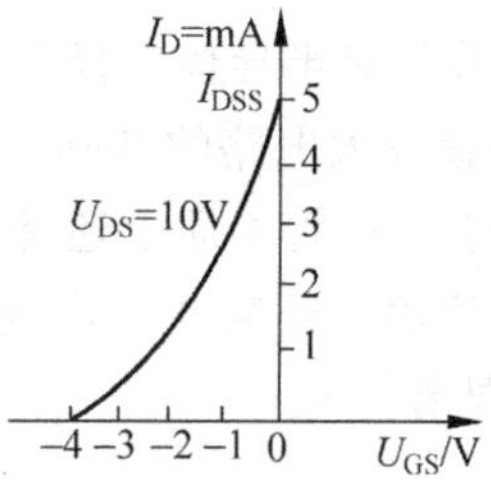
输出特性	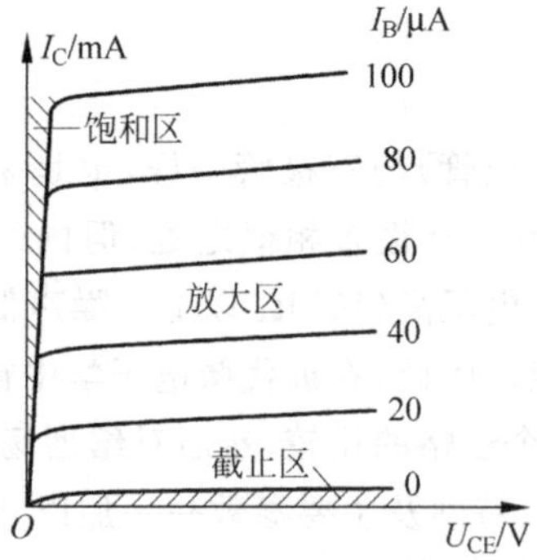	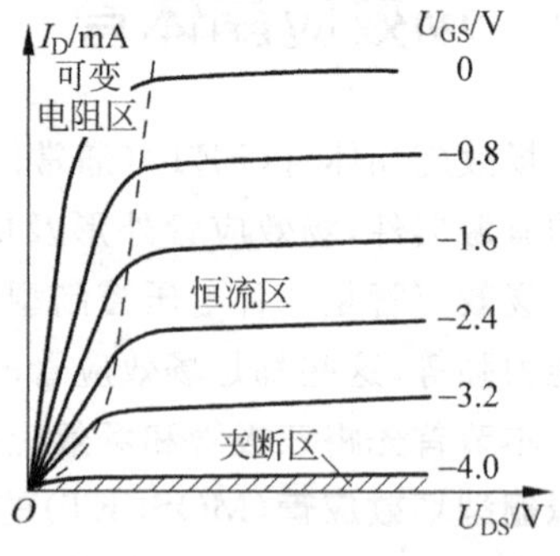

1.4.1 结型场效应管

1. 结构

结型场效应管(JFET)的结构及符号如图 1-23 所示。在同一块 N 型半导体上制作两个高掺杂的 P 区,并将它们连接在一起,所引出的电极称为**栅极(G)**,在 N 型半导体两端分别引出的两个电极称为**源极(S)**和**漏极(D)**。由于 N 型区结构对称,因此漏极和源极可以互换使用。两个 PN 结中间的 N 型区域称为导电沟道。具有这种结构的结型场效应管称为 N 沟道结型场效应管。图 1-23 中电路符号的箭头方向是由 P 指向 N。结型场效应管也有 N 沟道和 P 沟道两种类型,两者结构不同,但工作原理完全相同,下面以 N 沟道结型场效应管为例进行讨论。

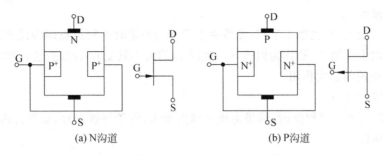

(a) N沟道　　　　　　　　　　　(b) P沟道

图 1-23　JFET 结构示意图及电路符号

2. 工作原理

图 1-24 所示的是 N 沟道结型场效应管工作原理示意图。

在漏源电压 U_{DS} 的作用下,产生沟道电流 I_D,为了保证高输入电阻,通常栅极和源极之间加反向偏置电压 U_{GS},当输入电压 U_{GS} 改变时,PN 结的反偏电压也随之改变,引起沟道两侧耗尽层的宽度改变;这将导致 N 型导电沟道的宽度发生变化,也就是沟道电阻发生了变化;沟道电阻的变化又将引起沟道电流 I_D 的变化。由此可见,栅极电压 U_{GS} 起着控制漏极电流 I_D 大小的作用,是一种由电压控制的电流源。

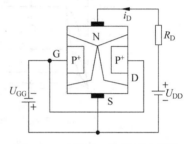

图 1-24　N 沟道工作原理示意图

由于 I_D 通过沟道时产生自漏极到源极的电压降,使沟道上各点电位不同,靠近漏极处电位最高,PN 结上的反偏电压最高,$U_{DG}=U_{DD}+U_{GG}$,耗尽层最宽;而沟道上靠近源极的地方,PN 结上反偏电压最低,$U_{DS}=-U_{GG}$,耗尽层最窄。所以漏源电压 U_{DS} 使导电沟道产生不等宽性,靠近漏极处沟道最窄,靠近源极处沟道最宽。若改变 U_{GS} 和 U_{DS},使靠近漏极处两侧耗尽层相遇时,称为预夹断。预夹断后漏极电流 I_D 将基本不随 U_{DS} 的增大而增大,趋近于饱和而呈现恒流特性。场效应管用于放大时,就工作在恒流区(放大区)。如果在预夹断后,继续增加 U_{GS} 的幅值到一定程度时,两边耗尽层全部合拢,导电沟道完全夹断,$I_D \approx 0$,称场效应管处于夹断状态。

综上所述,场效应管的栅源电压 U_{GS} 控制导电沟道的宽度,漏源电压 U_{DS} 使导电沟道呈现不等宽性。在一定的 U_{DS} 条件下,漏极电流 I_D 受 U_{GS} 的控制,改变 U_{GS} 即可控制 I_D 的大小。

3. 输出特性曲线

输出特性是指在 U_{GS} 一定时,I_D 与 U_{DS} 之间的关系。图 1-25(a)为某 N 沟道结型场效应管的输出特性曲线。由图可以看出,特性曲线可分为四个区域。

（1）可变电阻区（Ⅰ）

曲线呈上升趋势，基本上可看做通过原点的一条直线，管子的漏—源之间可等效为一个电阻，此电阻的大小随 U_{GS} 而变，故称为**可变电阻区**。

（2）恒流区（Ⅱ）

随着 U_{DS} 增大，曲线趋于平坦（曲线由上升变为平坦时的转折点即为预夹断点），I_D 不再随 U_{DS} 的增大而增大，故称为恒流区。此时 I_D 的大小只受 U_{GS} 控制，这正体现了场效应管电压控制电流的放大作用。

（3）击穿区（Ⅲ）

当 U_{DS} 增大到一定程度时，漏极电流会骤然增大，管子将被击穿，故称为击穿区。

（4）夹断区

当 $U_{GS} < U_P$ 时，场效应管的沟道被两个 PN 结夹断，等效电阻极大，$I_D \approx 0$。

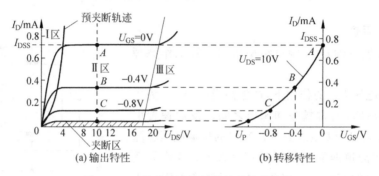

图 1-25　N 沟道输出特性和转移特性曲线

4. 转移特性曲线

为了进一步了解栅极电压对漏极电流的控制作用，可给出一个 N 沟道结型场效应管的转移特性曲线，如图 1-25（b）所示。所谓转移特性，是指在一定的 U_{DS} 下，U_{GS} 对 I_D 的控制特性。从图中可以看出，当 $U_{GS} = 0$ 时，I_D 最大，称为**饱和漏电流**，用 I_{DSS} 表示。随着 $|U_{GS}|$ 的增大，I_D 变小，当 I_D 接近于零时所对应的 $|U_{GS}|$ 称为**夹断电压**，用 U_P 表示。实验证明，在场效应管工作于正常的恒流区时，漏极电流 I_D 与栅极电压 U_{GS} 的关系近似为

$$I_D = I_{DSS} \left(1 - \frac{U_{GS}}{U_P}\right)^2 \tag{1-7}$$

此式可用于场效应管放大电路的静态分析。

由以上分析可知，结型场效应管可以通过栅源极电压的变化来控制漏极电流的变化，这就是场效应管放大作用的实质。

1.4.2　绝缘栅型场效应管

结型场效应管的输入电阻一般可达 $10^7\,\Omega$ 以上，此电阻是 PN 结的反偏电阻，很难进一步提高。绝缘栅型场效应管（MOSFET）和结型管的不同点在于它是利用感应电荷的

多少来改变导电沟道的宽度。由于绝缘栅管的栅极与沟道是绝缘的,因此,它的输入电阻高达 $10^9\,\Omega$ 以上。绝缘栅型场效应管是一种金属—氧化物—半导体结构的场效应管(MOSFET),简称 MOS 管。

绝缘栅型场效应管也有 N 沟道和 P 沟道两类,其中每类又有增强型和耗尽型之分。下面以 N 沟道 MOS 管为例来说明绝缘栅型场效应管的工作原理。

1. N 沟道增强型 MOS 管

(1) 结构

图 1-26 所示为 N 沟道增强型 MOS 管的结构和符号。在一块 P 型硅片(衬底)上,扩散形成两个 N 区作为漏极和源极,两个 N 区中间的半导体表面上有一层二氧化硅薄层,氧化层上的金属电极为栅极(G)。由于栅极与其他两个电极是绝缘的,故称为**绝缘栅**。

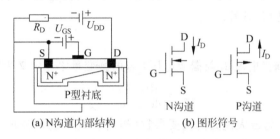

(a) N沟道内部结构　　　(b) 图形符号

图 1-26　N 沟道增强型 MOS 管的结构与符号

(2) 工作原理

在图 1-26(a)中,当 $U_{GS}=0$ 时,漏极、源极之间形成两个反向串联的 PN 结,没有导电沟道,基本上没有电流通过。若 $U_{GS}>0$ 时,栅极和衬底间的 SiO_2 为介质构成的电容器被充电,产生垂直于半导体表面的电场。此电场吸引 P 型衬底的电子并排斥空穴,当 U_{GS} 到达 U_T(称为开启电压)时,在栅极附近形成一个 N 型薄层,称为"反型层"或"感生沟道"。与结型场效应管类似,漏源电压 U_{DS} 将使感生沟道产生不等宽性。

显然,U_{GS} 越高,电场就越强,感生沟道越宽,沟道电阻也就越小,漏极电流 I_D 就越大。通常可以通过改变 U_{GS} 的大小来控制 I_D 的大小。

2. N 沟道耗尽型 MOS 管

如果在制造 MOS 管的过程中,在二氧化硅绝缘层中掺入大量的正离子,即使在 $U_{GS}=0$ 时,半导体表面也有垂直电场作用,并形成 N 型导电沟道。这种管子有原始导电沟道,故称为**耗尽型 MOS 管**。MOS 管一旦制成,原始沟道的宽度也就固定了。

图 1-27 所示为耗尽型 MOS 管的电路符号。

绝缘栅场效应管特性曲线与结型管类似,此处不再赘述。应该指出的是,由于耗尽型绝缘栅场效应管有原始导电沟道,因此可以在正、负及零栅源电压下工作,灵活性较大。

(a) N沟道　　(b) P沟道

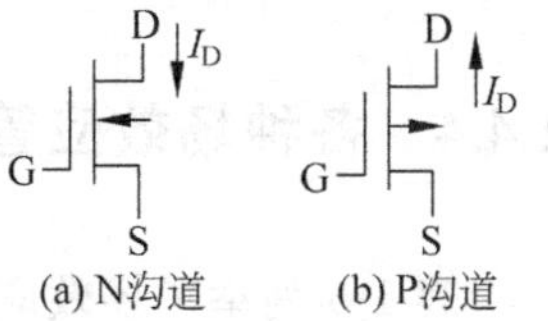

图 1-27　耗尽型 MOS 管的电路符号

1.4.3　场效应管的主要参数

1. 夹断电压 U_P

在 U_{DS} 为一定的条件下,使 I_D 等于一个微弱电流(如 $50\mu A$)时,栅源之间所加电压称为夹断电压 U_P。此参数适用于结型场效应管和耗尽型 MOS 管。

2. 开启电压 U_T

在 U_{DS} 为某一定值的条件下,产生导电沟道所需的 U_{GS} 的最小值就是开启电压 U_T。它适用于增强型 MOS 管。

3. 饱和漏电流 I_{DSS}

在 $U_{GS}=0$ 的条件下,当 $U_{DS}>|U_P|$ 时的漏极电流称为饱和漏电流 I_{DSS}。它适用于结型场效应管和耗尽型 MOS 管。

4. 低频跨导 g_m

在 U_{DS} 一定时,漏极电流 I_D 与栅源电压 U_{GS} 的微变量之比定义为跨导,即

$$g_m = \frac{\mathrm{d}I_D}{\mathrm{d}U_{GS}}\bigg|_{U_{DS}=常数} \tag{1-8}$$

g_m 是表征场效应管放大能力的重要参数(相当于 BJT 的电流放大系数 β),其数值可通过在转移特性曲线上求取工作点处切线的斜率而得到,也可以在输出特性曲线上求得,单位为 ms。g_m 的大小与管子工作点的位置有关。

对于工作于恒流区的结型场效应管和耗尽型 MOS 管,g_m 值也可根据下式计算:

$$g_m = \frac{\mathrm{d}\left[I_{DSS}\left(1-\dfrac{U_{GS}}{U_P}\right)^2\right]}{\mathrm{d}U_{GS}} = -\frac{2I_{DSS}}{U_P}\left(1-\frac{U_{GS}}{U_P}\right) = -\frac{2}{U_P}\sqrt{I_{DSS}I_D} \tag{1-9}$$

5. 直流输入电阻 R_{GS}

栅源极之间的电压与栅极电流之比定义为直流输入电阻 R_{GS}。绝缘栅场效应管的 R_{GS} 比结型场效应管大,可达 $10^9\ \Omega$ 以上。

6. 栅源击穿电压 $U_{(BR)GS}$

对于结型场效应管,反向饱和电流急剧增加时的 U_{GS} 即为栅源击穿电压 $U_{(BR)GS}$。对于绝缘栅场效应管,$U_{(BR)GS}$ 是使二氧化硅绝缘层击穿的电压,击穿会造成管子损坏。

1.4.4　各种场效应管的特性比较

表 1-5 列举了场效应管 6 种结构形式的电特性,还是有一些简单规律可循。例如,结型管只有耗尽型,绝缘栅耗尽型管栅压可正可负,绝缘栅增强型管静态时($u_{gs}=0$)漏极无电流、图形符号内有虚线等。

表 1-5　场效应管符号、电压极性及特性曲线

种　类	工作方式	图形符号	U_{GS}	U_{DS}	转移特性	输出特性
N 沟道结型	耗尽型	(D, G, S，I_D)	−	+	I_D, I_{DSS}, U_P O U_{GS}	I_D, $U_{GS}=0V$, O U_{DS}
P 沟道结型	耗尽型	(D, G, S，I_D)	+	−	$-I_D$, I_{DSS}, O U_P U_{GS}	$-I_D$, $U_{GS}=0V$, +, +, O $-U_{DS}$
N 沟道 MOS 型	耗尽型	(D, G, S，I_D)	− +	+	I_D, I_{DSS}, U_P O U_{GS}	I_D, +, $U_{GS}=0V$, −, O U_{DS}
N 沟道 MOS 型	增强型	(D, G, S，I_D)	+	+	I_D, O U_T U_{GS}	I_D, +, +, $U_{GS}=U_T$, O U_{DS}
P 沟道 MOS 型	耗尽型	(D, G, S，I_D)	+	−	$-I_D$, I_{DSS}, O U_P U_{GS}	$-I_D$, −, $U_{GS}=0V$, +, +, O $-U_{DS}$
P 沟道 MOS 型	增强型	(D, G, S，I_D)	−	−	$-I_D$, O U_T $-U_{GS}$	$-I_D$, −, −, $U_{GS}=U_T$, O $-U_{DS}$

小结

（1）场效应管是一种电压控制器件，只依靠一种多数载流子导电，属于单极型器件。

（2）场效应管有结型和绝缘栅型两大类。结型场效应管是利用栅源电压改变 PN 结的反偏电场，从而改变漏源极间的导电沟道宽窄来控制输出电流大小；绝缘栅型场效应管是利用栅源电压产生的垂直电场大小来改变沟道宽窄，从而控制输出电流。二者的特性和参数比较相似，其中绝缘栅型场效应管的输入电阻极高，在保存和生产过程中，必须注意栅极不可悬空，应采取静电保护措施，以免击穿损坏。

习题一

1-1 选择题

(1) 本征半导体中掺入五价元素后成为(　　)。

　　A. 本征半导体　　　B. N 型半导体　　　C. P 型半导体

(2) N 型半导体中的多数载流子是(　　)。

　　A. 电子　　　　B. 空穴　　　　C. 正离子　　　　D. 负离子

(3) PN 结中扩散电流的方向是(　　),漂移电流的方向是(　　)。

　　A. 从 P 区到 N 区　　B. 从 N 区到 P 区

(4) PN 结未加外部电压时,扩散电流(　　)漂移电流。

　　A. 大于　　　　B. 小于　　　　C. 等于

(5) 二极管的正向电阻(　　),反向电阻(　　)。

　　A. 大　　　　B. 小

(6) 锗二极管导通电压为(　　)V,死区电压为(　　)V;硅二极管导通电压为(　　)V,死区电压为(　　)V。

　　A. 0.7　　　　B. 0.5　　　　C. 0.3　　　　D. 0.1

(7) 选用二极管时,要求导通电压低,应该选(　　),要求反向电流小,应该选(　　),要求耐高温,应该选(　　)。

　　A. 硅管　　　　B. 锗管

(8) 一只三极管工作在放大区,测量 I_B 从 $20\mu A$ 增大到 $40\mu A$ 时,I_C 从 1mA 增大到 2mA,它的 β 值约为(　　)。

　　A. 10　　　　B. 20　　　　C. 50　　　　D. 80

(9) 对放大电路中的三极管测量,各个电极对地的电压分别为 $U_B = 2.7V$,$U_E = 2.0V$,$U_C = 6.0V$,则该管的材料为(　　),型号为(　　),工作在(　　)。

　　A. 硅　　　　B. 锗　　　　C. PNP　　　　D. NPN

　　E. 放大区　　　F. 饱和区　　　G. 截止区

(10) 三极管的反向电流 I_{CBO} 是由(　　)组成的。

　　A. 多数载流子　　B. 少数载流子　　C. 多数载流子和少数载流子共同

(11) 一只三极管的 $I_{CEO} = 200\mu A$,当基极电流为 $20\mu A$ 时,集电极电流为 1mA,则该管的 I_{CBO} 约为(　　)。

　　A. 8mA　　　　B. 10mA　　　　C. $5\mu A$　　　　D. $4\mu A$

(12) 当温度上升时,三极管参数和电流变化趋势为(　　)、(　　)、(　　)、(　　)。

　　A. $\beta \uparrow$　　　　B. $\beta \downarrow$　　　　C. $I_{CEO} \uparrow$　　　　D. $U_{BE} \uparrow$

　　E. $I_C \uparrow$　　　　F. $U_{BE} \downarrow$

(13) 一只三极管的发射极电流 $I_E = 1mA$,基极电流 $I_B = 20\mu A$,则集电极电流 $I_C = $ (　　)mA。

　　A. 0.98　　　　B. 1.02　　　　C. 0.8　　　　D. 1.2

(14) 三极管工作在放大状态时,外加电压必须保证(　　)。

A. 发射结正偏,集电结正偏　　　　　B. 发射结正偏,集电结反偏

C. 发射结反偏,集电结正偏　　　　　D. 发射结反偏,集电结反偏

(15) 场效应管是(　　)器件。

A. 单极性　　　　　　　　　　　　B. 双极性

(16) 场效应管是用(　　)控制漏极电流的。

A. 栅极电流　　　　　　　　　　　B. 栅源电压

(17) 结型场效应管发生预夹断后,管子(　　)。

A. 夹断　　　　　　　　　　　　　B. 进入恒流区

(18) 增强型 NMOS 管的反型层由(　　)组成。

A. 自由电子　　　　　　　　　　　B. 空穴

(19) 增强型 PMOS 管的开启电压(　　)。

A. 大于零　　　　　　　　　　　　B. 小于零

(20) 增强型 NMOS 管工作在恒流(放大)状态时,其栅源电压(　　);耗尽型 PMOS 管工作在恒流(放大)状态时,其栅源电压(　　)。

A. 只能为正　　　　　　　　　　　B. 可正可负

C. 只能为负　　　　　　　　　　　D. 可正可负,也可为零

1-2　在图 1-28 所示电路中,假设所有二极管均为硅管,试判断哪些能导通。

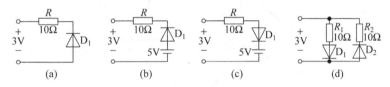

图　1-28

1-3　用目测方法如何判断二极管的正负极? 用万用表如何判断二极管是硅管还是锗管?

1-4　用目测方法如何判断三极管的基极、发射极和集电极?

1-5　在图 1-29 所示电路中,输入电压 $u_i = 10\sin\omega t(\text{V})$,二极管假设为理想情况(正向短路、反向开路),试画出输出电压 u_o 的波形。

1-6　在图 1-30 所示电路中,输入电压 $u_i = 12\sin\omega t(\text{V})$,稳压管 D_1 和 D_2 的稳压值均为 $U_Z = 6\text{V}$,正向导通电压均为 0.7V,试画出输出电压 u_o 的波形。

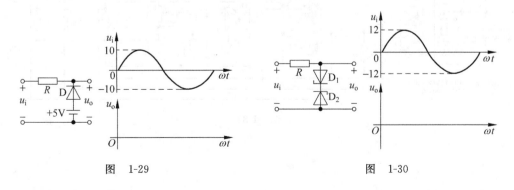

图　1-29　　　　　　　　　　　　　　　　　　图　1-30

1-7 有两只三极管,一只的 $\beta=100$,$I_{CEO}=200\mu A$,另一只的 $\beta=50$,$I_{CEO}=10\mu A$,其他参数基本相同,你认为应该选用哪只可靠?

1-8 假设图 1-31(a)、(b)中三极管均为硅管,发射结电压 $U_{BE}=0.7V$,试求出集电极电流 I_C。

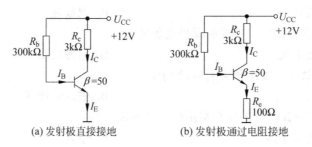

(a) 发射极直接接地　　　　(b) 发射极通过电阻接地

图　1-31

1-9 图 1-32(a)、(b)所示两个场效应管的转移特性曲线,试判断它们的类型。如果是耗尽型管,则指出其饱和漏电流 I_{DSS} 和夹断电压 U_P 的大小;如果是增强型管,则指出其开启电压 U_T 的大小。

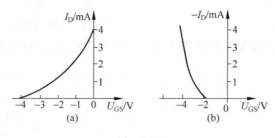

图　1-32

1-10 图 1-33 所示豆浆机原理电路,试指出其中二极管和三极管的作用。

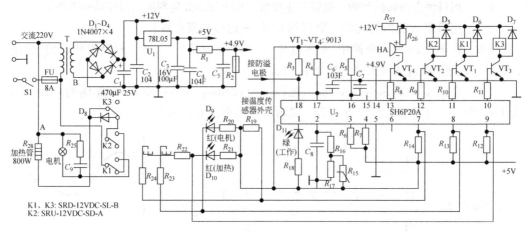

图　1-33

CHAPTER 2
第 2 章

基本放大电路

2.1 共发射极放大电路(1)

放大电路的定义是：以半导体三极管为核心，外围配置电阻、电容等电子元器件，在直流电源的支持下，连接成一定形式的电子线路。放大电路的功能是：通过电能转换，把微弱的电信号增强到一定的电压、电流或功率值，以满足电路的要求。放大电路的实质是：把电源的能量转换为与输入量成比例的输出量，控制能量转换。

基本放大电路是指由单个三极管（场效应管）组成的电路，以区别于由其演变的多级放大电路。

本节从共发射级放大电路入手，掌握其静态特性及分析方法。

2.1.1 放大电路的基本概念

认识放大电路首先需要了解信号与放大电路的关系即信号流向，各个物理量的含义以及放大电路的常规技术参数。

1. 放大电路的方框图

方框图是描述电路的一种简单方法，将框内的具体电路省略，突出输入输出接口关系，以便从全局上对电路和信号流向有一个基本了解。

放大电路的方框图如图 2-1 所示。

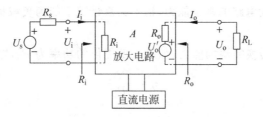

图 2-1 放大电路方框图

图 2-1 中各符号的物理意义如下。

U_s 和 R_s：分别为输入信号源电压及其内阻，为放大电路输入端提供信号。

R_L：为放大电路输出端外接负载电阻。

U_i、U_o' 和 U_o：分别为放大电路的输入电压、空载输出电压和带载输出电压。

I_i 和 I_o：分别为放大电路的输入电流和输出电流。

R_i 和 R_o：分别为放大电路的输入电阻和输出电阻。

A：为放大电路的放大倍数，加下标 u、i 和 p 时，分别表示电压、电流和功率放大倍数。

上述概念具有普遍意义，无论放大电路采用何种结构形式。

2. 放大电路的技术参数

放大电路的技术参数主要包括电压放大倍数 A_u、输入电阻 R_i、输出电阻 R_o、最大输出电压幅度 U_{OM}、最大输出功率 P_{OM}、效率 η 和通频带 f_{BW}。

(1) 电压放大倍数 A_u

A_u 表示放大电路的电压放大能力，定义为输出电压与输入电压之比：

$$A_u = \frac{U_o}{U_i} \tag{2-1}$$

(2) 输入电阻 R_i

R_i 反映放大电路对前级电路的影响程度，表示其吸取前级电路电流的能力。定义为输入电压与输入电流之比：

$$R_i = \frac{U_i}{I_i} = \frac{U_i R_s}{U_s - U_i} \tag{2-2}$$

其中，R_s 为信号源内阻；U_s 和 U_i 分别为信号源输出电压和实际到达放大电路输入端的电压。

(3) 输出电阻 R_o

R_o 反映放大电路对后级电路的影响程度，表示其带负载的能力。如果 R_L 为交流负载电阻，U_o' 和 U_o 分别为空载输出电压和带载输出电压，则电路的输出电阻定义为

$$R_o = \frac{U_o'}{I_o} = \left(\frac{U_o'}{U_o} - 1\right) R_L \tag{2-3}$$

(4) 最大输出电压幅度 U_{OM}

U_{OM} 反映放大电路电压放大的极限能力，在一定的负载条件下，输出电压波形无明显失真。

(5) 最大输出功率 P_{OM}

P_{OM} 也是反映放大电路的极限能力，指不失真情况下能为负载提供的最大功率。

(6) 电路效率 η

η 反映放大电路转换能源的能力，如果电源提供的功率为 P_u，则电路效率定义如下：

$$\eta = \frac{P_{OM}}{P_u} \tag{2-4}$$

(7) 通频带 f_{BW}

f_{BW} 反映放大电路的频率特性。放大电路电压增益随着信号频率的变化不是恒定的，在低频段和高频段，都会出现增益下降的现象。在归一化增益为 1 的前提下，定义低频段增益下降到 0.707 时的频率为下限截止频率 f_L，高频段增益下降到 0.707 时的频率为上限截止频率 f_H。放大电路的通频带为

$$f_{BW} = f_H - f_L \tag{2-5}$$

用三极管组成放大电路有 3 种电路组态。

① 共发射极放大电路：信号从三极管的基极 B 和发射极 E 输入，从集电极 C 和发射极 E 输出。

② 共集电极放大电路：信号从三极管的基极 B 和集电极 C 输入，从发射极 E 和集电极 C 输出。

③ 共基极放大电路：信号从三极管的发射极 E 和基极 B 输入，从集电极 C 和基极 B 输出。

2.1.2　共发射极放大电路

3 种电路中，共发射极放大电路最为常见，其分析方法同样适用于其他电路形式。

常见共发射极放大电路有两种接法：一种是发射极直接接地；另一种是发射极通过电阻接地，如图 2-2 所示。

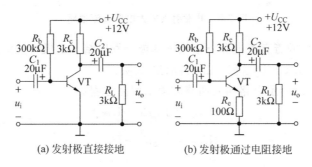

(a) 发射极直接接地　　　　(b) 发射极通过电阻接地

图 2-2　共发射极电压放大基本电路

图 2-2 中两种电路的共性有以下两点。

（1）信号从基极—发射极送入，信号从集电极—发射极送出。

（2）基极偏置采用固定偏置方式，电路简单。

图 2-2 中各个元器件的作用如下。

（1）三极管 VT：放大电路的核心器件，具有电流放大能力，电流的变化在 R_c 上体现为电压的变化，从而转变为输出电压的变化；发射结正偏工作，集电结反偏工作。

（2）电阻 R_b、R_c 和 R_e：分别为三极管的基极固定偏置电阻、集电极直流负载电阻和发射极电阻，图 2-2(b)中 R_e 的接入不改变电路属性，仍然是共发射极放大。

（3）电阻 R_L：三极管交流负载电阻，与电阻 R_c 一起，共同承接三极管放大后的电流，形成输出电压。

（4）电容 C_1 和 C_2：分别为信号输入耦合电容和输出耦合电容，起着隔直流、通交流的作用。

（5）直流电源 U_{CC}：为放大电路提供电能。

放大电路实际工作于直流和交流共存的状态，为了定性理解和定量计算各个物理量，下面将从直流和交流两个方面分别介绍。

1. 直流通路及静态分析方法

直流通路是指放大电路中直流分量通过的路径。借助于直流通路,可计算放大电路的静态工作点 Q,如基极电流 I_{BQ}、集电极电流 I_{CQ}、发射结压降 U_{BEQ} 和管压降 U_{CEQ}。

画直流通路时,由于电容对于直流的容抗 $X_c = \dfrac{1}{\omega C} = \infty$,视为开路;电感对于直流的感抗 $X_c = \omega L = 0$,视为短路,其他元器件保留。

图 2-2 所示电路的直流通路如图 2-3 所示。

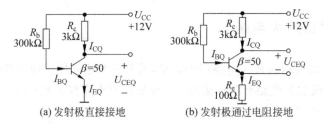

(a) 发射极直接接地　　　　　　　(b) 发射极通过电阻接地

图 2-3　共发射极放大电路直流通路

求解工作点时,顺着直流电源→三极管基极→发射结→三极管发射极→地路径,首先求出 I_{BQ} 或 I_{EQ},转而求出 U_{RcQ} 和 U_{ReQ},再求出 U_{CEQ}。

根据图 2-3(a)图所示电路输入回路和输出回路方程

$$\begin{cases} U_{CC} = I_{BQ}R_b + U_{BEQ} \\ U_{CC} = I_{CQ}R_c + U_{CEQ} \end{cases}$$

可得 Q 点的表达式

$$I_{BQ} = \frac{U_{CC} - U_{BEQ}}{R_b} \tag{2-6}$$

又因为

$$I_{CQ} = \beta I_{BQ} \tag{2-7}$$

所以

$$U_{CEQ} = U_{CC} - I_{CQ}R_c \tag{2-8}$$

如果忽略发射结压降(假设 $U_{BEQ} = 0$V),图 2-2 电路的静态工作点求解如表 2-1 所示。

表 2-1　共发射极放大电路静态工作点求解表

求解物理量	发射极直接接地电路	发射极通过电阻接地电路
I_{BQ}	$40\mu A$	$12V/(300k\Omega + 51 \times 100) \approx 40\mu A$
I_{CQ}	$2mA$	$40\mu A \times 50 = 2mA$
U_{CEQ}	$6V$	$12V - 2mA \times 3.1k\Omega = 5.8V$

从表 2-1 的数据可以看到,由于 R_e 只有 100Ω,两种电路的静态工作点差别不大,R_e 的接入只是使三极管的管压降 u_{ce} 略有减小;但 R_e 的接入会影响到输入基极回路,使得电路的电压放大倍数和输入电阻发生很大的变化。因此,需要在静态工作的基础上,分析电路的动态特性。

2. 交流通路及动态量

交流通路是指交流信号通过的路径。借助于交流通路为计算放大电路的动态量电压放大倍数、输入电阻和输出电阻等做好准备,具体计算还需要通过微变等效电路得以完成。

画交流通路时,电容的容抗 $X_c = \dfrac{1}{\omega C} \approx 0$,视为短路;直流电源由于内阻为零,也视为短路,其他元器件保留。

图 2-2 所示电路的交流通路如图 2-4 所示。

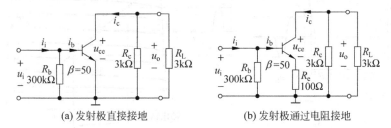

(a) 发射极直接接地   (b) 发射极通过电阻接地

图 2-4   共发射极放大电路交流通路

2.1.3   电流电压符号与波形

放大电路中既含有直流量又含有交流量,是交直流共存的电路。每个物理量都有其特定含义,符号表达和波形表达都具有唯一性。

1. 电流电压符号

习惯上主标及下标英文字母都是大写时,表示静态直流值;主标及下标英文字母都是小写时,表示瞬时交流值;主标英文字母大写而下标英文字母小写时,表示交流有效值;主标英文字母小写而下标英文字母大写时,表示交直流总值。

确认电流电压符号有助于对放大电路的认知,避免概念混淆。

具体规定如表 2-2 所示。

表 2-2   电流电压符号规定

物理量 名称	物理量 总值	直流量 静态值	交 流 量		基本关系式
			瞬时值	有效值	
基极电流	i_B	I_B	i_b	I_b	$i_B = I_B + i_b$
集电极电流	i_C	I_C	i_c	I_c	$i_C = I_C + i_c$
基射电压	u_{BE}	U_{BE}	u_{be}	U_{be}	$u_{BE} = U_{BE} + u_{be}$
集射电压	u_{CE}	U_{CE}	u_{ce}	U_{ce}	$u_{CE} = U_{CE} + u_{ce}$

2. 电流电压波形

从放大电路物理量符号表达方式上可以看出,总电量是交流量叠加在直流量基础上的。根据三极管输入输出特性,可以定性地画出图 2-2 所示放大电路的信号波形,如

图 2-5 所示。

从图 2-5 中可以看出,共发射极放大电路的输出电压波形与输入电压波形相比,幅度得到了放大。交流电流 i_c 流过放大电路等效负载 $R'_L(R'_L = R_c//R_L)$ 和三极管 CE 极的方向,决定了放大电路输出波形 u_o 的极性。

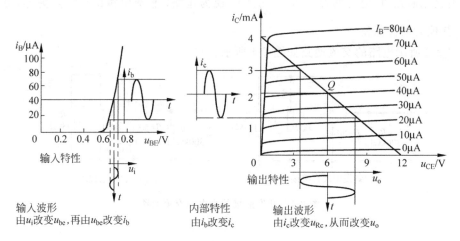

图 2-5　共发射极放大电路波形图

流过负载 R'_L 的电流 i_c 的方向从下向上,而 i_c 与 i_b 同相,i_b 与同相输入波形 u_i 同相。因此,与输入电压 u_i 相比较,输出电压 u_o 的极性是反相的。

小结

本节借助于共发射极放大电路,介绍了放大电路的基本功能及主要技术参数。以两种最具代表性的共发射极放大电路为例,说明了直流通路和静态工作分析方法。在此基础上,提出了交流通路的概念,引出了与电路有关的各种直流和交流物理量。这些物理量先从符号规定上进行区别,再利用三极管特性曲线,逐步展现出各个物理量的波形。上述各种概念和方法是今后动态分析电路的基础。

2.2　共发射极放大电路(2)

本节在静态分析的基础上,首先引出了共发射极放大电路的微变等效电路,推导了电压放大倍数、输入电阻和输出电阻的计算公式。在此基础上,列表比较了两种共发射极放大电路的动态参数计算过程。区分了三极管输入电阻 r_{be}、三极管基极对地电阻 R'_i、放大电路输入电阻 R_i、放大电路直流负载电阻 R_c、放大电路负载电阻 R_L 和放大电路等效负载电阻 R'_L 等概念。

此外,本节也介绍了动态分析电路的图解法以及三极管放大电路克服温度影响的各种方法。

2.2.1 放大电路的动态分析方法

放大电路的动态分析主要借助于交流通路,利用微变等效电路或图解法,估算放大电路的电压放大倍数 A_u、输入电阻 R_i 和输出电阻 R_o,还可以分析波形失真情况。

1. 微变等效电路分析法

微变等效电路是在放大电路交流通路的基础上,将三极管符号进一步具体化,根据基本电路理论和物理量定义,得到计算公式。

图 2-2 共发射极放大电路的微变等效电路如图 2-6 所示。

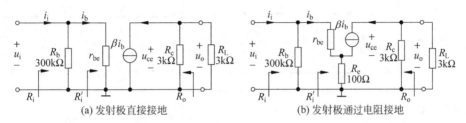

(a) 发射极直接接地   (b) 发射极通过电阻接地

图 2-6 共发射极放大电路微变等效电路

求解各个物理量时,根据计算公式,将公式中的每个符号用具体量值代换。需要注意的是,三极管输入电阻 r_{be} 指的是基极与发射极之间的电阻,两种电路没有差别;而三极管基极对地电阻 R_i' 由于电路接法不同,两种电路差别较大,使得电压放大倍数和输入电阻差别也较大。

根据图 2-6(a)等效电路的输入回路和输出回路,可得到如下关系式。

$$u_i = i_b r_{be}, \quad i_c = \beta i_b, \quad u_o = -i_c R_L', \quad R_L' = R_c // R_L$$

其中,R_L' 为**等效负载电阻**。

根据电压放大倍数定义,求得共发射极放大电路的电压放大倍数为

$$A_u = \frac{u_o}{u_i} = -\beta \frac{R_L'}{r_{be}} \tag{2-9}$$

根据输入电阻的定义及电路特点,图 2-6(a)电路的输入电阻 R_i 为

$$R_i = \frac{u_i}{i_i} = r_{be} // R_b \tag{2-10}$$

根据输出电阻的定义及电路特点,需要将输入信号源置零,保留其内阻。输入信号源置零后,使得 $i_b = i_c = 0$,空载输出电压 u_o 在集电极电阻 R_c 上产生电流,图 2-6(a)电路的输出电阻 R_o 为

$$R_o = R_c \tag{2-11}$$

图 2-6(b)电路由于在发射极与地之间接入了一个电阻 R_e,电压放大倍数和输入电阻的计算复杂一些。两种电路的动态参数计算过程及结果如表 2-3 所示。

表 2-3　共发射极电路动态参数求解表

求解物理量	发射极直接接地电路	发射极通过电阻接地电路
电路形式	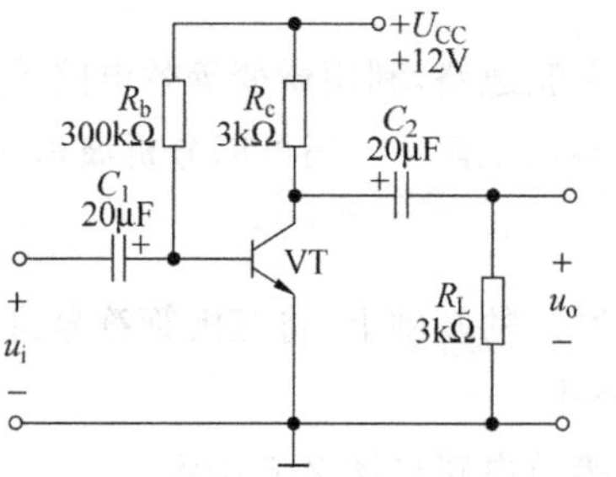	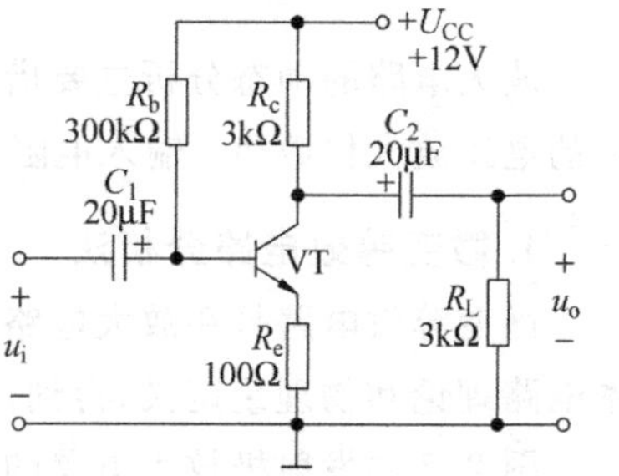
微变等效电路	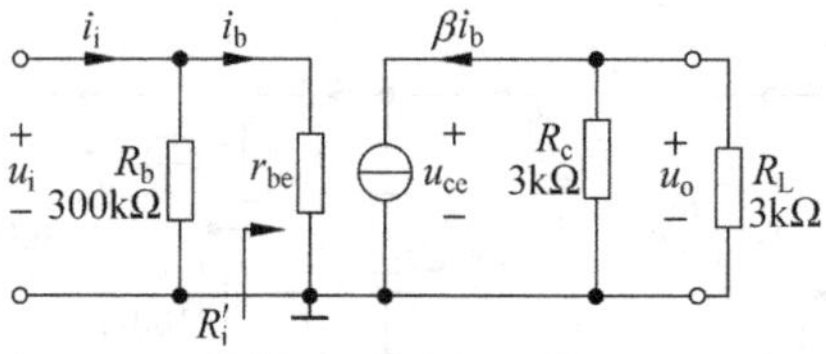	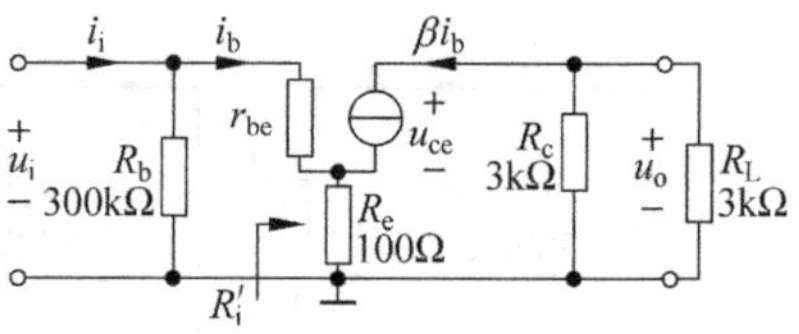
电压放大倍数计算公式	$A_u = \beta \dfrac{R'_L}{r_{be}}$	$A_u = -\beta \dfrac{R'_L}{r_{be} + (1+\beta)R_e}$
电流放大倍数	$\beta = 50$	$\beta = 50$
等效负载电阻	$R'_L = 3k\Omega // 3k\Omega = 1.5k\Omega$	$R'_L = 3k\Omega // 3k\Omega = 1.5k\Omega$
三极管输入电阻	$r_{be} = 300 + 26/0.04 = 950(\Omega)$	$r_{be} = 300 + 26/0.04 = 950(\Omega)$
发射极电阻	$R_e = 0$	$R_e = 100\Omega$
基极对地电阻	$R'_i = r_{be} = 950\Omega$	$R'_i = r_{be} + (1+\beta)R_e = 6.05(k\Omega)$
电压放大倍数	$A_u = -78$	$A_u = -12.4$
输入电阻公式	$R_i = R_b // r_{be}$	$R_i = R_b // [r_{be} + (1+\beta)R_e]$
基极偏置电阻	$R_b = 300k\Omega$	$R_b = 300k\Omega$
输入电阻结果	$R_i = 947\Omega$	$R_i = 5.93k\Omega$
电路输出电阻	$R_o = 3k\Omega$	$R_o = 3k\Omega$
不同点	电压放大倍数大,输入电阻小	电压放大倍数小,输入电阻大
相同点	输出电压与输入电压反相,输出电阻与外接负载电阻无关	

2. 图解分析法

放大电路的图解分析法以电路元器件和三极管输入输出特性曲线为依据,作出直流负载线,可粗略估计三极管静态工作点(I_{BQ}、I_{CQ}、U_{CEQ}),验证三极管电流放大倍数;在直流负载线基础上,再作出交流负载线,可看到放大信号的全局情况。

为图 2-2(a)电路制作负载线,过程及效果如图 2-7 所示。

静态直流负载线制作方法及工作状态分析如下:

(1) 假设 $I_C = 0$,由电路条件,求得 $U_{CE} = 12V$,在横坐标上得到 A 点。

(2) 假设 $U_{CE} = 0$,由电路条件,求得 $I_C = 4mA$,在纵坐标上得到 B 点。

(3) 连接 AB 两点,得到直流负载线,找到与三极管输出特性曲线相交最合理的点 Q,得到图解法产生的 $I_{BQ} = 40\mu A$。

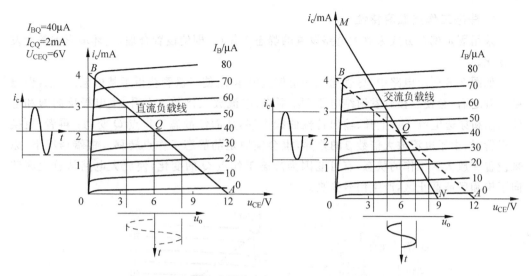

图 2-7　共发射极放大电路图解分析法示意图

（4）由 Q 点纵向和横向画线，分别找到 $U_{CEQ}=6V$，$I_{CQ}=2mA$，与计算值较为接近。

（5）在输出特性曲线上取 I_C 变化量（0.5mA）与 I_B 变化量（$10\mu A$）之比，可验证三极管电流放大倍数约为 50 倍。

（6）以 $I_{CQ}=2mA$ 为时间轴，画出集电极电流信号 i_c 的波形，再以 $U_{CEQ}=6V$ 为时间轴，转而画出放大电路空载时的输出电压 u_o 的波形。

动态交流负载线制作方法及工作状态分析如下：

（1）由 $U_{CEQ}+I_{CQ}\times1.5k\Omega=6V+2mA\times1.5k\Omega=9V$，在横坐标上找到辅助点 N。

（2）连接 NQ 并延伸与纵坐标交 M 点，得到交流负载线。

（3）根据图 2-5 所示原理，定性地看到了，信号通过共发射极放大电路是如何放大和反相的。

设定一定形式的输入电压 u_i 的波形，在三极管输入特性曲线上得到基极电流 i_b 的波形，再在输出特性曲线上得到集电极电流 i_c 的波形，最终得到输出电压 u_o 的波形。这样，就可以估算放大电路的电压放大倍数。

由于转换多次，定量估算的结果较为粗糙，但通过图解法还是可以估计放大电路的动态特性。例如，接上负载之后，输出电压幅度和动态范围都相应减小，本例由于负载电阻 R_L 与集电极电阻 R_c 相等（$3k\Omega$），因此与空载状态（$R_L=\infty$）相比，输出幅度减少一半。

图解分析法在后续的功率放大电路中，会成为分析的主要手段。

2.2.2　静态工作点及稳定方法

静态工作点是三极管放大电路正常工作的基本保证，其准确性和稳定性将直接影响到动态输出波形。由于三极管是基于半导体材料制作，必然受温度影响。因此，必须采用各种方法予以克服和消除。

1. 静态工作点温度特性

采用固定偏置方式为放大电路设置的静态工作点,即使设置合理,受环境影响都会发生变化。

如图 2-8 所示电路中,尽管通过固定偏置电阻 R_b 使三极管获得了基极电流 I_{BQ},但温度上升之后,会使三极管发射结电压 U_{BE} 下降、电流放大倍数 β 上升、集电极反向饱和电流 I_{CBO} 和穿透电流 I_{CEO} 上升、输出特性曲线上移,从而使静态工作点 Q 变动;再者,更换三极管时,由于电流放大倍数 β 的差异,也会使原定的静态工作点转移。极端情况下,原来设置在放大区工作的状态,有可能因为静态工作点 Q 的变化,使放大电路从放大区转向了饱和区或截止区,产生信号失真。

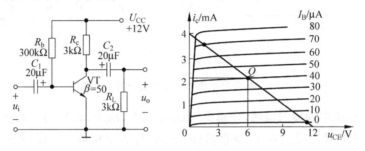

图 2-8 温度对固定偏置电路静态工作点的影响

图 2-9 显示了放大电路静态工作点与输出波形的关系。

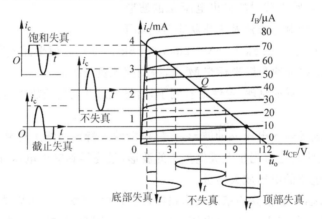

图 2-9 饱和失真与截止失真

(1) 当静态工作点处于负载线中点时,集电极电流 I_c 转化出的输出电压 u_o 不失真。

(2) 当静态工作点上升到一定程度时,集电极电流 I_c 产生了饱和失真,表现为电流信号的顶部被削除,而输出电压 u_o 由于与集电极电流 I_c 反相,表现为电压信号的底部被削除。

(3) 相反的,静态工作点下降到一定程度时,信号会产生截止失真。

因此,造成信号失真的原因在三极管内部,表现在外部负载上。用示波器观察波形时,一般不测量集电极电流,而测量输出电压。这样,习惯上也常把饱和失真称为底部失真,把截止失真称为顶部失真。这种说法的前提条件是放大电路工作方式为共发射极。

2. 静态工作点稳定方法

稳定三极管静态工作点通常有 3 种方式,具体电路如图 2-10 所示。

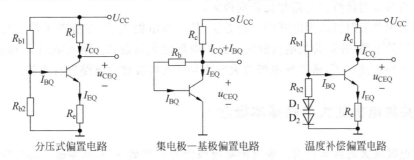

图 2-10　静态工作点稳定电路

分压式偏置电路的特点是三极管基极采用电阻分压获得固定电位,不受温度影响;发射极通过电阻接地,获得 I_{EQ} 变化信号,反馈到输入端,自动调节 I_{BQ}。

控制过程为 $T\uparrow \to I_{CQ}\uparrow \to I_{EQ}\uparrow \to U_{EQ}\uparrow$（由于 U_{BQ} 固定）$\to U_{BEQ}\downarrow \to I_{BQ}\downarrow \to I_{CQ}\downarrow$。

集电极—基极偏置电路的特点是三极管集电极输出电压通过电阻回送到基极,形成基极电流,电阻 R_c 上同时流过基极电流和集电极电流,由于电源电压固定,自动调节 I_{BQ}。

控制过程为 $T\uparrow \to I_{CQ}\uparrow \to U_{Rc}\uparrow$（由于 U_{cc} 固定）$\to U_{CQ}\downarrow \to U_{BQ}\downarrow \to I_{CQ}\downarrow$。

温度补偿偏置电路的特点是在三极管基极分压的下支路,采用同种材料的二极管与三极管发射结同方向地下地,以抑制三极管发射结电压 U_{BE} 随温度的变化。

控制过程为 $T\uparrow \to I_{CQ}\uparrow$,但同时 $T\uparrow \to U_{D1D2}\downarrow \to I_{Rb2Q}\uparrow$（由于 I_{Rb1Q} 固定）$\to I_{BQ}\downarrow \to I_{CQ}\downarrow$。

小结

（1）动态分析放大电路有两种方法。微变等效电路分析方法能给出定量的结果,图解法能给出定性的结果,两种方法适合于不同的放大电路。

（2）动态参数的计算必须紧紧依靠微变等效电路,综合考虑三极管的内部和外部情况,准确得到结果。动态参数计算的比较列表中,对于发射极通过电阻下地方式,电路属性已经具备负反馈性质,电压放大倍数和输入电阻变化很大。

（3）图解法也存在直流和交流两种状态,负载线是不同的。

（4）三极管受温度影响是其本身内部的原因,克服这些影响都是在外部电路上采取一定的措施,但必须简单实用。

2.3 共集电极放大电路

共集电极放大电路是三极管放大电路的另一种组成方式,由于电路连接方式的改变,电路性能与共发射极放大电路相比差别很大。

本节沿用共发射极放大电路的分析方法,从基本电路入手,在静态工作点基础上,借助于微变等效电路,分析共集电极放大电路的电压放大倍数 A_u、输入电阻 R_i 和输出电阻 R_o。在一个特定条件下,将共集电极放大电路与共发射极放大电路进行比较。

2.3.1 共集电极放大电路基本概念

共集电极放大的含义是将三极管的集电极作为公共端,信号从基极—集电极输入,从发射极—集电极输出。电路中,发射极与地之间必须接有电阻 R_e,而集电极与电源之间不一定接电阻。

1. 共集电极放大基本电路

共集电极放大基本电路如图 2-11 所示。

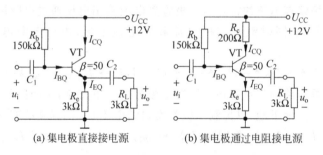

(a) 集电极直接接电源　　　　　(b) 集电极通过电阻接电源

图 2-11　共集电极放大基本电路

图中各个元器件的作用如下。

三极管 VT:放大电路的核心器件,具有电流放大能力,电流的变化在 R_c 和 R_e 上体现为电压的变化,从而转变为输出电压的变化;发射结正偏工作,集电结反偏工作。

电阻 R_b、R_c 和 R_e:分别为三极管的基极固定偏置电阻、集电极电阻和发射极电阻,图 2-11(b)中 R_c 的接入不改变电路属性,仍然是共集电极放大。

电阻 R_L:三极管交流负载电阻,与电阻 R_e 一起,共同承接三极管放大后的交流电流 i_c,形成交流输出电压 u_o。

电容 C_1 和 C_2:分别为信号输入耦合电容和输出耦合电容。

直流电源 U_{CC}:为放大电路提供电能。

2. 共集电极放大微变等效电路

共集电极放大微变等效电路如图 2-12 所示。

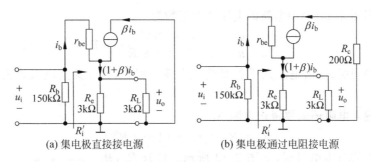

(a) 集电极直接接电源　　　　　　　(b) 集电极通过电阻接电源

图 2-12　共集电极放大微变等效电路

2.3.2　共集电极放大电路原理分析

1. 静态参数

与共发射极放大电路分析方法类似,借助于直流通路,可计算共集电极放大电路的静态工作点 Q,如基极电流 I_{BQ}、集电极电流 I_{CQ}、发射结压降 U_{BEQ} 和管压降 U_{CEQ}。

求解工作点时,顺着直流电源→三极管基极→发射结→三极管发射极→地路径,首先求出 I_{BQ} 或 I_{EQ},转而求出 U_{ReQ} 和 U_{ReQ},再求出 U_{CEQ}。

如果忽略发射结压降(假设 $U_{BEQ}=0\mathrm{V}$),图 2-11 电路的静态工作点求解如表 2-4 所示。

表 2-4　共集电极放大电路静态工作点求解表

求解物理量	集电极直接接电源	集电极通过电阻接电源
基极电流 I_{BQ}	$I_{BQ}=U_{CC}/[R_{b}+(1+\beta)R_{e}]$ $=12\mathrm{V}/(150\mathrm{k\Omega}+153\mathrm{k\Omega})=40\mu\mathrm{A}$	$I_{BQ}=U_{CC}/[R_{b}+(1+\beta)R_{e}]$ $=12\mathrm{V}/(150\mathrm{k\Omega}+153\mathrm{k\Omega})=40\mu\mathrm{A}$
集电极电流 I_{CQ}	$I_{CQ}=40\mu\mathrm{A}\times50=2\mathrm{mA}$	$I_{CQ}=40\mu\mathrm{A}\times50=2\mathrm{mA}$
基极电压 U_{BQ}	$U_{BQ}=U_{BEQ}+U_{ReQ}$ $=0+2\mathrm{mA}\times3\mathrm{k\Omega}=6\mathrm{V}$	$U_{BQ}=U_{BEQ}+U_{ReQ}$ $=0+2\mathrm{mA}\times3\mathrm{k\Omega}=6\mathrm{V}$
管压降 U_{CEQ}	$U_{CEQ}=U_{CC}-U_{ReQ}$ $=12\mathrm{V}-2\mathrm{mA}\times3\mathrm{k\Omega}=6\mathrm{V}$	$U_{CEQ}=U_{CC}-(U_{ReQ}+U_{ReQ})$ $=12\mathrm{V}-2\mathrm{mA}\times3.2\mathrm{k\Omega}=5.6\mathrm{V}$

从计算结果看出,集电极通过电阻 R_{C} 接电源不会影响 I_{BQ}、I_{CQ} 和 U_{BQ},改变的只是三极管静态管压降 U_{CEQ}。

2. 动态参数

与共发射极放大电路分析方法类似,借助于微变等效电路,可计算放大电路的动态参数,如电压放大倍数 A_{u}、输入电阻 R_{i} 和输出电阻 R_{o}。

从微变等效电路图 2-12(a)中可以看出,电路的输出电压 u_{o} 与各个物理量的关系为

$$u_{o}=i_{e}R_{L}'=(1+\beta)i_{b}R_{L}',\quad R_{L}'=R_{e}//R_{L}$$

电路的输入电压 u_{i} 与各个物理量的关系为

$$u_{i}=i_{b}[r_{be}+(1+\beta)R_{L}']$$

由此得到图 2-12(a)中电路的电压放大倍数为

$$A_\mathrm{u} = \frac{u_\mathrm{o}}{u_\mathrm{i}} = \frac{(1+\beta)R_\mathrm{L}'}{r_\mathrm{be}+(1+\beta)R_\mathrm{L}'} \approx 1 \tag{2-12}$$

式(2-12)表明,输出电压几乎就是输入电压。因此,也称共集电极放大电路为射极跟随器。

电路的输入电阻还需要考虑电阻 R_b

$$R_\mathrm{i} = R_\mathrm{b}//[r_\mathrm{be}+(1+\beta)R_\mathrm{L}'] \tag{2-13}$$

考虑电路的输出电阻时,如图 2-13 所示。抛开 R_L,从输出端看进去,存在 3 条支路并联:发射极支路(R_e)、基极支路$(r_\mathrm{be}+R_\mathrm{s}//R_\mathrm{b})$和受控源支路$[(r_\mathrm{be}+R_\mathrm{s}')/\beta]$。

三条支路的并联电阻就是输出电阻,从而得到电路的输出电阻为

$$R_\mathrm{o} = \frac{U_\mathrm{p}}{I_\mathrm{p}} = R_\mathrm{e} // \frac{r_\mathrm{be}+R_\mathrm{s}'}{1+\beta}$$

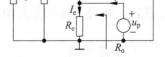

图 2-13　输出电阻计算电路

如果忽略信号源内阻$(R_\mathrm{s}=0)$,则电路的输出电阻为

$$R_\mathrm{o} = R_\mathrm{e} // \frac{r_\mathrm{be}}{1+\beta} \tag{2-14}$$

电压放大倍数、输入电阻和输出电阻的计算依据、计算过程及结果如表 2-5 所示。

表 2-5　共集电极放大电路动态参数求解表

求解物理量	集电极直接接电源	集电极通过电阻接电源
电路形式		
微变等效电路		
电压放大倍数计算公式	$A_\mathrm{u} = \dfrac{(1+\beta)R_\mathrm{L}'}{r_\mathrm{be}+(1+\beta)R_\mathrm{L}'}$	$A_\mathrm{u} = \dfrac{(1+\beta)R_\mathrm{L}'}{r_\mathrm{be}+(1+\beta)R_\mathrm{L}'}$
三极管电流放大倍数	$\beta=50$	$\beta=50$
电路等效负载电阻	$R_\mathrm{L}'=3\mathrm{k}\Omega//3\mathrm{k}\Omega=1.5\mathrm{k}\Omega$	$R_\mathrm{L}'=3\mathrm{k}\Omega//3\mathrm{k}\Omega=1.5\mathrm{k}\Omega$
三极管输入电阻	$r_\mathrm{be}=300+26/0.04=950(\Omega)$	$r_\mathrm{be}=300+26/0.04=950(\Omega)$
三极管发射极电阻	$R_\mathrm{e}=3\mathrm{k}\Omega$	$R_\mathrm{e}=3\mathrm{k}\Omega$

续表

求解物理量	集电极直接接电源	集电极通过电阻接电源
三极管基极对地电阻	$R_i' = r_{be} + (1+\beta)R_L' = 77.5(\text{k}\Omega)$	$R_i' = r_{be} + (1+\beta)R_L' = 77.5(\text{k}\Omega)$
电压放大倍数计算结果	$A_u = 0.98$	$A_u = 0.98$
放大电路输入电阻	$R_i = R_b // [r_{be} + (1+\beta)R_L']$ $R_b = 150\text{k}\Omega$ $R_i = 51\text{k}\Omega$	$R_i = R_b // [r_{be} + (1+\beta)R_L']$ $R_b = 150\text{k}\Omega$ $R_i = 51\text{k}\Omega$
放大电路输出电阻	$R_o = R_e // [r_{be}/(1+\beta)]$ $= 20(\Omega)$	$R_o = R_e // [r_{be}/(1+\beta)]$ $= 20(\Omega)$

从动态参数看出,集电极电阻不会影响共集电极放大电路的动态特性。

共集电极放大电路的电压放大倍数接近于 1,电路的输入电阻高,输出电阻低。如果电路条件选择得当,从集电极增加一路输出,可获得与输入信号幅度相等、极性相反的信号。

2.3.3 共集、共射放大电路综合运用

共集电极放大电路信号从发射极输出,集电极一般直接接电源,为了稳定静态工作点,基极一般采用分压式偏置电路。共发射极放大电路信号从集电极输出,发射极一般直接下地,或在发射极电阻旁边并联一只电容下地。

发射极电阻 R_e 和集电极电阻 R_c 同时采用时,同一电路可同时输出两种形式的信号,一路与输入信号同相,一路与输入信号反相。

具体电路原理图和微变等效电路如图 2-14 所示。

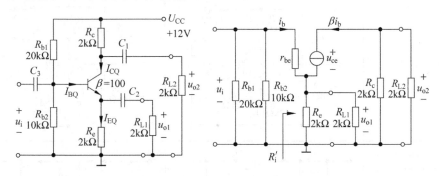

图 2-14 分压式偏置电路同时输出两种信号

1. 静态参数

借助于直流通路,可计算放大电路的静态工作点,如基极电流 I_{BQ}、集电极电流 I_{CQ} 和管压降 U_{CEQ}。

求解工作点时,顺着直流电源→三极管基极→发射结→三极管发射极→地路径,首先求出 I_{BQ} 或 I_{EQ},转而求出 U_{ReQ} 和 U_{RcQ},再求出 U_{CEQ}。

如果忽略发射结压降(假设 $U_{BEQ}=0V$),图 2-14 电路的静态工作点求解如表 2-6 所示。

表 2-6 两种放大电路静态工作点求解表

求解物理量	共集电极放大电路	共发射极放大电路
U_{BQ}	$U_{BQ}=12V(10k\Omega/30k\Omega)=4V$	$U_{BQ}=12V(10k\Omega/30k\Omega)=4V$
I_{EQ}	$I_{EQ}=U_{BQ}/R_e=4V/2k\Omega=2mA$	$I_{EQ}=U_{BQ}/R_e=4V/2k\Omega=2mA$
I_{CQ}	$I_{CQ}=2mA$	$I_{CQ}=2mA$
I_{BQ}	$I_{BQ}=I_{CQ}/\beta=2mA/100=20\mu A$	$I_{BQ}=I_{CQ}/\beta=2mA/100=20\mu A$
U_{ReQ}	$U_{ReQ}=2mA\times2k\Omega=4V$	$U_{ReQ}=2mA\times2k\Omega=4V$
U_{RcQ}	$U_{RcQ}=2mA\times2k\Omega=4V$	$U_{RcQ}=2mA\times2k\Omega=4V$
U_{CEQ}	$U_{CEQ}=12V-2mA\times4k\Omega=4V$	$U_{CEQ}=12V-2mA\times4k\Omega=4V$

从计算结果看出,静态工作时,电阻 R_c 上的电压、R_e 上的电压和三极管管压降均为 4V。

2. 动态情况

借助于微变等效电路,可计算放大电路的动态参数,如电压放大倍数 A_u、输入电阻 R_i 和输出电阻 R_o。

求解各个物理量时,仍然需要先算出放大电路等效负载电阻 R_L、三极管输入电阻 r_{be}、三极管基极对地电阻 R_i',满足一定的近似条件后,两路信号波形幅度相等,极性相反。

电压放大倍数、近似条件、计算过程及结果如表 2-7 所示。

表 2-7 两种放大电路动态参数求解表

求解物理量	共集电极放大电路	共发射极放大电路
电路形式		
交流等效电路		
电压放大倍数计算公式	$A_{u1}=\dfrac{(1+\beta)R_{L1}'}{r_{be}+(1+\beta)R_{L1}'}$	$A_{u2}=\dfrac{\beta R_{L2}'}{r_{be}+(1+\beta)R_{L1}'}$

续表

求解物理量	共集电极放大电路	共发射极放大电路
等效负载电阻	$R'_{L1}=R_e//R_{L1}=1(\mathrm{k}\Omega)$	$R'_{L2}=R_c//R_{L2}=1(\mathrm{k}\Omega)$
近似条件	$1\ll\beta;\ r_{be}\ll\beta R'_{L1}$	$1\ll\beta;\ r_{be}\ll\beta R'_{L1}$
近似结果	$A_{u1}=1$	$A_{u2}=-1$
输出波形图		
三极管输入电阻	$r_{be}=300+26(\mathrm{mV})/I_B(\mathrm{mA})$ $=1.6\mathrm{k}\Omega$	$r_{be}=300+26(\mathrm{mV})/I_B(\mathrm{mA})$ $=1.6\mathrm{k}\Omega$
三极管基极对地电阻	$R'_i=r_{be}+(1+\beta)R'_{L2}$ $=102.6(\mathrm{k}\Omega)$	$R'_i=r_{be}+(1+\beta)R'_{L2}$ $=102.6(\mathrm{k}\Omega)$
放大电路输入电阻	$R_i=R_{b1}//R_{b2}//[r_{be}+(1+\beta)R'_{L2}]$ $=6.3(\mathrm{k}\Omega)$	$R_i=R_{b1}//R_{b2}//[r_{be}+(1+\beta)R'_{L2}]$ $=6.3(\mathrm{k}\Omega)$
放大电路输出电阻	$R_o=R_e//[r_{be}/(1+\beta)]$ $=16(\Omega)$	$R_o=R_c=2\mathrm{k}\Omega$

从动态参数看出,共集电极放大和共发射极放大可以处于同一电路中,只是输出端不一样。如果电路参数设置得当,可使共集电极放大电路的电压放大倍数接近于1,共发射极放大电路的电压放大倍数为-1。两路输出信号幅度相等,极性相反。

2.3.4　共集、共射放大电路对比分析

共集、共射放大电路对比分析如表 2-8 所示。

表 2-8　共集、共射放大电路对比分析

比 较 内 容	共集电极放大电路	共发射极放大电路
基极电压 U_{BQ}	通过基极固定偏置电阻或分压电阻求得	通过基极固定偏置电阻或分压电阻求得
基极电流 I_{BQ}	通过 U_{BQ}-U_{BEQ}-R_e-地路径求得	通过 U_{BQ}-U_{BEQ}-R_e-地路径求得
集电极电流 I_{CQ}	通过 βI_{BQ} 求得	通过 βI_{BQ} 求得
管压降 U_{CEQ}	通过 U_{CC}-R_C-U_{CEQ}-R_e-地路径求得	通过 U_{CC}-R_C-U_{CEQ}-R_e-地路径求得
基极回路电阻 r_{be}	由 $300+26(\mathrm{mV})/I_B(\mathrm{mA})$ 求得	由 $300+26(\mathrm{mV})/I_B(\mathrm{mA})$ 求得
基极对地电阻 R'_i	由 $r_{be}+(1+\beta)R'_e$ 求得	由 $r_{be}+(1+\beta)R'_e$ 求得
等效负载电阻 R'_L	由 R_e 和 R_{L2} 求得	由 R_C 和 R_{L1} 求得
电压放大倍数 A_u	由 β、R'_L 和 R'_i 求得	由 β、R'_L 和 R'_i 求得
输入电阻 R_i	由 R_{b1}、R_{b2} 和 R'_i 求得	由 R_{b1}、R_{b2} 和 R'_i 求得
输出电阻 R_o	由 β、R_e 和 r_{be} 求得	由 R_e 求得
电流放大能力	有,$i_e=(1+\beta)i_b$	有,$i_c=\beta i_b$
电压放大能力	无,但输出波形接近于输入波形	有,但输出波形与输入波形反相
输入电阻	高	低
输出电阻	低	高

小结

(1) 本节采用了类似于共发射极放大电路的分析方法,介绍了共集电极放大电路的基本电路、工作原理及主要技术参数,强调了共集电极放大电路与共发射极放大电路的相同之处和显著差别。

(2) 共集电极放大电路电压放大倍数接近于 1 且略小于 1,无电压放大能力,输出波形与输入波形同相;输入电阻高,输出电阻低。

(3) 同一放大电路在适当条件下,分别从发射极和集电极输出,可获得与输入信号幅度几乎相等的两路信号,一路与输入信号同相,一路与输入信号反相。

2.4 共基极放大电路

共基极放大电路是三极管放大电路的第 3 种组成方式。尽管电路连接方式与前两种放大电路有差别,但仍然是利用三极管的内部电流分配和放大规律。因此,本节也是从基本电路入手,比照共发射极放大电路,在静态工作点基础上,借助于微变等效电路,分析共基极放大电路的电压放大倍数 A_u、输入电阻 R_i 和输出电阻 R_o。然后,将三极管放大电路的 3 种方式进行综合比较,并举出电路实例。

2.4.1 共基极放大电路基本概念

共基极放大的含义是将三极管的基极作为公共端,信号从发射极—基极输入,从集电极—基极输出。为保证发射结正偏,基极需要配置偏置电阻;为形成共基极放大,还需通过电容将基极的交流信号下地。

1. 共基极放大基本电路

共基极放大基本电路、交直流通路及微变等效电路如图 2-15 所示。

图 2-15 中各个元器件的作用如下。

(1) 三极管 VT:放大电路的核心器件,具有电流放大能力,电流的变化在 R_c 和 R_e 上体现为电压的变化,从而转变为输出电压的变化;发射结正偏工作,集电结反偏工作。

(2) 电阻 R_{b1} 和 R_{b2}:为三极管基极分压式偏置电阻。

(3) 电阻 R_c 和 R_e:分别为三极管的集电极电阻和发射极电阻。

(4) 电阻 R_L:三极管交流负载电阻,与电阻 R_c 一起,共同承接三极管放大后的交流电流 i_c,形成交流输出电压 u_o。

(5) 电容 C_e 和 C_c:分别为信号输入耦合电容和输出耦合电容。

(6) 电容 C_b:三极管基极交流信号旁路电容,使三极管基极对交流信号而言,相当于下地。

(7) 直流电源 U_{CC}:为放大电路提供电能。

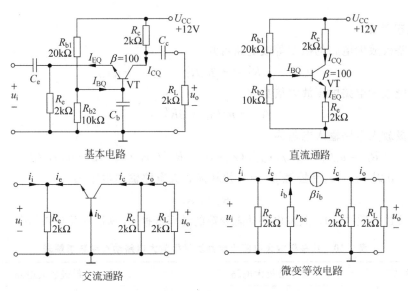

图 2-15　共基极放大电路

2. 静态参数

观察图 2-15 可以发现，共基极放大电路的直流通路与图 2-14 共发射极放大电路完全相同。

为便于比较，将直流通路完全相同的共发射极放大电路及其微变等效电路示于图 2-16。

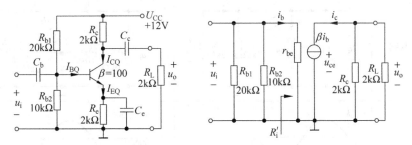

图 2-16　直流通路完全相同的共发射极放大电路

如果忽略发射结压降（假设 $U_{BEQ}=0V$），将两种电路静态工作点求解如表 2-9 所示。

表 2-9　静态工作点求解表

求解物理量	共基极放大电路	共发射极放大电路
I_{EQ}	$I_{EQ}=U_B/R_e=4V/2k\Omega=2mA$	$I_{EQ}=U_B/R_e=4V/2k\Omega=2mA$
I_{CQ}	$I_{CQ}=2mA$	$I_{CQ}=2mA$
U_{ReQ}	$U_{ReQ}=2mA\times 2k\Omega=4V$	$U_{ReQ}=2mA\times 2k\Omega=4V$
U_{BQ}	$U_{BQ}=2mA\times 2k\Omega=4V$	$U_{BQ}=2mA\times 2k\Omega=4V$
U_{RcQ}	$U_{RcQ}=2mA\times 2k\Omega=4V$	$U_{RcQ}=2mA\times 2k\Omega=4V$
U_{CEQ}	$U_{CEQ}=12V-2mA\times 4k\Omega=4V$	$U_{CEQ}=12V-2mA\times 4k\Omega=4V$

3. 动态参数

从共基极放大电路的微变等效电路可知

$$u_o = -i_c R'_L = -\beta i_b R'_L, \quad u_i = -i_b r_{be}$$

共基极放大电路电压放大倍数为

$$A_u = u_o/u_i = \beta R'_L/r_{be} \tag{2-15}$$

共基极放大电路输入电阻为

$$R_i = u_i/i_i = R_e//r_{be}//(r_{be}/\beta) = R_e//[r_{be}/(1+\beta)] \approx r_{be}/\beta \tag{2-16}$$

当 $u_i = 0$ 时，$i_b = 0$，受控源 $\beta i_b = 0$，共基极放大电路输出电阻为

$$R_o \approx R_c \tag{2-17}$$

静态参数一致的共基、共发电路动态参数的计算依据、计算过程及结果如表 2-10 所示。

表 2-10　共基极放大电路比照共发射极放大电路动态参数求解表

比 较 内 容	共基极放大电路	共发射极放大电路
电路形式		
微变等效电路		
输出波形		
输出波形极性原因	u_o 与 i_b 反相，i_b 与 u_i 反相 u_o 与 u_i 同相	u_o 与 i_b 反相，i_b 与 u_i 同相 u_o 与 u_i 反相
放大电路电压放大倍数	$A_u = \dfrac{\beta R'_L}{r_{be}}$ $\beta = 100$ $R'_L = 2k\Omega//2k\Omega = 1k\Omega$ $r_{be} = 300 + 26/0.02 = 1.6(k\Omega)$ $A_u = 62.5$	$A_u = -\dfrac{\beta R'_L}{r_{be}}$ $\beta = 100$ $R'_L = 2k\Omega//2k\Omega = 1k\Omega$ $r_{be} = 300 + 26/0.02 = 1.6(k\Omega)$ $A_u = -62.5$
放大电路输入电阻	$R_i = R_e//[r_{be}/(1+\beta)]$ $= 15(\Omega)$	$R_i = R_{b1}//R_{b2}//r_{be}$ $= 1.3(k\Omega)$
放大电路输出电阻	$R_o = R_c = 2k\Omega$	$R_o = R_c = 2k\Omega$

从动态参数看出,直流通路完全相同时,共基极放大电路的电压放大倍数与共发射极放大电路的绝对值相等,极性相反;输出电阻相等,最大差别是共基极放大电路的输入电阻很低。

2.4.2　共基、共射放大电路对比分析

共基、共射放大电路对比分析如表 2-11 所示。

表 2-11　共基、共射放大电路对比分析

比 较 内 容	共基极放大电路	共发射极放大电路
基极电压 U_{BQ}	通过基极固定偏置电阻或分压电阻求得	通过基极固定偏置电阻或分压电阻求得
基极电流 I_{BQ}	通过 U_{BQ}-U_{BEQ}-R_e-地路径求得	通过 U_{BQ}-U_{BEQ}-R_e-地路径求得
集电极电流 I_{CQ}	通过 βI_{BQ} 求得	通过 βI_{BQ} 求得
管压降 U_{CEQ}	通过 U_{CC}-R_C-U_{CEQ}-R_e-地路径求得	通过 U_{CC}-R_C-U_{CEQ}-R_e-地路径求得
三极管输入电阻 r_{be}	由 $300+26(mV)/I_B(mA)$ 求得	由 $300+26(mV)/I_B(mA)$ 求得
基极对地电阻 R_i'	0	r_{be}
等效负载电阻 R_L'	由 R_c 和 R_L 求得	由 R_e 和 R_L 求得
电压放大倍数 A_u	由 β、R_L' 和 r_{be} 求得	由 β、R_L' 和 r_{be} 求得
放大电路输入电阻 R_i	由 β、R_e 和 r_{be} 求得,很低	由 R_{b1}、R_{b2} 和 r_{be} 求得,较高
放大电路输出电阻 R_o	由 R_c 求得,不低	由 R_c 求得,不低
电流放大能力	无	有,$i_c=\beta i_b$
电压放大能力	有,输出波形与输入波形同相	有,输出波形与输入波形反相

2.4.3　三极管三种放大电路比较

在介绍了三极管的三种放大电路之后,需要将三种情况进行比较,以便找出共性及个性。比较的前提是采用相同的直流通路,即保证静态特性一致,了解和掌握各自的动态特性。忽略发射结电压(假设 $U_{BEQ}=0V$),比较情况详见表 2-12。

表 2-12　三极管三种放大电路特性比较

比较内容	共发射极放大电路	共集电极放大电路	共基极放大电路
电路形式			

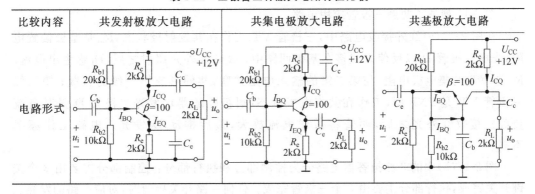

续表

比较内容	共发射极放大电路	共集电极放大电路	共基极放大电路
工作点	$U_{BQ}=4V, I_{BQ}=20\mu A, I_{CQ}=2mA, U_{CEQ}=4V, U_{Rc}=4V, U_{Re}=4V$		
电容作用	C_e使发射极下地	C_c使集电极下地	C_b使基极下地
电阻器作用	R_c为直流负载 $R_L//R_c$构成交流负载 R_{b1}和R_{b2}为基极分压电阻 R_e为稳定静态工作点	R_e为直流负载 $R_L//R_e$构成交流负载 R_{b1}和R_{b2}为基极分压电阻 R_c为减轻管压降U_{ce}	R_c为直流负载 $R_L//R_c$构成交流负载 R_{b1}和R_{b2}为基极分压电阻 R_e为稳定静态工作点
交流等效电路			
等效负载	$R_L'=R_c//R_L=1(k\Omega)$	$R_L'=R_e//R_L=1(k\Omega)$	$R_L'=R_c//R_L=1(k\Omega)$
三极管输入电阻	$r_{be}=300+26(mV)/I_B(mA)=300+26/0.02=1.6(k\Omega)$		
基极对地电阻	$R_i'=r_{be}=1.6k\Omega$	$R_i'=r_{be}+(1+\beta)R_L'=102.6(k\Omega)$	$R_i'=0$
放大电路电压放大倍数	$A_u=-\dfrac{\beta R_L'}{r_{be}}=-62.5$	$A_u=\dfrac{(1+\beta)R_L'}{r_{be}+(1+\beta)R_L'}=0.98$	$A_u=\dfrac{\beta R_L'}{r_{be}}=62.5$
放大电路输入电阻	$R_i=R_{b1}//R_{b2}//r_{be}=1.3(k\Omega)$	$R_i=R_{b1}//R_{b2}//[r_{be}+(1+\beta)R_L']=6.3(k\Omega)$	$R_i=R_e//[r_{be}/(1+\beta)]=15(\Omega)$
放大电路输出电阻	$R_o=R_c=2k\Omega$	$R_o=R_e//[r_{be}/(1+\beta)]=15(\Omega)$	$R_o=R_c=2k\Omega$
应用场合	多级放大电路的中间级	输入、输出或用作缓冲级	高频或宽频带放大电路

2.4.4　三极管应用电路

图 2-17 列举了两例三极管应用电路。

在图 2-17(a)红外接收电路中,三极管 VT_1 工作在共发射极状态,R_{b1} 是基极偏置电阻,光电二极管 D_1 以反偏方式接在基极回路中;收到红外光照射之后,D_1 感生出电流。R_{c1} 是 VT_1 的集电极电阻,与第二级的输入电阻并联,共同形成第一级的负载;第二级三极管 VT_2 是 PNP 型,工作在共集电极状态(射极跟随器),发光二极管 D_2 是其直流负载。接收红外光之后,两管将微弱电流放大,最后推动 D_2 发光。电路工作频率不高。

图 2-17(b)中的 3 路抢答器电路分为控制部分和执行部分:控制部分主要由 3 个按键开关完成,执行部分主要由 3 个三极管完成。任何一路开关接通时,对应一路的发光二

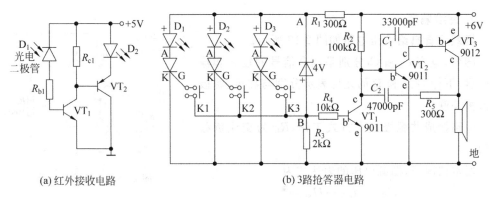

(a) 红外接收电路   (b) 3路抢答器电路

图 2-17 三极管应用电路

极管必须发光,同时扬声器发出"嘀嘟"声。3 个三极管均接成共发射极放大工作方式,第一级 VT_1 工作在开关状态,无抢答时工作在饱和状态,造成后级电路不工作;有抢答时工作在截止状态,为后级电路工作创造了条件。第二级 VT_2 与第三级 VT_3 完成正弦振荡功能,扬声器作为负载接在第三级的集电极回路中。

小结

(1) 本节比照共发射极放大电路,介绍了共基极放大电路的基本电路、工作原理及主要技术参数,强调了共基极放大电路与共发射极放大电路的相同之处和显著差别。

(2) 相同之处表现在,两种电路都有电压放大能力和相同的输出电阻;显著差别表现在,共基极放大电路输出信号不反相,电路的输入电阻很低。

(3) 在此基础上,将具有相同静态工作条件的 3 种放大电路进行了比较,突出了各自的动态特性,应用场合各不相同。

2.5 场效应管放大电路

场效应管放大电路与三极管放大电路有很强的可比性,例如在静态工作点的基础上分析动态特性,以微变等效电路为依据,求解各个物理量,电路连接方式相应的也有共源共漏的说法等。与三极管相比,场效应管毕竟没有栅极电流,电路构成及性能分析会有一些特殊性。本节从直流偏置电路入手,突出求解物理量时的二元二次方程组,对比了三极管和场效应管的微变等效电路,以微变等效电路为工具,分析了共源放大电路和共漏放大电路的动态性能。

2.5.1 场效应管的直流偏置

所谓偏置,是指通过一定的连接方式,使场效应管的栅极与源极之间得到一定的电压 U_{GS}。场效应管的直流偏置包括自给偏压和分压式偏压两种方式。

1. 自给偏压

场效应管自给偏压电路如图 2-18 所示。

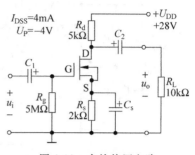

图 2-18　自给偏压电路

图中,电容 C_1 和 C_2 分别是耦合信号的输入和输出电容,下标 G、S 和 D 的元件表示分别与栅极、源极和漏极关联。

电路接成共源极放大方式工作,R_L 为交流负载电阻。

通常情况下,栅源电压的表达式为

$$U_{GS} = U_G - U_S$$

由于场效应管栅极无电流,造成 $U_g=0$,而漏源电流在电阻 R_s 上流过使 $U_S=I_D R_s$,因此,得到了自给偏压:

$$U_{GS} = U_G - U_S = 0 - U_S = -I_D R_s \tag{2-18}$$

与三极管相比,场效应管静态工作点的设置简单很多,只要考虑源极电阻 R_s 就行。

求解场效应管的静态工作点包括两个物理量:栅源电压 U_{GS} 和漏极电流 I_D,与三极管的发射结电压 U_{be} 和集电极电流 I_c 类似。

把式(1-7)调用过来与式(2-18)联立,就能得到一个关于栅源电压 U_{GS} 和漏极电流 I_D 的二元二次方程组。方程组有两组解,需要舍去不符合物理意义的一组解。

自给偏压方式的前提是,静态时漏极有电流存在,查阅第 1 章表 1-5,增强型场效应管(图形符号中有虚线)不能采用自给偏压方式。

根据图 2-18 所给定的元件参数,建立联立方程组

$$\begin{cases} U_{GS} = -2I_D \\ I_D = 4 \times \left(1 - \dfrac{U_{GS}}{-4}\right)^2 \end{cases}$$

求解后,得到两组解:$I_D=4\text{mA}$、$U_{GS}=-8\text{V}$ 和 $I_D=1\text{mA}$、$U_{GS}=-2\text{V}$。根据已知条件,夹断电压 $U_P=-4\text{V}$,符合题意的解为 $I_D=1\text{mA}$、$U_{GS}=-2\text{V}$。由 $I_D=1\text{mA}$ 以及 R_D 和 R_s 的电阻值,还可求得场效应管漏源之间的压降为 $U_{DS}=28\text{V}-1\text{mA}(5\text{k}\Omega+2\text{k}\Omega)=21\text{V}$。

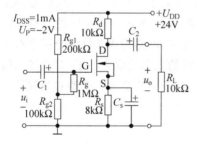

图 2-19　分压式自给偏压电路

2. 分压式自给偏压

分压式自给偏压是在自给偏压的基础上,再加上分压电阻而构成。如图 2-19 所示,栅源电压除了与源极电阻 R_s 有关之外,还与分压电阻 R_{g1} 及 R_{g2} 有关。

采用分压式自给偏压之后,静态偏置的适应性增强,还可用于增强型场效应管。

根据图 2-19 电路情况,栅极电位为

$$U_G = \frac{R_{g2}}{R_{g1} + R_{g2}} \times U_{DD}$$

利用场效应管的内部特性及外部特性,得到漏极电流与栅源电压的联立方程组

$$\begin{cases} I_{\mathrm{D}} = I_{\mathrm{DSS}} \times \left(1 - \dfrac{U_{\mathrm{GS}}}{U_{\mathrm{P}}}\right)^2 \\[3mm] U_{\mathrm{GS}} = U_{\mathrm{G}} - U_{\mathrm{S}} = \dfrac{R_{\mathrm{g2}}}{R_{\mathrm{g1}} + R_{\mathrm{g2}}} \times U_{\mathrm{DD}} - I_{\mathrm{D}} R_{\mathrm{s}} \end{cases} \qquad (2\text{-}19)$$

把图 2-19 中的元件值代入联立方程组(2-19)，得到两组解：$I_{\mathrm{D}} = 1\mathrm{mA}$、$U_{\mathrm{GS}} = 0\mathrm{V}$ 和 $I_{\mathrm{D}} = 0.56\mathrm{mA}$、$U_{\mathrm{GS}} = -4.5\mathrm{V}$。符合题意的是 $I_{\mathrm{D}} = 1\mathrm{mA}$、$U_{\mathrm{GS}} = 0\mathrm{V}$，进而求得 $U_{\mathrm{DS}} = 24\mathrm{V} - 1\mathrm{mA}(10\mathrm{k\Omega} + 8\mathrm{k\Omega}) = 6\mathrm{V}$。

此例的耗尽型场效应管工作在零偏压状态。

2.5.2　场效应管的微变等效电路

与三极管一样，微变等效电路是分析场效应管放大电路动态参数的依据。其方法仍然是保持 3 个电极的外部形态，内部在漏极与源极之间引入了受控电流源。与三极管不同的是，受控电流源借用了跨导(g_{m})的概念，栅极与源极之间的关系干脆不连接。

表 2-13 比较了场效应管和三极管的微变等效电路情况，前提是前者接成共源极放大工作方式，后者接成共发射极放大工作方式。

表 2-13　场效应管和三极管的微变等效电路

比较内容	场　效　应　管	三　极　管
图形符号		
等效电路		
受控源	$g_{\mathrm{m}} u_{\mathrm{GS}}$	βi_{b}
控制机理	电压控制电流	电流控制电流
关键参数	跨导 g_{m}：反映栅源电压对漏极电流的控制能力	电流放大倍数 β：反映基极电流对集电极电流的控制能力

2.5.3　场效应管共源极放大电路

前述图 2-18 和图 2-19 都是共源极放大电路，选择图 2-19 电路来进行动态分析。原电路及微变等效电路如图 2-20 所示。

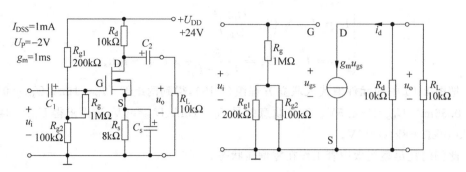

图 2-20　场效应管共源极放大电路

电路的电压放大倍数为

$$A_u = \frac{U_o}{U_i} = \frac{-I_D R'_L}{U_{GS}} = \frac{-g_m U_{GS} R'_L}{U_{GS}} = -g_m R'_L \tag{2-20}$$

把 $g_m = 1\text{ms}$、$R'_L = 5\text{k}\Omega$ 代入后,求得 $A_u = -5$。

输入电阻求解为

$$R_i = R_g + \frac{R_{g1} R_{g2}}{R_{g1} + R_{g2}} \tag{2-21}$$

代入元件值后,求得 $R_i = 1.066\text{M}\Omega$。

电路的输出电阻与共发射极放大电路类似,主要由 R_d 决定,即 $R_o \approx R_d = 10\text{k}\Omega$。

与三极管共发射极放大电路相比较,场效应管共源极放大电路的输入电阻更高。

2.5.4　场效应管共漏极放大电路

场效应管共漏极放大电路也称源极输出器,与三极管射极跟随器类似,电路的输入电阻很高,输出电阻很低。

图 2-21 列举了一例场效应管共漏极放大电路。

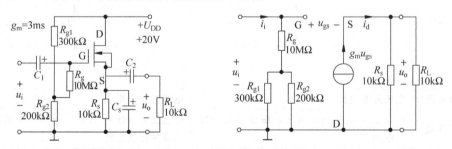

图 2-21　场效应管源极输出器电路

电路中,除了电源电压、元器件参数之外,与共源极放大电路最大的区别是:接地点是漏极,漏源电流 i_d 从上而下流过负载,因此,输出电压与输入电压是同相的。其次,栅源电压 u_{gs} 与输出电压 u_o 成串联关系。这样,电路的电压放大倍数不会超过 1。

把输入电压和输出电压的关系式明确后,求得电压放大倍数为

$$A_\text{u} = \frac{U_\text{o}}{U_\text{i}} = \frac{I_\text{D}R'_\text{L}}{U_\text{GS}+U_\text{o}} = \frac{U_\text{GS}g_\text{m}R'_\text{L}}{U_\text{GS}+U_\text{GS}g_\text{m}R'_\text{L}} = \frac{g_\text{m}R'_\text{L}}{1+g_\text{m}R'_\text{L}} \tag{2-22}$$

把 $g_\text{m} = 3\text{ms}$ 和 $R_\text{L} = 5\text{k}\Omega$ 代入后,求得 $A_\text{u} = 0.94$。

电路的输入电阻为

$$R_\text{i} = R_\text{g} + R_\text{g1}//R_\text{g2} \tag{2-23}$$

电路中,由于 $R_\text{g} = 10\text{M}\Omega$,因此 $R_\text{i} \approx R_\text{g} = 10\text{M}\Omega$。

参看图 2-22,分析电路的输出电阻时,需要抛开交流负载电阻 R_L,将输入信号源置零($u_\text{i} = 0$),在输出端外加电压 U_P,看电流 I_P 流过的路径,则输出电阻是源极电阻 R_s 和另一个电阻(U_P/I_d)的并联。

即

$$R_\text{o} = R_\text{s} // \frac{U_\text{P}}{I_\text{d}}$$

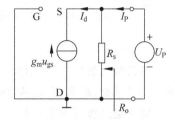

图 2-22 求共漏极电路
输出电阻

继续求解 U_P/I_d。

$$\frac{U_\text{P}}{I_\text{d}} = \frac{U_\text{P}}{-g_\text{m}U_\text{gs}} = \frac{U_\text{P}}{-g_\text{m}(-U_\text{P})} = \frac{1}{g_\text{m}}$$

这样,场效应管共漏极放大电路的输出电阻为

$$R_\text{o} = R_\text{s} // \frac{U_\text{P}}{I_\text{d}} = R_\text{s} // \frac{1}{g_\text{m}} \tag{2-24}$$

把 $R_\text{s} = 10\text{k}\Omega$、$g_\text{m} = 3\text{ms}$ 代入后,求得 $R_\text{o} \approx 0.32\text{k}\Omega$。

2.5.5 场效应管应用电路

由于场效应管内部的沟道特性,静态脱板时可用万用表粗略判断其性能。3 只引脚中如果有两只之间有电阻(欧姆数量级),则说明漏源之间沟道正常;如果 3 只引脚中任何两只之间测不到电阻,则说明漏源之间沟道已经击穿。

场效应管是一种电压控制器件,栅极几乎不取电流,所以其直流输入电阻和交流输入电阻极高,但稍有不慎,栅极的微弱电压容易把漏极和源极击穿。场效应管最常见的故障现象就是沟道击穿。因此,通常情况下,未启用的场效应管 3 只引脚是捆绑在一起的,焊接时电烙铁也不宜带电。

场效应管是单极型器件,即只由一种多数载流子(如 N 沟道的自由电子)导电,受温度和辐射的影响小。阻抗转换、宽带前端放大和开关电源等应用电路普遍用到场效应管。

图 2-23 列出了场效应管的两种应用电路。

图 2-23(a)为驻极体话筒阻抗变换电路。

声波推动驻极体电容,产生音频电压。由于场效应管接成共源极放大方式,输入阻抗很高,电路便于与驻极体电容匹配;又由于电路接成源极输出器方式,输出阻抗很低,带负载能力强。

图 2-23(b)为光纤通信接收前端电路。

由于场效应管的低噪声和高阻抗特性,把结型场效应管 VT_1 接成共源工作方式,作为前端电路的第一级,便于与光电二极管(电流型信号源)匹配,电路产生的噪声小。

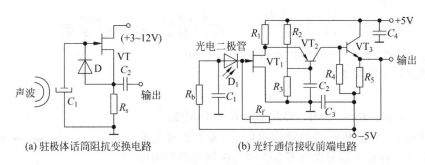

(a) 驻极体话筒阻抗变换电路　　　　(b) 光纤通信接收前端电路

图 2-23　场效应管应用电路

第二级三极管 VT_2 工作在共基极状态,能保证很好的频率特性,采用 PNP 型是便于级间直接耦合,R_2 和 R_3 是基极偏置电阻,C_2 是基极交流信号旁路电容。

第三级三极管 VT_3 工作在共集电极方式,带负载能力强,反馈电阻 R_f 的作用有利展宽频带。

接收激光信号之后,3 个管子将微弱电流放大,送给后级电路,电路工作频率达 100MHz 以上。

小结

(1) 场效应管是一种压控流器件,电路分析仍然是在静态工作的基础上,借助微变等效电路再行分析动态参数。

(2) 与双极型三极管相比,场效应管栅极无电流,静态偏置较为简单。鉴于器件内部特性,漏极电流与栅源电压存在二次方的关系,求解静态工作点时,需要解二元二次联立方程组。共源极放大电路和共漏极放大电路的特性与双极型三极管类似。

(3) 场效应管栅极的微弱电压容易使漏源击穿,使用不慎时会遭到毁坏,这是不同于三极管的一个明显之处。低噪声、抗干扰能力强、大功率等特性使场效应管与三极管应用相比毫不逊色。

习题二

2-1　选择题

(1) 所谓放大,是指通过放大电路(　　)。

　　A. 将输入信号的微弱能量放大到足够,以推动负载

　　B. 将直流电源的能量转化为与输入信号相对应的、足够大的交变能量,推动
　　　负载

(2) 在三极管放大电路中,如果输入信号(非地端)送入基极,输出信号(非地端)取自集电极,则放大电路为(　　)。

　　A. 共基组态　　　　B. 共射组态　　　　C. 共集组态

(3) 放大电路的输出电阻 R_o 是反映其带负载能力的一项指标。输出电阻越小,则负

载变动时,放大电路输出电压的变动(   )。

    A. 越大   B. 也越小   C. 为零

(4) 放大电路的输入电阻 R_i 是反映其对前级电路影响的一项指标。输入电阻小的放大电路适合与(   )信号接口,输入电阻大的放大电路适合与(   )信号接口。

    A. 电压源   B. 电流源

(5) 在三极管 3 种放大电路的组态中,输出电压与输入电压反相的是(   ),无电压放大能力的是(   ),无电流放大能力的是(   ),同时具有电压和电流放大能力的是(   ),输入电阻最大的是(   ),输入电阻最小的是(   ),输出电阻最小的是(   ),频率特性最好的是(   )。

    A. 共发射极放大 B. 共集电极放大 C. 共基极放大

(6) 三极管工作在放大区时(   )、工作在截至区时(   )、工作在饱和区时(   )。

    A. 发射结正偏,集电结正偏   B. 发射结正偏,集电结反偏

    C. 发射结反偏,集电结正偏   D. 发射结反偏,集电结反偏

(7) 在共发射极放大电路中,造成输出电压与输入电压反相的电阻为(   )。

    A. R_b B. R_e C. R_c D. $R_{b1}//R_{b2}$

(8) 在分压式偏置共发射极放大电路中,基极等效输入电阻为(   ),电路等效输入电阻为(   )。

    A. r_{be} B. R_{b1} C. R_{b2} D. $R_{b1}//R_{b2}//r_{be}$

2-2 试判断图 2-24 中各个电路能否正常放大,并简单说明原因。

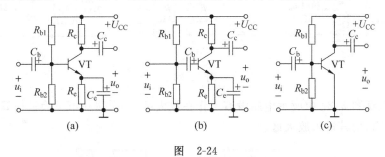

图 2-24

2-3 根据图 2-25 中电路条件,假设 $U_{BE}=0$,试画出直流通路,求出电路静态工作点 I_{BQ}、I_{CQ} 和 U_{CEQ},并画出直流负载线。

2-4 根据图 2-25 中电路条件,假设 $U_{BE}=0$,试画出交流通路及微变等效电路,求出电路电压放大倍数 A_u、输入电阻 R_i 和输出电阻 R_o,并画出交流负载线。

2-5 根据图 2-26 中电路条件,假设 $U_{BE}=0.7V$,试求出电路静态工作点 I_{BQ}、I_{CQ} 和 U_{CEQ},电压放大倍数 A_u、输入电阻 R_i 和输出电阻 R_o。

2-6 某放大电路空载输出电压为 $U'_o=1.5V$,接上 5.1kΩ 负载之后,输出电压为 $U_o=1.0V$,试求该放大电路的输出电阻。

2-7 假设信号源内阻为 $R_S=50Ω$,输出电压为 $U_S=10mV$,接上放大电路之后,实际到达输入端的电压为 $U_i=5mV$,试求该放大电路的输入电阻。

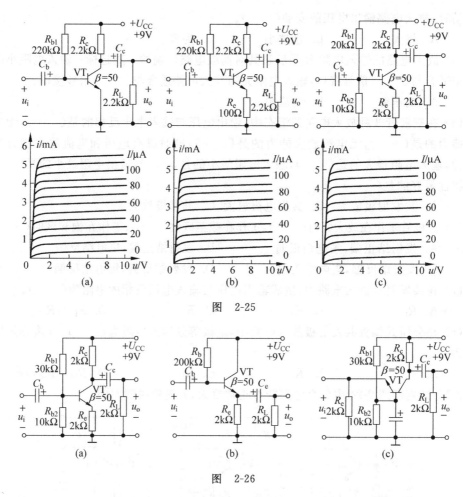

图   2-25

图   2-26

2-8   验证图2-27中所示电路没有工作在放大区,并说明在不更换三极管的条件下,如何改变电阻,使其进入放大区。

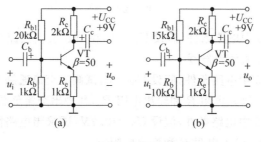

图   2-27

2-9   试分析图2-28所示的三级级联放大电路,每一级属于何种放大组态。

2-10   图2-29所示共发射极放大电路及三极管输出特性曲线。

(1)在输出特性曲线上画出直流负载线,如要求$I_{CQ}=1.5\text{mA}$,确定Q点及R_b电阻值。

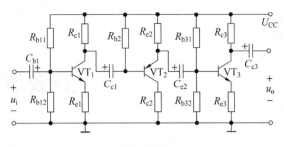

图   2-28

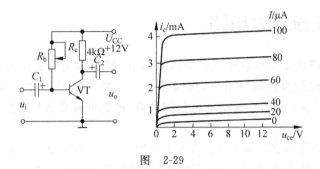

图   2-29

（2）如果 $R_b = 150\text{k}\Omega$，基极电流的交流分量为 $i_b = 20\sin\omega t(\mu A)$，画出 i_c 和 u_{ce} 波形，说明出现了何种失真现象，如何消除这种失真。

（3）如果 $R_b = 600\text{k}\Omega$，基极电流的交流分量为 $i_b = 40\sin\omega t(\mu A)$，画出 i_c 和 u_{ce} 波形，说明出现了何种失真现象，如何消除这种失真。

2-11   求图 2-30 所示电路的电压放大倍数、输入电阻和输出电阻。

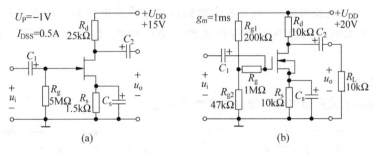

(a)   (b)

图   2-30

第 3 章

多级放大电路

3.1 多级交流放大电路

多级放大电路将多个单级放大电路级联形成,使电路功能更强大。多级放大电路需要关注的问题包括放大何种信号,级间信号耦合采用何种方式,级联之后放大电路的电压放大倍数、输入电阻和输出电阻如何计算,电路的频率特性(通频带)会发生什么变化。

多级放大电路包括交流放大和直流放大两种,本节从多级交流放大电路入手,给出了放大电路的一般分析方法,这些方法同样适合于多级直流放大电路。

3.1.1 多级交流放大电路的基本形式

多级交流放大电路采用阻容耦合或变压器耦合方式级联各级电路,也称交流耦合放大电路,只能放大交流信号。

多个单级放大电路级联之后,首先需要确认单级放大电路的组成方式及输入输出端口,每个单级放大电路的静态直流特性及动态交流特性,然后才能得到全部电路的总特性。

1. 阻容耦合

图 3-1 展示了采用阻容耦合级联的两级放大电路。

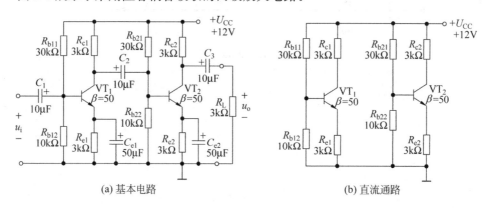

(a) 基本电路   (b) 直流通路

图 3-1 阻容耦合两级放大电路

图 3-1 中放大电路的特点在于以下几点。

(1) 两级放大电路均采用共发射极放大方式,静态直流状态相同。

(2) 通过电容 C_1、C_2 和 C_3 耦合信号,其中电容 C_1 将输入信号接入,电容 C_2 与电阻 R_{c1} 配合,将第一级放大后的信号送入第二级,第二级相当于第一级的负载,电容 C_3 与电阻 R_{c2} 配合将第二级放大后的信号送给负载 R_L。

(3) 电容的接入极性与其两端的电压值有关,正极接电路的高电位,负极接电路的低电位。

(4) 各级放大电路的静态工作点不会相互影响,第二级放大电路因为输入信号幅度较大,输出信号容易失真,两级的静态工作点不一定完全相同。

(5) 电容的导电能力受到频率的限制,信号频率太低或太高时,电路的电压放大能力下降很多。

忽略发射结电压(假设 $U_{BEQ}=0$),图 3-1 中两级静态工作点分析如表 3-1 所示。

表 3-1 阻容耦合两级放大电路静态工作点

比 较 内 容	第 一 级	第 二 级
基极对地电压	$U_B=3\text{V}$	$U_B=3\text{V}$
发射极电流	$I_{EQ}=1\text{mA}$	$I_{EQ}=1\text{mA}$
基极电流	$I_{BQ}=20\mu\text{A}$	$I_{BQ}=20\mu\text{A}$
管压降	$U_{CEQ}=6\text{V}$	$U_{CEQ}=6\text{V}$

2. 变压器耦合

变压器耦合方式本质上也是交流耦合,除具备阻容耦合方式的特性之外,还可以在级与级之间变换阻抗。阻抗转换规律如下:原边匝数为 N_1,副边匝数为 N_2,匝数比 $k=N_1/N_2$,副边接负载 R_L。

从原边看进去等效负载为

$$R'_L = k^2 R_L \tag{3-1}$$

变压器耦合级联电路如图 3-2 所示。

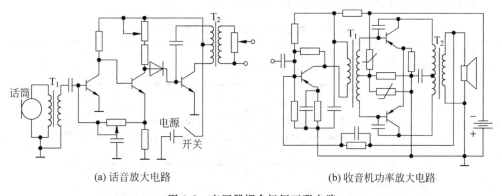

(a) 话音放大电路   (b) 收音机功率放大电路

图 3-2 变压器耦合级间互联电路

图 3-2(a)中,变压器 T_1 完成阻抗转换功能,使第一级放大电路获得较强的输入信号,减轻放大电路的压力,变压器 T_2 起到级间信号耦合作用;图 3-2(b)中,变压器 T_1 起到级

间信号耦合作用,变压器 T_2 完成阻抗转换功能,使负载扬声器得到足够大的功率。

3.1.2　多级交流放大电路的动态特性

1. 技术参数

多级放大电路的方框图如图 3-3 所示。

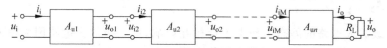

图 3-3　多级放大电路的方框图

多级放大电路的输入电阻就是第一级放大电路的输入电阻。

多级放大电路的输出电阻就是最后一级放大电路的输出电阻。

多级放大电路的电压放大倍数为各级放大电路电压放大倍数的乘积:

$$A_u = A_{u1} A_{u2} \cdots A_{un} \qquad (3\text{-}2)$$

共发射极放大电路的输出信号与输入信号反相,而共集电极放大电路和共基极放大电路的输出信号与输入信号同相,多级放大电路最后输出信号的极性由各个乘积项决定。

多级放大电路的电压放大倍数往往很大,为计算和制图的方便,工程应用中常采用对数表示,称谓相应地改为**增益**,用"分贝"作单位,记为"dB"。

电压、电流和功率的增益定义如下

$$A_u = 20\lg(U_o/U_i)(\text{dB}) \qquad (3\text{-}3)$$

$$A_i = 20\lg(I_o/I_i)(\text{dB}) \qquad (3\text{-}4)$$

$$A_p = 10\lg(P_o/P_i)(\text{dB}) \qquad (3\text{-}5)$$

2. 动态分析

分析图 3-1 多级放大电路的动态特性时,第一级的等效负载电阻需要考虑第二级的影响,第二级的输入电阻需要考虑第一级的影响。

图 3-1 所示两级放大电路的动态特性分析如表 3-2 所示。

表 3-2　两级放大电路的动态特性分析

求解物理量	第一级	第二级
等效电路		
三极管输入电阻	$r_{be1} = 300 + 26/I_{B1}$ $= 300 + 26/0.02 = 1.6(\text{k}\Omega)$	$r_{be2} = 300 + 26/I_{B1}$ $= 300 + 26/0.02 = 1.6(\text{k}\Omega)$
电路等效负载电阻	$R'_{L1} = R_{c1}//R_{b21}//R_{b22}//r_{be2}$ $= 0.9(\text{k}\Omega)$	$R'_{L2} = R_{c2}//R_L = 1.5(\text{k}\Omega)$

续表

求解物理量	第一级	第二级
电压放大倍数	$A_{u1} = -\beta_1 R'_{L1}/r_{be1}$ $= -28$ （29dB）	$A_{u2} = -\beta_2 R'_{L2}/r_{be2}$ $= -47$ （34dB）
两级联合电压放大倍数	$A_u = A_{u1} A_{u2}$ $= 1316$ （63dB）	
各级电压波形		
单级输入电阻	$R_{i1} = R_{b11}//R_{b12}//r_{be1} = 1.3(\text{k}\Omega)$	$R_{i2} = R_{c1}//R_{b21}//R_{b22}//r_{be2} = 0.9(\text{k}\Omega)$
电路输入电阻	$R_i = R_{i1} = 1.3\text{k}\Omega$	
单级输出电阻	$R_{o1} = R_{c1} = 3\text{k}\Omega$	$R_{o2} = R_{c2} = 3\text{k}\Omega$
电路输出电阻	$R_o = R_{o2} = 3\text{k}\Omega$	

尽管两级放大电路静态参数完全一致,三极管等效输入电阻 r_{be} 和单级电路输入电阻 R_i 也完全相同,但是第二级作为第一级的负载,使第一级等效负载电阻减小($0.9\text{k}\Omega$),电压放大倍数比第二级小;而第二级由于第一级的影响,输入电阻比第一级小。

两级放大电路都是共发射极放大电路,输出信号与输入信号反相,两次反相后第二级输出电压波形与输入波形同相。对比表中列出的用 dB 表达的增益数量,符合两级 dB 数量相加规律。

3.1.3 放大电路的频率特性

分析放大电路的动态特性时,往往把电容视为短路,等效电路中没有体现电容,信号传递没有受到影响。实际情况无论是耦合电容还是发射极旁路电容,随着信号频率的改变,体现出来的容抗会发生变化,到一定程度时,将会阻碍信号的传递,使放大电路的电压放大倍数下降。

另外,当信号频率上升到高频段时,一些不能忽视的电容特性反而要显现出来,因为它们也会使电路的放大能力下降。

1. 低频特性

图 3-4 可以帮助说明电容在低频段对放大电路的影响。图中,电容 C_b 和 C_c 分别是信号输入耦合电容和信号输出耦合电容,电容 C_e 是发射极交流信号旁路电容。考虑容抗受频率影响从而改变电路放大倍数时,交流等效电路中这些电容不能画为短路线,而要体现出来。

根据图 3-4 中所标元件值,当频率 $f=1\text{kHz}$ 时,电容 $C_c(10\mu\text{F})$ 的容抗为

$$X_{cc} = \frac{1}{2\pi f C_c} = \frac{1}{2 \times 3.14 \times 10^3 \times 10 \times 10^{-6}} = 16(\Omega) \ll R_L = 3\text{k}\Omega$$

因此,在 $f=1\text{kHz}$ 时,电容 C_c 可视为短路。

同样的道理,电容 C_b 和 C_e 在 1 000Hz 频率时,也可视为短路,C_e 体现的容抗更小(3Ω)。

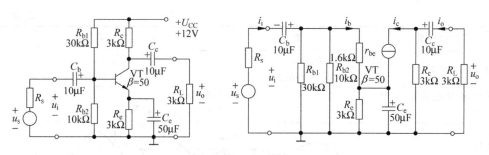

图 3-4　电容对低频放大电路的影响

按照上述估算规律,当频率为 10 Hz 时,C_c 和 C_b 体现的容抗为 1.6 kΩ,而放大电路输入电阻 R_i 和外接负载电阻 R_L 分别是 1.3 kΩ 和 3 kΩ,电容 C_c 和 C_b 已经不能视为短路。

由于输入信号进入放大电路是通过耦合电容 C_b 的容抗 X_{cb}、旁路电容的容抗 X_{ce} 和电路输入电阻 R_i 分压,放大电路输入端得不到如同 1kHz 时的信号强度,而电路的放大能力是固定的,势必造成输出电压幅度下降。

另外,已经降低了放大能力的输出信号,由于电容 C_c 的容抗 X_{cc} 与外接负载电阻 R_L 串联,使外接负载电阻 R_L 得不到如同 1kHz 时的信号强度。

上述两种因素共同作用,使放大电路在信号的低频段,呈现出放大能力下降的现象。

2. 高频特性

根据容抗计算公式 $X_c = \dfrac{1}{2\pi f_c}$,在信号的高频段,不能忽视小电容量的分流因素。放大电路中,三极管的结电容(集电结电容 $C_{b'c}$ 和发射结电容 $C_{b'e}$)和电路布局造成的分布电容会使放大能力下降。三极管的特征频率与结电容有对应关系,结电容越小,特征频率越高。

放大电路高频工作示意图如图 3-5 所示。

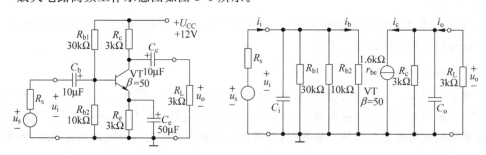

图 3-5　放大电路高频工作示意图

电容对高频信号放大的影响,可以集中在放大电路的输入端和输出端进行分析,输入电容 C_i 对信号造成了分流,使进入放大电路的信号强度不如中频段;输出电容 C_o 对放大了的信号也造成了分流,使负载得到的信号强度也不如中频段。两种因素同时作用,使放大电路对高频信号的放大能力下降。

3. 通频带

电压放大倍数 A_u 反映放大电路在中频段的放大能力,定义为输出电压与输入电压之比,通频带反映的是放大电路维持电压放大倍数 A_u 的能力。交流耦合放大电路因为电容或变压器的原因,表现在低频段能力不足,高频段能力也不足。

放大电路通频带示意图如图 3-6 所示。

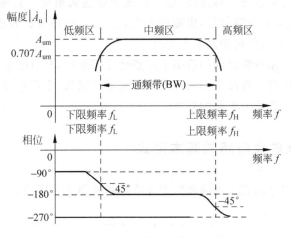

图 3-6　放大电路通频带示意图

放大电路的通频带有如下规律。

(1) 放大电路级数越多,电压放大倍数越大,但总的通频带低于单级的通频带。

(2) 从带内到带外,曲线是平滑滚降的,与电路中的储能元件特性有关。

(3) 展宽通频带需要用到补偿或负反馈技术。

(4) 直接耦合级联成多级放大电路,可以克服交流耦合中的储能元件造成的影响。

(5) 单位增益带宽积是衡量放大电路综合能力的一项指标,表示电路放大倍数为 1 时的频带宽度。

(6) 电路形式一旦确定,其单位增益带宽积就是一个定数,带宽大则必然增益低,增益高则必然带宽小。

小结

(1) 多级放大电路由单级放大电路级联而成,电容器或变压器是交流耦合多级放大电路的耦合元件。

(2) 交流耦合多级放大电路的突出优点是,各级之间直流工作状态互不影响。电路分析方法基于单级放大电路,在静态工作状态的基础上,再作出动态分析。级联之后的电压放大倍数为各级电压放大倍数的乘积,需要注意极性。级联之后的输入电阻与第一级的相同,输出电阻与最后一级的相同。

(3) 由于电容器或变压器都是储能元件,影响了放大电路的频率特性。

(4) 交流耦合多级放大电路的分析方法同样适用于直接耦合多级放大电路,后者性能大为改善。

3.2 多级直流放大电路

直流放大电路是多级放大电路的另一种形式,各级之间没有采用储能元件耦合信号,直接将前级输出端与后级输入端连接,也称**直接耦合放大电路**。直流放大电路对信号的适应能力很强,既能放大交流信号,也能放大直流信号。电路分析方法与交流放大方式相同,在静态直流基础上再分析动态工作情况。

多级直流放大电路各级之间的静态工作点会互相影响,有时候会用到反型管,否则级间直流电平不容易搭配。直接耦合的突出问题是零点漂移,采用差动放大方式可以克服,差动放大也是集成运算放大电路的基础。

3.2.1 多级直流放大电路的基本形式

两级直流放大电路的直流通路和微变等效电路如图 3-7 所示。

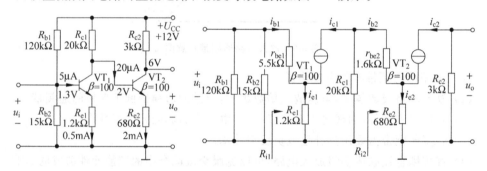

图 3-7 直接耦合两级放大电路

两级放大电路均为共发射极放大电路,级间耦合从第一级集电极的输出,直接连接到第二级的基极,从而决定了第二级的静态工作点,各自的发射极电阻有助于稳定静态工作点。

考虑发射结电压(假定 $U_{be}=0.7\text{V}$),放大电路静态工作分析如表 3-3 所示。

表 3-3 直接耦合两级放大电路静态工作分析

比 较 内 容	第一级	第二级
基极电压	$U_{BQ1}=1.3\text{V}$	$U_{BQ2}=2\text{V}$
发射极电压	$U_{EQ1}=0.6\text{V}$	$U_{EQ2}=1.3\text{V}$
发射极电流	$I_{EQ1}=0.5\text{mA}$	$I_{EQ2}=2\text{mA}$
集电极电压	$U_{CQ1}=2\text{V}$	$U_{CQ2}=6\text{V}$
三极管电流放大倍数	$\beta=100$	$\beta=100$
基极电流	$I_{BQ1}=5\mu\text{A}$	$I_{BQ2}=20\mu\text{A}$

　　两级放大电路的动态特性分析如表 3-4 所示。

表 3-4　两级放大电路的动态特性分析

求解物理量	第一级	第二级
三极管输入电阻	$r_{be1}=300+26/I_{B1}$ $=300+26/0.005=5.5(\mathrm{k\Omega})$	$r_{be2}=300+26/I_{B2}$ $=300+26/0.02=1.6(\mathrm{k\Omega})$
三极管基极对地电阻	$R_{i1}=r_{be1}+(1+\beta)R_{e1}$ $=127(\mathrm{k\Omega})$	$R_{i2}=r_{be2}+(1+\beta)R_{e2}$ $=70(\mathrm{k\Omega})$
等效负载电阻	$R'_{L1}=R_{c1}//R_{i2}=20\mathrm{k\Omega}//70\mathrm{k\Omega}$ $=15.6\mathrm{k\Omega}$	$R'_{L2}=R_{c2}=3\mathrm{k\Omega}$
电压放大倍数	$A_{u1}=-\dfrac{\beta R'_{L1}}{r_{be1}+(1+\beta)R_{e1}}$ $=-12$	$A_{u2}=-\dfrac{\beta R'_{L2}}{r_{be2}+(1+\beta)R_{e2}}$ $=-4.3$
两级联合电压放大倍数	\multicolumn{2}{c}{$A_u=A_{u1}A_{u2}=52$}	
各级电压波形	\multicolumn{2}{c}{（波形图）}	
电路输入电阻	\multicolumn{2}{c}{$R_i=R_{b11}//R_{b12}//R_{i1}=4(\mathrm{k\Omega})$}	
电路输出电阻	\multicolumn{2}{c}{$R_o=R_{o2}=3\mathrm{k\Omega}$}	

　　由于第二级没有接交流负载,总电压放大倍数是空载电压放大倍数。

3.2.2　多级直流放大电路的零点漂移

　　直接耦合放大电路没有电容和变压器的隔离作用,任何信号包括各种无用信号都能进入电路被放大。此外,放大电路工作时本身特性的一些变化也会被当成信号而放大。

　　三级直接耦合放大电路的零点漂移现象如图 3-8 所示。

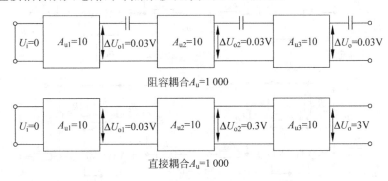

图 3-8　三级直接耦合放大电路的零点漂移现象

　　外部影响例如电源电压的波动、干扰信号的侵入;内部影响例如温度改变了三极管的集—射穿透电流 I_{CEO}、发射结电压 U_{BE} 和电流放大倍数 β 等参数,这些无用信号都会被直接耦合放大电路放大。

电路在有用信号还没有输入时,输出端已经发生了变化,这种现象称为零点漂移。

图 3-8 对比了交流放大和直流放大电路的零点漂移现象。图中,两种放大电路的假设前提都是输入为 0,各种因素引起两种电路第一级输出都是 0.03V。

交流放大电路各级之间是不传递直流信号的,对有用信号的影响仅限于交流部分,零点漂移现象轻微。

直流放大电路经过后两级直接耦合放大,到第三级输出已经变成 3V。一旦加入有用信号,势必造成严重失真,也很难把有用信号区分出来。

为了克服零点漂移现象,必须对直接耦合放大电路加以改造,使之变得真正实用,最有效的方法就是采用差动放大方式。

3.2.3　差动放大电路

差动放大又称为**差分放大**,也简称为**差放**。

差动放大电路的目的是,在抑制零点漂移的基础上,使改进后的放大电路保持原来放大电路的性能,并趋于完善。

差动放大电路的做法是,采用两只特性相同的三极管组成对称电路,两管的发射极连接在一起下地或通过公共电阻 R_e 下地或接负电源,集电极各自通过电阻 R_c 接正电源,集电极仍然是输出端,基极通过电阻 R_s 接入信号。从电路组成形式看,差动放大电路的每个三极管放大电路还是共发射极放大方式。

1. 电路形式

差动放大电路的发展从基本形式逐步演变到恒流源形式,具体情况如图 3-9 所示。

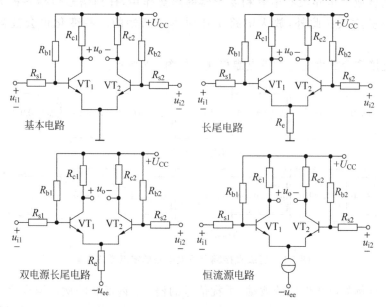

图 3-9　差动放大电路的演变过程

　　图中 4 种电路的共同特点是,如果两管特性完全相同,外接电阻取值一一对应,则 $U_{c1}=U_{c2}$,使得 $U_O=0$。温度上升使 I_{c1} 上升,U_{c1} 下降,I_{c2} 和 U_{c2} 也按照同样的规律变化,差值电压 U_O 几乎不变,温度引起的零点漂移得到克服。

　　图中 4 种电路的不同之处是,代价越来越高,性能越来越好,包括对元器件差异的容忍、对电源波动的适应、输入端抗干扰能力以及对信号源内阻的适应能力等,彻底地抑制零点漂移和无用信号,使有用信号能正常放大。

　　正是由于恒流源式差动放大电路性能的完美,被模拟集成电路广泛采用。

　　图 3-10 列出了几种有代表性的低频模拟集成电路内部结构图,尽管各自完成的功能差别很大,但都无一例外地采用了差动放大技术。

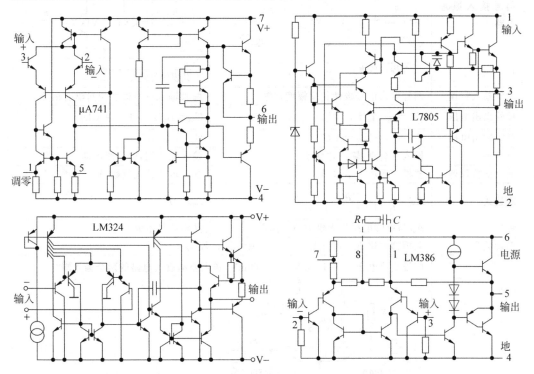

图 3-10　差动放大电路用于模拟集成电路中

　　这些集成电路会在后续章节中陆续展示其应用,高频模拟集成电路出现的章节会更加靠后一些。

2. 信号放大与入出方式

　　在差动放大基本电路中,假设两管的等效输入电阻相等 $r_{be1}=r_{be2}=r_{be}$,电流放大倍数相等 $\beta_1=\beta_2=\beta$,外围一一对应的电阻也各自相等 $R_{c1}=R_{c2}=R_c$,$R_{b1}=R_{b2}=R_b$,$R_{s1}=R_{s2}=R_s$,则两管的电压放大倍数也相等,即 $A_{u1}=A_{u2}=A_u$。

　　将同一信号 U_i 采用两种不同的方式送入差动放大电路,一种方式是将信号分压然后分别送到两管的基极,两管的输入极性相反;另一种方式是将信号同时送到两管的基极,两管的输入极性相同,输出端会得到两种截然不同的结果。两种放大方式分别称为差模信号放大和共模信号放大。

表 3-5 列出了两种放大的比较情况。

表 3-5　差模放大与共模放大情况比较

比 较 内 容	差 模 放 大	共 模 放 大
总输入信号	U_i	U_i
信号接入方式	信号分压后分别送到两管的基极	信号同时送到两管的基极
信号接入原理电路	差模信号放大	共模信号放大
两管输入特性	两管输入信号极性相反幅度相等	两管输入信号极性相同幅度相等
单管输出电压	$U_{o1}=\dfrac{1}{2}A_u U_i,\quad U_{o2}=-\dfrac{1}{2}A_u U_i$	$U_{o1}=A_u U_i,\quad U_{o2}=A_u U_i$
两管输出电压	$U_o=U_{o1}-U_{o2}=A_u U_i$	$U_o=U_{o1}-U_{o2}=0$
电路特点	输入有差别,输出才变动	输入无差别,输出就不动
放大倍数称谓	差模电压放大倍数 A_{ud}	共模电压放大倍数 A_{uc}
表达式	$A_{ud}=\dfrac{-\beta R_c}{R_s(1+r_{be}/R_b)+r_{be}}$	$A_{uc}=0$
评价	A_{ud} 与单管电压放大倍数 A_u 相同	共模信号不放大
两者关联	共模抑制比 $K_{CMR}=\lvert A_{ud}/A_{uc}\rvert$,理想情况下 $K_{CMR}=\infty$	
应用示例	假设交流电压 $u_{i1}=100\text{mV}$,$u_{i2}=80\text{mV}$,送入差动放大电路的两个输入端 差模输入信号 $u_{id}=100\text{mV}-80\text{mV}=20\text{mV}$,共模输入信号 $u_{ic}=(100\text{mV}+80\text{mV})/2\text{mV}=90\text{mV}$,假设差模电压放大倍数 $A_{ud}=-10$,共模电压放大倍数 $A_{uc}=0$,则双端输出电压 $u_o=A_{ud}u_{id}+A_{uc}u_{ic}=(-10)\times20\text{mV}=-200\text{mV}$ 单管差模放大倍数 $A_{ud1}=\dfrac{1}{2}A_{ud}=-5$,共模放大倍数 $A_{uc1}=0$,则单管输出电压 $u_{o1}=A_{ud1}u_{id}+A_{uc1}u_{ic}=(-5)\times20\text{mV}=-100\text{mV}$	

差动放大电路的能力集中表现在以下几点。

(1) 抑制零点漂移,电路严格的对称性所致。

(2) 稳定静态工作点,长尾电路发射极共模负反馈电阻 R_e 及恒流源作用结果。

(3) 放大差模信号,相当于单管共发射极放大电路。

（4）抑制共模信号，在电路对称条件下，双端输出时共模电压放大倍数为 0。

差动放大电路由于有两个输入端和两个输出端，使信号入出有 4 种方式。

（1）双入双出，输入端各自接信号，输出信号从两管集电极引出，对地悬浮。

（2）双入单出，输入端各自接信号，输出信号从单管集电极和地引出。

（3）单入双出，输入端一端接信号，一端接地，输出信号从两管集电极引出，对地悬浮。

（4）单入单出，输入端一端接信号，一端接地，输出信号从单管集电极和地引出。

4 种连接方式电路形式及电压放大倍数如表 3-6 所示。

表 3-6　差动放大电路 4 种连接方式比较

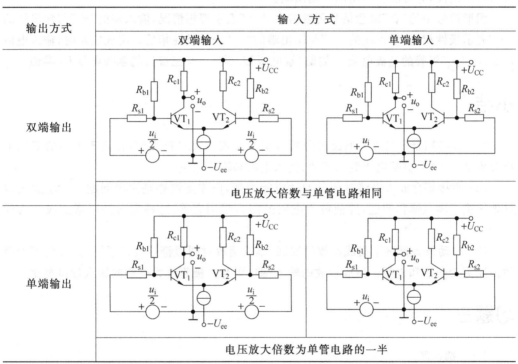

输出方式	输入方式	
	双端输入	单端输入
双端输出	电压放大倍数与单管电路相同	
单端输出	电压放大倍数为单管电路的一半	

3. 电路图形的简化

差动放大电路的许多优点，被广泛应用到模拟集成电路。集成运算放大器（简称集成运放）简化了差动放大电路的图形符号，将具体电路隐藏在一个框内，框的形状分为矩形和三角形两种。框外只留输入端口和输出端口，标明极性，有时甚至连电源端口也略去。

图 3-10 中的 4 种低频集成电路的图形符号如图 3-11 所示。

其中，μA741 是 8 引脚运算放大器，明示有效引脚为 3 条。

L7805 是 3 引脚集成稳压器，3 条引脚不能再省略。

LM324 是 14 引脚四运算放大器，图 3-11 中只表达了其 1/4 的电路功能，电源端子为四运放公用。

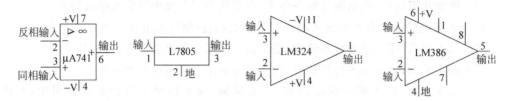

图 3-11　4 种集成电路的图形符号

LM386 是 8 引脚功率放大器,引脚 1 和 8 可外接元件,以调整电路增益。

在多数情况下,集成运放只有一个输出端,以节约引脚数量;而高频集成电路为保证应用的广泛性,有可能会引出两个输出端。

图形符号中的"▷"寓意信号传输方向,"∞"表示理想情况,输入端的"＋"与输出端的"＋"表示极性相同,输入端的"－"与输出端的"＋"表示极性相反。组成电路时,输入电流 I_+ 或 I_- 与三极管的基极电流 I_B 类似,端电压 U_+ 或 U_- 与三极管的基极电压 U_B 类似。

小结

(1) 直接耦合多级放大电路的分析方法与交流放大电路类似,在静态工作的基础上再分析动态性能,包括电压放大倍数、输入电阻和输出电阻。

(2) 直接耦合放大电路对信号的适应能力强,但零点漂移是突出问题。差动放大较好地解决了零点漂移问题,并使放大电路的能力得到完善,这种完善是以增加成本为代价的。

(3) 差动放大推进了集成运放的发展,集成运放对图形符号进行了简化,使电子线路的描述更为简洁和方便。集成运放的输入端口可与三极管放大电路的输入端口类比。

习题三

3-1　选择题

(1) 直接耦合放大电路能放大(　　　),阻容耦合放大电路能放大(　　　)。

　　A. 直流信号　　　　　　B. 交流信号　　　　　　C. 交直流信号

(2) 阻容耦合和直接耦合多级放大电路之间的主要区别是(　　　)。

　　A. 所放大的信号不同　　　　　　　　B. 交流通路不同

　　C. 直流通路不同　　　　　　　　　　D. 电源滤波不同

(3) 两个相同的单级共发射极放大电路,其电压放大倍数均为 -30,将其级联之后总的电压放大倍数为(　　　)。

　　A. 60　　　　　　　B. 900　　　　　　C. >900　　　　　　D. <900

(4) 一个两级放大电路,测得第一级的电压增益为 25dB,第二级的电压增益为 30dB,则总的电压增益为(　　　)dB。

　　A. 55　　　　　　　B. 750　　　　　　C. 5　　　　　　D. <55

(5) 一个两级阻容耦合放大电路的前级和后级静态工作点均偏低,当输入信号幅度很大时,后级输出波形将(　　)。

  A. 产生底部失真   B. 产生顶部失真

  C. 双向同时失真   D. 不失真

(6) 对于不同频率的输入信号,放大电路的电压放大倍数会发生变化。高频段电压放大倍数的下降,主要是因为(　　)的影响;低频段电压放大倍数的下降,主要是因为(　　)的影响。

  A. 耦合电容和旁路电容

  B. 三极管的非线性特性

  C. 三极管的级间电容和分布电容

(7) 多级放大电路总的频带与每一级的频带相比(　　)。

  A. 增加   B. 减小   C. 几乎不变

(8) 放大电路级联之后,除第一级之外,每一级的输入电阻与未级联时相比(　　);除最后一级之外,每一级的等效负载电阻与未级联时相比(　　)。

  A. 增加   B. 减小

(9) 差动放大电路是为了(　　)而设置的。

  A. 稳定增益   B. 提高输入电阻   C. 抑制温度漂移   D. 扩展频带

(10) 差动放大电路抑制零点漂移的效果取决于(　　)。

  A. 两个差分对管的电流放大系数   B. 两个差分对管参数的对称程度

  C. 每个三极管的零点漂移

(11) 差模输入信号是差动放大电路两个输入信号的(　　),共模输入信号是差动放大电路两个输入信号的(　　)。

  A. 和   B. 差   C. 比值   D. 平均值

(12) 差模电压放大倍数 A_{ud} 表示(　　)。

  A. 抑制零点漂移的能力   B. 对共模信号的放大能力

  C. 对差模信号的放大能力

(13) 在长尾式差动放大电路中,R_e 的作用是(　　)。

  A. 提高差模增益   B. 提高共模抑制比

  C. 加大电路输入电阻

(14) 在恒流源式差动放大电路中,恒流源取代 R_e 的作用是进一步(　　)。

  A. 提高差模增益   B. 提高共模抑制比

  C. 提高共模增益

(15) 在差动放大电路输入输出 4 种接法中,电压放大倍数与单管电路相同的是(　　)。

  A. 单端输出   B. 双端输出

(16) 图 3-12 所示放大电路,(a)图的电压放大倍数、输入电阻和输出电阻分别为(　　)、(　　)和(　　)。

  A. $\beta_1\beta_2$ B. $R_{b1}//r_{be1}$ C. $\dfrac{\beta_1\beta_2 R'_{L1} R'_{L2}}{r_{be1} r_{be2}}$

D. $\dfrac{-\beta_1\beta_2 R'_{L1}R'_{L2}}{r_{be1}r_{be2}}$ E. R_{b1}

F. R_{c2} G. R_L

图 3-12(b)所示的电压放大倍数、输入电阻和输出电阻分别为(　　)、(　　)和(　　)。

A. $\dfrac{-\beta_1\beta_2 R'_{L1}R'_{L2}}{r_{be1}r_{be2}}$ B. R_L

C. $\beta_1\beta_2$ D. $R_{b1}//r_{be1}$ E. R_{b1}

F. $R_{e2}//\left[\,r_{be2}/(1+\beta_2)\,\right]$

G. $\dfrac{-\beta_1 R'_{L1}(1+\beta_2)R'_{L2}}{r_{be1}\left[r_{be2}+(1+\beta_2)R'_{L2}\right]}$

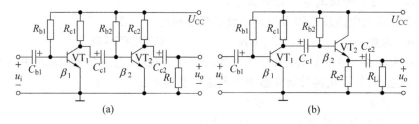

图　3-12

3-2　图 3-13 所示为两级直接耦合放大电路及其微变等效电路,试求静态工作点、电压放大倍数、输入电阻和输出电阻。

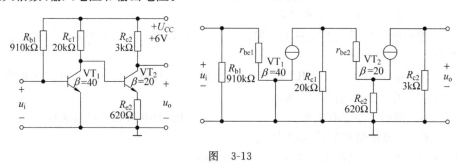

图　3-13

3-3　画出图 3-14 所示电路的直流通路、交流通路及微变等效电路,判断输出信号 u_o 的极性。

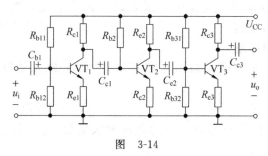

图　3-14

第4章

负反馈放大电路

4.1 负反馈放大电路的判别

反馈是电子线路中经常采用的一种技术,基本思路是将放大电路输出信号的一部分或全部回送到输入端,使三极管的基极电流 I_b 或发射结电压 U_{be} 受到调整,强化或弱化分别对应正反馈和负反馈,两种反馈都有应用。

学习反馈技术首先需要熟练地判别电路的反馈属性,本节以简单判别为基础,通过瞬间极性标注和正负属性判断,逐步过渡到 4 种负反馈放大电路的判别方法。

由于集成运放的基本概念在第 3 章已做过介绍,反馈示例中分立元件电路和集成运放电路会交叉出现。

4.1.1 简单判别

无论是单级放大电路,还是多级放大电路,首先都必须进行简单判别,由浅入深,逐步进行。简单判别包括区分有无反馈、区分本级和级间反馈和区分交直流反馈。简单判别是保证后续进一步判别反馈电路的基础。

1. 区分有无反馈

区分有无反馈就是在放大电路中寻找反馈元件组成的反馈支路,该支路跨接在输出和输入之间为输入回路和输出回路所共有。多级放大电路中的反馈元件比较明显,而在单级放大电路中,发射极电阻 R_e 不容易觉察到。原因在于 R_e 既在输入回路中(有基极电流流过,与发射结串联),又在输出回路中(有集电极电流流过)。

图 4-1 列举了两种反馈电路。

图中,信号耦合电容、基极偏置电阻和集电极直流负载电阻等都不是反馈元件。

反馈元件 R_f 和 C_f 非常明显,而发射级电阻 R_{e1} 和 R_{e2} 的反馈属性则较为隐蔽。

2. 区分本级反馈与级间反馈

找到反馈元件之后,根据反馈元件所处的位置,可以定出反馈电路属于本级反馈还是级间反馈。

如图 4-1 中,反馈元件 R_f 和 C_f 是两级放大电路之间的反馈元件,三极管 VT_1 和 VT_2 组成的两级放大电路存在级间反馈。此外,各自都存在本级反馈:电阻 R_{e1} 是 VT_1 的本级反馈,电阻 R_{e2} 是 VT_2 的本级反馈。图 4-1(a)中的电阻 R_{e1} 既是本级反馈元件,又是级间反馈元件；图 4-1(b)中的电阻 R_{e2} 既是本级反馈元件，又是级间反馈元件。

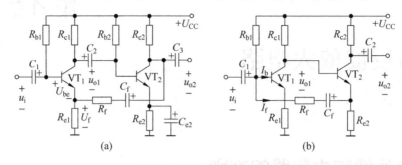

图 4-1　区分电路有无反馈

本级反馈和级间反馈影响面不同,本级反馈只影响本级电路性能,级间反馈会影响到级联放大电路的性能。

表 4-1 列举了几种简单判别的反馈电路,并对电路性能进行了粗略的比较。

表 4-1　本级反馈与级间反馈

本级无反馈	本级直流反馈	本级交直流反馈
无反馈元件	反馈元件 R_e 对交流无效	R_e 为反馈元件
静态工作点不稳定	能稳定静态工作点	能稳定静态工作点
动态性能差	动态性能一般	动态性能好
级间无反馈		级间交流反馈
级间无反馈		有级间反馈
动态性能差		动态性能好

3. 区分交直流反馈

如果反馈通路存在于交流通路中,则电路为交流反馈;如果反馈通路存在于直流通路中,则电路为直流反馈;如果反馈通路既存在于交流通路中,又存在于直流通路中,则电路为交直流反馈。

区分**交直流反馈**的简单方法是,观察反馈电阻周边电容的连接情况:如果反馈电阻与电容串联,则为交流反馈;如果反馈电阻与电容并联,则为直流反馈;如果反馈电阻旁边无电容,则为交直流反馈。

图 4-2 列出了采用集成运放组成的几例反馈电路。

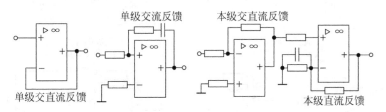

图 4-2　集成运放反馈电路

直流负反馈能稳定电路的静态工作点,交流负反馈可改善电路的动态性能。

4.1.2　深度判别

前述反馈电路的简单判别方法涉及的都是电路的表面现象,容易获得感性认知。真正了解反馈技术对电路造成的影响,必须进一步加深认识。

1. 瞬间极性标注

判断电路实施的是正反馈还是负反馈,瞬间极性标注是极为重要的一个环节。

瞬间极性标注的具体步骤如下:

(1) 从电路输入点(第一级的基极)开始,假设极性为"+";按照三极管放大电路的极性特点,顺着信号传递方向,在各级三极管的电极标注"+"或"−"。

(2) 无源器件电阻电容不改变信号极性。

(3) 标注过程沿着反馈环路兜一圈之后,回到第一级与三极管的基极或发射极汇合,做最后一次标注。

(4) 正圈的输入是人为假设的(也可以设定负圈),符合常规,标注过程中遇到反型管(PNP),不能标错。

上述步骤对交流放大电路和直流放大电路同样适用。只有正确标注瞬间极性,才能保证判断反馈属性无误。

图 4-3 列举了几种具有反馈功能放大电路的瞬间极性标注,由于三极管都是共发射极方式工作,集电极输出信号极性与基极输出信号极性相反,发射极输出信号与基极输入信号极性相同。集成运放根据输入输出"+"、"−"对应关系,作出瞬间标注。图 4-3 中电路并不全是负反馈放大电路。

2. 区分正负反馈

极性标注回到输入端之后,需要比较三极管的基极电流 I_b 或发射结电压 U_{be} 受到反馈的影响。与无反馈时相比,基极电流多了一个支路,以并联方式出现;发射结电压下面

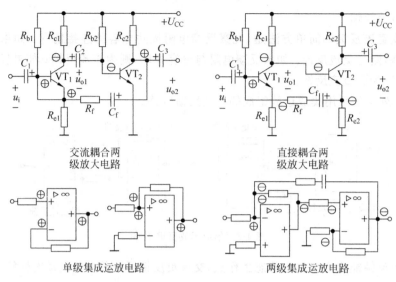

图 4-3　瞬间极性标注示例

多了一个电压源,以串联方式出现。实施反馈之后,I_b 或 U_{be} 得到强化则为正反馈,得到弱化则为负反馈。

集成运放需要关注的两个物理量分别是输入端电流 I_i 和输入端电压 U_i',由于集成运放有两个输入端,信号可从"+"端进入,也可从"-"端进入。这样,输入电流 I_i 就具体化为 I_+ 或 I_-;输入端电压 U_i' 的"+"、"-"极性标注随着输入信号走,靠近输入信号的一端为"+",而不是依据集成运放输入端的属性。

表 4-2 列举了实施反馈之后,基极电流 I_b 或发射结电压 U_{be} 受到的影响。

反馈物理量 I_f 与 I_b 并联,反馈物理量 U_f 与 U_{be} 串联,电流 I_f 或电压 U_f 的方向由瞬间极性决定。

如果 I_f 是强化 I_b,则电路为正反馈,否则是负反馈。如果 U_f 是强化 U_{be},则电路为正反馈,否则是负反馈。

表 4-2　正负反馈判断示例

分立元件电路	物理量 U_{BE} 受调影响		物理量 I_B 受调影响	
	正反馈	负反馈	正反馈	负反馈
	$I_B = I_I + I_f$	$I_B = I_I - I_f$	$U_{BE} = U_I + U_f$	$U_{BE} = U_I - U_f$
	级间无反馈时 $I_B = I_I$		级间无反馈时 $U_{BE} = U_I - U_{f1}$	

续表

集成运放电路	物理量 I_i 受调影响		物理量 U_i' 受调影响	
	正反馈	负反馈	正反馈	负反馈
	$I_+=I_i+I_f$ 被强化	$I_-=I_i-I_f$ 被弱化	$U_i'=U_i+U_f$ 被强化	$U_i'=U_i-U_f$ 被弱化
	本级无反馈时 $I_+=I_-=I_i$		本级无反馈时 $U_i'=U_i$	

表中,分立元件放大电路均采用级间反馈方式进行描述,第二级以后的电路做了简化。其中,三极管发射极电阻 R_e 具有双重功效,既是本级反馈元件,形成反馈量 U_{f1};也与 R_f 配合完成级间反馈功能,形成反馈量 U_{f2}。总反馈量 $U_f=U_{f1}+U_{f2}$。

集成运放只考虑了单级电路的反馈。

至此,负反馈放大电路的 4 种形式开始显现出来。

3. 区分电流电压负反馈

负反馈放大电路从输出端获取信号有两种方式,取电流或取电压。

从输出端取电流就称为**电流反馈**,反馈信号与输出电流成正比,目的就是稳定输出电流。

从输出端取电压就称为**电压反馈**,反馈信号与输出电压成正比,目的就是稳定输出电压。

简单的判断方法是对反馈元件"**看远近**":反馈元件与输出端离得远就是电流反馈,靠得近就是电压反馈。"看远近"的方法在分立元件负反馈放大电路中较为直观。

复杂的判断方法是"**看负载**":负载开路后,反馈信号消失,就是电流反馈;负载短路后,反馈信号消失,就是电压反馈。"看负载"的方法更适合于集成运放负反馈放大电路。

4. 区分并联串联负反馈

与无反馈电路相比,负反馈放大电路在三极管基极,多了一个与基极电流 I_b 并联的支路,这个支路的电流方向 I_f 有两种可能,或是与基极电流 I_b 一起,对输入电流 I_i 分流,或是与输入电流 I_i 一起汇入基极;在三极管发射极下面,多了一个电压源(反馈信号在电阻 R_e 上的压降)U_f,这个电压源也有两种可能,或是与发射结电压 U_{be} 共享输入电压 U_i,或是与输入电压 U_i 串联在一起,共同加到发射结上。

放大电路的输入电流 I_i 或输入电压 U_i 是随信号而变的,但在分析反馈属性时,可暂时假定不变。在反馈量 I_f 和 U_f 的影响下,很容易看到受调量基极电流 I_b 和发射结电压 U_{be} 的变化情况,从而定出反馈属性。

简单的判断方法也是对反馈元件"看远近":反馈元件与输入端靠得近就是**并联反**

馈,离得远就是**串联反馈**。

集成运放只有 3 只引脚,组成反馈电路时,外围多是电阻。反馈电流 I_f 和反馈电压源 U_f 与三极管放大电路概念相同;输入电流 I_i' 和端电压 U_i' 可与三极管基极电流 I_b 和发射结电压 U_{be} 类比。

4.1.3 负反馈放大电路的 4 种组态

1. 分立元件负反馈放大电路

表 4-3~表 4-6 分别列出了电流串联、电流并联、电压串联和电压并联 4 种电路的分析过程,共同点有以下几点。

(1) 先找到反馈元件,正确标注瞬间极性。

(2) 分析反馈通路是取输出电压还是取输出电流,确认输出端电流电压称谓。

(3) 分析反馈通路的电流或电压特性,确认交直流工作状态。

(4) 标注反馈量极性,确认是负反馈。

(5) 用负载短路和开路方式,验证电流电压称谓。

(6) 分析反馈量极性与输入端 I_b 和 U_{be} 极性关系,确认输入端并串联称谓。

(7) 总结反馈电路稳定输出的物理量。

表 4-3　电流串联负反馈放大电路的判断分析

本级电流串联	级间电流串联
反馈元件 R_e 与输出端离得远	反馈元件 R_f 与输出端离得远
U_f 正比于 I_c	U_f 正比于 I_{c2}
U_f 与 U_{be} 串联共享 U_i	U_f 与 U_{be} 串联共享 U_i
R_c 为直流负载电阻	R_{e2} 为直流负载电阻
R_e 开路时由于 $I_c=0$,U_f 消失	R_{e2} 开路时由于 $I_{c2}=0$,U_f 消失
R_e 短路时 U_f 不消失	R_{e2} 短路时 U_f 不消失
串联负反馈稳定输出电流	串联负反馈稳定输出电流

表 4-4　电流并联负反馈放大电路的判断分析

本级电流并联	级间电流并联
反馈元件 R_f 与输出端离得远	反馈元件 R_f 与输出端离得远
U_f 正比于 I_c	U_f 正比于 I_{c2}
I_f 与 I_b 并联共享 I_i	I_f 与 I_b 并联共享 I_i
R_e 为直流负载电阻	R_{c2} 为直流负载电阻

续表

本级电流并联	级间电流并联
R_e 开路时由于 $I_c=0$，U_f 消失	R_{e2} 开路时由于 $I_{c2}=0$，U_f 消失
R_e 短路时 U_f 不消失	R_{e2} 短路时 U_f 不消失
并联负反馈稳定输出电流	并联负反馈稳定输出电流

表 4-5　电压串联负反馈放大电路的判断分析

本级电压串联	级间电压串联
反馈元件 R_e 与输出端靠得近	反馈元件 R_f 与输出端靠得近
U_f 正比于 U_o	U_f 正比于 U_o
U_f 与 U_{be} 串联共享 U_i	U_f 与 U_{be} 串联共享 U_i
R_e 为直流负载电阻	R_{c2} 为直流负载电阻
R_e 短路时 U_f 消失	R_{e2} 短路时 U_f 消失
R_e 开路时 U_f 不消失	R_{e2} 开路时 U_f 不消失
串联负反馈稳定输出电压	串联负反馈稳定输出电压

表 4-6　电压并联负反馈放大电路的判断分析

本级电压并联	级间电压并联
反馈元件 R_f 与输出端靠得近	反馈元件 R_f 与输出端靠得近
U_f 正比于 U_o	U_f 正比于 U_o
I_f 与 I_b 并联共享 I_i	I_f 与 I_b 并联共享 I_i

续表

本级电压并联	级间电压并联
R_c 为直流负载电阻	R_{e2} 为直流负载电阻
R_c 短路时 U_f 消失	R_{e2} 短路时 U_f 消失
R_c 开路时 U_f 不消失	R_{e2} 开路时 U_f 不消失
并联负反馈稳定输出电压	并联负反馈稳定输出电压

2. 集成运放负反馈放大电路

集成运放只有一个输出端,一般情况下是电压反馈,电流反馈时需要注意负载电阻。单级集成运放负反馈情况如表 4-7 所示。

表 4-7　单级集成运放负反馈放大电路

电流串联	电流并联	电压串联	电压并联
R_L 为反馈元件	R_L 为反馈元件	R_f 为反馈元件	R_f 为反馈元件
反馈通路取自输出电流	反馈通路取自输出电流	反馈通路取自输出电压	反馈通路取自输出电压
输出电流产生反馈量 U_f	输出电流产生反馈量 I_L	输出电压产生反馈量 U_f	输出电压产生反馈量 I_f
U_f 与 U_I' 串联共享 U_i	I_L 与 I_- 并联共享 I_i	U_f 与 U_I' 串联共享 U_i	I_f 与 I_- 并联共享 I_i
断开 R_L 后 U_f 消失	断开 R_L 后 I_L 消失	短路 R_L 后 U_f 消失	短路 R_L 后 I_f 消失
短路 R_L 后 U_f 不消失	短路 R_L 后 I_L 不消失	开路 R_L 后 U_f 不消失	开路 R_L 后 I_f 不消失
负反馈稳定输出电流	负反馈稳定输出电流	负反馈稳定输出电压	负反馈稳定输出电压

小结

在基本放大电路的输出与输入之间接入元器件,组成了反馈电路。瞬间极性标注是正确判别反馈属性的基础。反馈电路的属性取决于信号回送到输入端之后,对三极管基极电流 I_b 或发射结电压 U_{be} 的调整,引出正反馈和负反馈两种电路。

本节主要是介绍各种负反馈的判别方法,分立元件放大电路和集成运放电路交叉进行,与 I_b 和 U_{be} 相比,集成运放有相似的物理量 $I_+(I_-)$ 和 U_I'。

4 种负反馈放大电路的组态,判别时主要关注反馈元件与输出端连接的远近,定出电流反馈和电压反馈的称谓,本质上还是看受输出电流或输出电压的影响;输入端也是关注反馈元件与输入端连接的远近,定出串联反馈和并联反馈的称谓。

4.2　负反馈放大电路的计算

　　本节在判别负反馈放大电路的基础上引入反馈电路的一般方框图,给出反馈电路各个参数的定量计算公式,明确判别各种反馈电路工作状态的依据,并逐步引申到深度负反馈放大电路。

　　为回避电抗元件引起的复数运算,引入了纯电阻网络负反馈放大电路的计算,并不失去电路分析的一般性。

　　结合具体电路方框图,加深理解不同类型负反馈放大电路放大倍数的物理意义及电路功能。

　　在深度负反馈前提下,对电路进行定量分析和功能描述,并用两种分析方法,对深度负反馈放大电路的电压放大倍数进行比较。

4.2.1　反馈放大电路的方框图表示法

　　在单级负反馈放大电路中,反馈元件不如级间负反馈放大电路容易看出来;即使是级间负反馈,反馈信号对输入信号的影响也较难分析,方框图可以帮助理解。

1. 一般方框图

　　反馈放大电路的一般方框图如图 4-4 所示。

图 4-4　反馈放大电路的一般方框图

图 4-4 中,具有共性的问题列举如下:

　　(1)信号的公共接地点略去不表示,放大电路的电源略去不表示。

　　(2)各种信号可以是电压,也可以是电流。

　　(3)基本放大电路可以是单级,也可以是多级,不实施反馈时,电路称为开环工作,就是常规的单级或多级放大电路。

　　(4)反馈电路连接输出端口和输入端口,从输出端获取反馈信号可以取自输出电压或电流。

　　(5)由于反馈元件的电抗特性,物理量符号上面加有点"·",需要在复数域中运用。

　　(6)比较环节物理部位在三极管基极或发射极,分别对应并联或串联,净输入信号 X_i' 对应三极管基极电流 I_b 或发射结电压 U_{be}。

　　(7)实施反馈时,电路称为闭环工作,定量分析需要借助于开环工作的参数。

　　反馈放大电路定量计算依据的公式及电路工作状态如表 4-8 所示。

表 4-8　反馈放大电路定量计算公式及电路工作状态

开环放大倍数	反馈系数	净输入量	反馈深度	闭环放大倍数
$\dot{A}=\dot{X}_o/\dot{X}_i'$	$\dot{F}=\dot{X}_f/\dot{X}_o$	$\dot{X}_i'=\dot{X}_i-\dot{X}_f$	$1+\dot{A}\dot{F}$	$\dot{A}_f=\dot{A}/(1+\dot{A}\dot{F})$
自激现象	满足 $|1+\dot{A}\dot{F}|=0$ 时,电路无输入信号而有输出信号			
正反馈状态	满足 $|1+\dot{A}\dot{F}|<1$ 时,电路有信号输出			
无反馈状态	满足 $|1+\dot{A}\dot{F}|=1$ 时,电路为开环工作方式			
负反馈状态	满足 $|1+\dot{A}\dot{F}|>1$ 时,电路为负反馈工作方式			
深度负反馈状态	满足 $|1+\dot{A}\dot{F}|\gg1$ 时,电路为深度负反馈工作方式			
	闭环放大倍数基本上与开环放大倍数无关,$\dot{A}_f\approx\dfrac{1}{\dot{F}}$			
纯电阻负反馈网络	信号处于放大电路通频带内,均用有效值表示,各物理量变成实数,公式得到简化,$A_f=\dfrac{A}{1+AF}$			

2. 纯电阻网络负反馈放大电路

对于纯电阻网络,不考虑频率特性,可以取消点"·",使运算简化。为加深理解负反馈放大电路的物理特性,表 4-9 列举了 4 种纯电阻网络负反馈方式的具体电路和方框图。其中,只考虑了直流负载,电流负反馈时,区分了放大电路内部输出电流 I_c 和对外输出电流 I_o。

表 4-9　4 种负反馈放大电路及其方框图

电路名称	电 路 图	方 框 图
电流串联		
	输入信号为 U_i,反馈信号 U_f 取自输出电流 I_c,净输入信号为 U_{be}	
	反馈系数 F 量纲为 U_f/I_o,放大倍数 A_f 量纲为 I_o/U_i	
电流并联		
	输入信号为 I_i,反馈信号 I_f 取自输出电流 I_c,净输入信号为 I_b	
	反馈系数 F 量纲为 I_f/I_o,放大倍数 A_f 量纲为 I_o/I_i	

续表

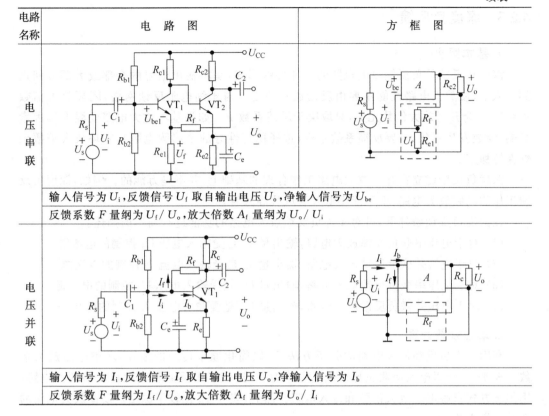

电路 名称	电　路　图	方　框　图
电 压 串 联	输入信号为 U_i，反馈信号 U_f 取自输出电压 U_o，净输入信号为 U_{be} 反馈系数 F 量纲为 U_f/U_o，放大倍数 A_f 量纲为 U_o/U_i	
电 压 并 联	输入信号为 I_i，反馈信号 I_f 取自输出电压 U_o，净输入信号为 I_b 反馈系数 F 量纲为 I_f/U_o，放大倍数 A_f 量纲为 U_o/I_i	

4.2.2　负反馈放大电路的物理功能

从表面上看，电路引入负反馈，连接形式只是略有改变，但实现的功能却发生了很大变化，具体表现在将输入的物理量转换成另一种物理量，有的以放大倍数(电流或电压)体现出来，无量纲；有的以电导或电阻体现出来。4 种负反馈放大电路各有特点，表 4-10 对这些功能进行了比较。

表 4-10　4 种负反馈放大电路的功能

反馈方式	输入量 X_i	输出量 X_o	反馈量 F	放大量 A	电　路　功　能
电流	U_i	I_o	U_f/I_o	I_o/U_i	将输入电压转换为输出电流
串联	电压	电流	电阻	电导	提高输入电阻，提高输出电阻
电流	I_i	I_o	I_f/I_o	I_o/I_i	放大电流
并联	电流	电流	电流比	A_i	降低输入电阻，提高输出电阻
电压	U_i	U_o	U_f/U_o	U_o/U_i	放大电压
串联	电压	电压	电压比	A_u	提高输入电阻，降低输出电阻
电压	I_i	U_o	I_f/U_o	U_o/I_i	将输入电流转换为输出电压
并联	电流	电压	电导	电阻	降低输入电阻，降低输出电阻

4.2.3　深度负反馈

1. 基本概念

深度负反馈是负反馈放大电路的一种特殊形式,是将输出信号的全部或大部分回送到输入端,使放大电路性能主要由反馈通路决定。对于纯电阻反馈网络,闭环放大倍数 $A_f \approx 1/F$,与开环放大倍数无关,只取决于反馈系数 F。如果基本放大电路受温度等因素影响,参数发生变化,只要反馈系数不变(选择稳定性好的金属膜电阻),闭环放大倍数仍然保持稳定。

深度负反馈建立在开环放大电路工作合理的基础上,并不是万能的。例如,深度负反馈工作的高频放大电路,就不能用低频管取代高频管。

在深度负反馈条件下,可对 4 种负反馈放大电路的功能进行简单的描述。

(1) 对于电流串联负反馈放大电路,输出量 I_o 是受输入电压 U_i 控制的电流源。

(2) 对于电流并联负反馈放大电路,输出量 I_o 是受输入电流 I_i 控制的电流源。

(3) 对于电压串联负反馈放大电路,输出量 U_o 是受输入电压 U_i 控制的电压源。

(4) 对于电压并联负反馈放大电路,输出量 U_o 是受输入电流 I_i 控制的电压源。

2. 动态参数计算

利用深度负反馈放大电路的分析方法,可以简化原来传统的途径,求解电压放大倍数。表 4-11 先以电流串联负反馈放大电路为例,比较了无反馈和轻度负反馈两种电路,用传统方式求解电压放大倍数和输入电阻。然后,表 4-12 比较了深度负反馈放大电路的两种分析方法。

表 4-11　无反馈和轻度负反馈放大电路动态参数求解过程

比 较 内 容	无负反馈放大电路	轻度负反馈放大电路
基本电路		
基极电流	$I_{BQ} = (12-0.7)\,\mathrm{V}/300\mathrm{k}\Omega = 39\mu\mathrm{A}$	$I_{BQ} = (12-0.7)\,\mathrm{V}/305.1\mathrm{k}\Omega = 38\mu\mathrm{A}$
集电极电流	$I_{CQ} = 39\mu\mathrm{A} \times 50 = 1.95\mathrm{mA}$	$I_{CQ} = 38\mu\mathrm{A} \times 50 = 1.9\mathrm{mA}$
三极管输入电阻	$r_{be} = 300 + 26/0.039 = 966(\Omega)$	$r_{be} = 300 + 26/0.038 = 984(\Omega)$
基极对地电阻	$R_i' = 966\Omega$	$R_i' = r_{be} + 51R_e = 6.1(\mathrm{k}\Omega)$
等效负载	$R_L' = 1.5\mathrm{k}\Omega$	$R_L' = 1.5\mathrm{k}\Omega$
等效电路		

续表

比 较 内 容	无负反馈放大电路	轻度负反馈放大电路
电压放大倍数	$A_u = -\beta \dfrac{R'_L}{r_{be}} = -77.6$	$A_{uf} = -\beta \dfrac{R'_L}{r_{be}+(1+\beta)R_e} = -12.3$
电路输入电阻	$R_i = 300k\Omega//966k\Omega = 960\Omega$	$R_i = 300k\Omega//6.1k\Omega = 6k\Omega$

表 4-12　深度负反馈放大电路动态参数求解过程

	基本电路与交流等效电路	静态工作点
传统分析方法		$I_{BQ} = (12-0.7)V/(300k\Omega+51\times1k\Omega)$ $= 11.3V/351k\Omega = 32\mu A$
		$I_{CQ} = 32\mu A \times 50 = 1.6mA$
		$r_{be} = 300+26/0.032 = 1.1(k\Omega)$
		$R'_L = 1.5k\Omega$
		$R_e = 1k\Omega$
		$R'_i = r_{be}+(1+\beta)R_e = 1.1k\Omega+51\times1k\Omega$ $= 52k\Omega$
		电压放大倍数
		$A_{uf} = -\beta \dfrac{R'_L}{r_{be}+(1+\beta)R_e}$ $= -1.44$
		输入电阻
		$R_i = 300k\Omega//52k\Omega = 44k\Omega$
方框图分析方法	方框图	电压放大倍数
		$U_i = U_{be}+U_f \approx U_f$
		$U_f = I_e \times R_f = I_e \times R_e \approx I_c \times R_e$
		$U_o = I_o \times R'_L$ $= -I_c \times R'_L$
		$A_{uf} = U_o/U_i = -R'_L/R_e$ $= -1.5$
误差分析	传统分析方法中没有忽略 r_{be} 作用	深度负反馈分析方法中忽略了 U_{be}
评价	符合深度负反馈条件 $\dfrac{A_u}{A_{uf}} = \dfrac{-77.6}{-1.5} = 52 = 1+AF \gg 1$ 两种分析方法,电压放大倍数结果相近	

通过对比可以看出,只有符合反馈深度 $1+AF \gg 1$ 的条件,才能用深度负反馈分析方法,否则得到的结果与传统分析方法的结果差别很大。反馈深度越大,两种方法得到的电压放大倍数结果越接近。由于电路采用的是电流串联负反馈,随着反馈深度的加大,理论上输入电阻和输出电阻都应该越来越大。

表 4-13 列举了采用集成运放组成深度负反馈放大电路,估算电压放大倍数的例子。

表 4-13　采用集成运放组成的深度负反馈放大电路估算电压放大倍数示例

比 较 内 容	电 压 串 联	电 压 并 联
电压放大倍数	$A_u = 1 + R_f / R_1$	$A_u = -R_f / R_1$
基本电路	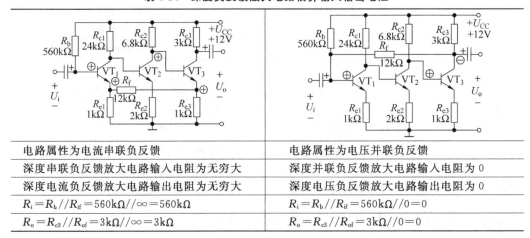	
比较环节	$U_i = U_i' + U_f$	$I_i = I_- + I_f$
净输入量	U_i'	I_-
比较结果	U_f 的引入，削弱了 U_i'	I_f 的引入，削弱了 I_-
反馈属性	电压串联负反馈	电压并联负反馈
估算依据	忽略 U_i'，使 $U_i = U_f$	忽略 I_-，使 $I_i = I_f$

在估算深度负反馈放大电路的输入电阻和输出电阻时，可以认为：串联深度负反馈放大电路，输入电阻 $R_i \approx \infty$；并联深度负反馈放大电路，输入电阻 $R_i \approx 0$；电流深度负反馈放大电路，输出电阻 $R_o \approx \infty$；电压深度负反馈放大电路，输出电阻 $R_o \approx 0$。上述近似关系可用在分立元件组成的放大电路，也可用在集成运放组成的放大电路。

表 4-14 列举了深度负反馈放大电路估算输入输出电阻的两例。

表 4-14　深度负反馈放大电路估算输入输出电阻

电路属性为电流串联负反馈	电路属性为电压并联负反馈
深度串联负反馈放大电路输入电阻为无穷大	深度并联负反馈放大电路输入电阻为 0
深度电流负反馈放大电路输出电阻为无穷大	深度电压负反馈放大电路输出电阻为 0
$R_i = R_b // R_{if} = 560\text{k}\Omega // \infty = 560\text{k}\Omega$	$R_i = R_b // R_{if} = 560\text{k}\Omega // 0 = 0$
$R_o = R_{e3} // R_{of} = 3\text{k}\Omega // \infty = 3\text{k}\Omega$	$R_o = R_{e3} // R_{of} = 3\text{k}\Omega // 0 = 0$

小结

负反馈放大电路在广义范围的准确计算较为复杂，且无必要。

为使反馈电路方框图中各个物理量在实数范围内计算，需要假定放大电路在通频带内工作；进一步假定反馈网络是纯电阻网络，会使负反馈放大电路的计算变得简单；反馈深度 $1 + AF$ 是反馈属性判别的依据，满足一定的条件后，电路符合深度负反馈属性，电压放大倍数、输入电阻和输出电阻的计算则变得更加简单。

在后续集成运放的电路分析中,这些概念会得到更为广泛的应用。

4.3　负反馈放大电路的性能

从前述两节的内容可以看到,负反馈放大电路增加了电路的复杂性,电压放大倍数也下降较多,但电路实施负反馈之后,综合性能改善很大。

负反馈放大电路的电路形式决定了负反馈放大电路的性能,直流负反馈放大电路可以稳定静态工作点,交流负反馈则可以获得更多的益处,包括提高放大倍数稳定性、改变输入电阻或输出电阻、减小非线性失真、抑制噪声和展宽通频带等。

实际应用时,负反馈放大电路的自激问题需要注意防范。

4.3.1　放大倍数下降原因

回顾纯电阻网络负反馈放大电路,在通频带内的放大倍数计算公式

$$A_f = A/(1+AF) \tag{4-1}$$

符号 A 无下标时,表示放大电路开环放大倍数,加下标“f”时,表示闭环放大倍数。符号 A 还具有广义含义,加下标“u”时,表示电压放大倍数;加下标“i”时,表示电流放大倍数。符号 F 表示反馈系数。

无反馈时,$F=0$,$A_f=A$,电路开环工作;实施负反馈之后,$1+AF>1$,则 $A_f<A$。

表 4-11 和表 4-12 列举了负反馈深度逐渐增加时,电压放大倍数逐渐下降的情况。

从物理意义上理解,对于串联负反馈,由于在信号源与放大电路的输入端之间,增加了一个等效的反馈电压源,与三极管 U_{be} 共享输入信号,使三极管 U_{be} 获得的净输入信号少于开环时,造成电路放大倍数下降。对于并联负反馈,由于在信号源与放大电路的输入端之间,增加了一个等效的反馈电流源,与三极管 I_b 共享输入信号,使三极管 I_b 获得的净输入信号少于开环时,也使电路放大倍数下降。

4.3.2　直流负反馈放大电路的性能

直流负反馈是存在于直流通路中的负反馈。对于直接耦合放大电路,单级或级间都是直流通路,直流负反馈使用广泛;对于交流放大电路,直流负反馈只存在于单级。

直流负反馈能稳定放大电路的静态工作点,为保证放大电路的动态特性奠定了基础。

图 4-5 列举了几种直流负反馈放大电路,多数已在前面内容中出现过,各自的控制过程如下。

(1) 单级电流串联负反馈放大电路:$I_C\uparrow \to I_E\uparrow \to U_{Re}\uparrow \to U_{BE}\downarrow \to I_B\downarrow \to I_C\downarrow$。

(2) 单级电流并联负反馈放大电路:$I_C\uparrow \to U_{Rc}\uparrow \to U_C\downarrow \to U_B\downarrow \to I_B\downarrow \to I_C\downarrow$。

(3) 单级电压串联负反馈放大电路:$I_C\uparrow \to I_E\uparrow \to U_{Re}\uparrow \to U_{BE}\downarrow \to I_B\downarrow \to I_C\downarrow$。

(4) 单级电压并联负反馈放大电路:$I_C\uparrow \to U_{Rc}\uparrow \to U_C\downarrow \to U_B\downarrow \to I_B\downarrow \to I_C\downarrow$。

（5）两级电流并联负反馈放大电路：$I_{C2}\uparrow \rightarrow U_f\uparrow \rightarrow I_f\downarrow \rightarrow I_{B1}\uparrow \rightarrow I_{C1}\uparrow \rightarrow U_{RC1}\uparrow \rightarrow U_{C1}\downarrow \rightarrow I_{B2}\downarrow \rightarrow I_{C2}\downarrow$

（6）两级电压串联负反馈放大电路：$I_{C2}\uparrow \rightarrow U_{C2}\downarrow \rightarrow U_f\downarrow \rightarrow U_{BE1}\uparrow \rightarrow I_{B1}\uparrow \rightarrow I_{C1}\uparrow \rightarrow U_{C1}\downarrow \rightarrow I_{B2}\downarrow \rightarrow I_{C2}\downarrow$。

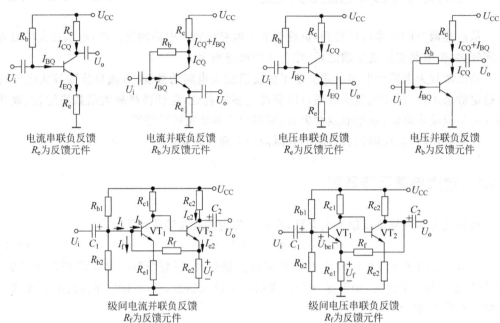

电流串联负反馈　　　电流并联负反馈　　　电压串联负反馈　　　电压并联负反馈
R_e为反馈元件　　　R_b为反馈元件　　　R_e为反馈元件　　　R_b为反馈元件

级间电流并联负反馈　　　　　级间电压串联负反馈
R_f为反馈元件　　　　　　　R_f为反馈元件

图 4-5　直流负反馈放大电路

4.3.3　交流负反馈放大电路的性能

交流负反馈是存在于交流通路中的负反馈。由于电容的作用，与其串联的反馈电阻共同形成交流通路，与其并联的反馈电阻共同形成直流通路。图 4-6 列举了几例交流负反馈放大电路。

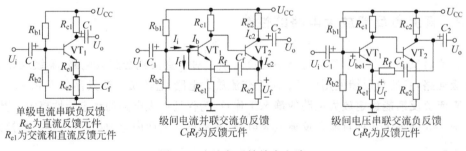

单级电流串联负反馈　　　级间电流并联交流负反馈　　　级间电压串联交流负反馈
R_{e2}为直流反馈元件　　　C_fR_f为反馈元件　　　　　C_fR_f为反馈元件
R_{e1}为交流和直流反馈元件

图 4-6　交流负反馈放大电路

交流负反馈改善的都是放大电路的动态性能，具体表现在如下几方面。

1. 提高放大倍数稳定性

放大倍数变化量计算公式如下：

$$\frac{\Delta A_{\mathrm{f}}}{A_{\mathrm{f}}} = \frac{1}{1+AF}\frac{\Delta A}{A} \tag{4-2}$$

对于负反馈,由于 $1+AF>1$,使得 $\Delta A_{\mathrm{f}}/A_{\mathrm{f}}<\Delta A/A$。表明闭环放大倍数的变化量小于开环放大倍数的变化量,负反馈放大电路放大倍数的稳定性提高了 $1+AF$ 倍。

假设 $A=10\,000$,$F=0.01$,$\Delta A=\pm1\,000$,则 $\Delta A/A=\pm10\%$,$\Delta A_{\mathrm{f}}/A_{\mathrm{f}}=\pm0.1\%$,说明负反馈提高了电路的稳定性,这种改善是以降低开环增益为代价的。

从物理意义上理解,由于负反馈放大电路的自动调节作用,任何原因引起放大倍数 A_{f} 的变化,都会受到抑制,使电路的放大倍数得到稳定。

2. 减小非线性失真以及抑制干扰和噪声

由于三极管的特性是非线性的,会使得输出信号产生失真。

对于电路内部产生的干扰和噪声,可以看成是与非线性失真类似的谐波,也会影响输出信号。

实施负反馈技术之后,反馈信号在输入端与开环时的输出失真信号相互抵消,使失真得到补偿,从而改善输出波形,图 4-7 说明了这种作用。

假定输入信号为正弦波,电路开环工作时,产生了非线性失真,输出波形上大下小。

引入负反馈之后,在比较环节反馈信号与输入信号共同作用产生差值。差值信号的波形

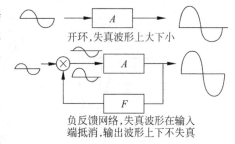

开环,失真波形上大下小

负反馈网络,失真波形在输入端抵消,输出波形上下不失真

图 4-7　负反馈改善电路非线性失真示意图

上小下大,正好与无反馈时的输出信号失真相反。负反馈技术使输出信号的失真得到补偿,改善了输出波形。

从物理意义上理解,对输入信号的不同瞬时值,如果放大电路都能保持放大倍数不变,输出信号就不会产生失真。

引起非线形失真,可以看成是放大电路的放大倍数随着输入信号瞬时值发生变化而产生的,负反馈对这种变化有自动调节作用,使放大倍数得到稳定,也改善了非线性失真。

负反馈不是万能的,不是电路本身引起的非线性失真,例如输入信号中已存在的由其他原因引起的非线性失真,负反馈是不能改善的。同样的道理,负反馈能抑制反馈环路内部的干扰和噪声,对输入信号中的干扰和噪声还是无能为力。

3. 展宽通频带

任何原因引起放大倍数的变化,负反馈都有抑制作用。因为信号频率升高或降低使放大倍数变化时,负反馈放大电路能自动调节减小这种变化,使放大倍数幅频特性平稳的区间加大,展宽了放大电路的通频带,展宽程度与反馈深度有关。

负反馈展宽通频带是以降低放大倍数为代价的,图 4-8 说明了这种作用。

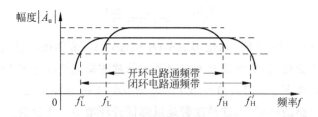

图 4-8　负反馈展宽通频带示意图

从物理意义上理解,在信号的低频段和高频段,由于放大倍数下降,输出必然下降,导致反馈量下降,在输入信号不变的条件下,净输入信号势必增大,从而使输出有所上升,减小了输出信号下降的数值,也就展宽了通频带。

4. 改变输入电阻与输出电阻

图 4-9 说明了负反馈放大电路改变输入电阻和输出电阻的情况。

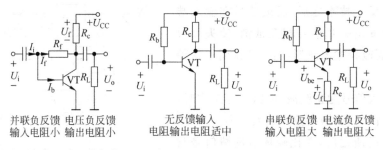

图 4-9　负反馈放大电路的输入电阻和输出电阻

并联负反馈会使电路的输入电阻减小,串联负反馈会使电路的输入电阻加大。

从物理意义上理解,实施并联负反馈之后,反馈电流 I_f 与 I_b 合在一起,在输入电压不变的条件下,输入电流比开环时得到增加,相当于输入电阻降低了。深度并联负反馈时,可认为电路输入电阻为 0。实施串联负反馈之后,反馈电压 U_f 使 U_{be} 减小,在输入电压不变的条件下,输入电流比无反馈时得到减小,相当于输入电阻提高了。

深度负反馈时,可认为串联负反馈放大电路输入电阻为无穷大,并联反馈电路输入电阻为 0。

电流负反馈会使电路的输出电阻加大,电压负反馈会使电路的输出电阻减小。

从物理意义上理解,当电路引入电流负反馈后,输出电流得到了稳定,使其趋于恒流源,输出电阻变大;当电路引入电压负反馈后,输出电压得到了稳定,使其趋于恒压源,输出电阻变小。

深度负反馈时,可认为电压负反馈放大电路输出电阻为 0,电流负反馈放大电路输出电阻为无穷大。

鉴于负反馈放大电路具有阻抗转换功能,应用场合还需要考虑与信号源和负载的对应关系。

4.3.4　反馈效果与信号源和负载的关系

1. 负反馈放大电路与信号源

串联负反馈放大电路因为输入电阻大,适合与电压源接口,并联负反馈放大电路因为输入电阻小,适合与电流源接口。

负反馈放大电路与信号源之间的关系如表 4-15 所示。

表 4-15　负反馈放大电路与信号源

电压源与串联负反馈	电流源与并联负反馈
反馈量 U_f 与净输入量 U_i' 串联共享 U_i	反馈量 I_f 与净输入量 I_i' 并联共享 I_i
$U_i' = U_i - U_f$	$I_i' = I_i - I_f$
$R_s = 0$ 时,U_i 为恒定值,U_f 的增加量全部转化为 U_i' 的减小量,负反馈效果最强	$R_s = \infty$ 时,I_i 为恒定值,I_f 的增加量全部转化为 I_i' 的减小量,负反馈效果最强
$R_s \neq 0$ 时,负反馈效果减弱	$R_s \neq \infty$ 时,负反馈效果减弱
信号源内阻 R_s 越小,负反馈效果越强	信号源内阻 R_s 越大,负反馈效果越强
串联负反馈适合于内阻 R_s 小的信号源	并联负反馈适合于内阻 R_s 大的信号源

2. 负反馈放大电路与负载

电压负反馈放大电路适合负载要求恒压输出的情况,电流负反馈放大电路适合负载要求恒流输出的情况。表 4-16 说明了负反馈放大电路与负载的关系。

表 4-16　负反馈放大电路与负载

电压负反馈	电流负反馈
输出电阻 R_o 小	输出电阻 R_o 大
R_L 越大 U_o 就越大,与 U_o 成正比的反馈量越大,反馈效果越明显	R_L 越小 I_o 就大,与 I_o 成正比的反馈量越大,反馈效果越明显
电压负反馈适合于负载大的场合	电流负反馈适合于负载小的场合

4.3.5　负反馈放大电路的自激问题

自激现象是指电路输入端没有信号时,输出端有信号输出。

电路自激分两种情况。一种情况是,放大电路实施正反馈之后,电路能达到自激振荡条件,产生一定频率和幅度的输出信号,符合预先设定的要求,并维持振荡条件,使电路稳定工作。这些内容将会在后续章节出现。

另一种情况是,放大电路实施负反馈之后,由于自激而产生了不希望的振荡信号。这种信号的频率和幅度无法预知,负反馈功能因而失效。因此,必须防止和消除。

1. 电路自激原因

前面介绍的各种负反馈放大电路都是假定工作在中频段,即通频带之内,使描述物理过程和计算技术参数变得非常简洁。实际情况中,在通频带之外,也就是在低频段和高频段,由于电抗元件(电容和电感)的存在,再加上电路设计和制作不慎,使得反馈信号与输入信号之间的相位关系,有可能符合正反馈条件,从而出现电路自激现象。

2. 电路自激条件

回顾图 4-2 反馈电路的方框图,回到广义情况下的反馈计算公式

$$\dot{A}_f = \frac{\dot{A}}{1 + \dot{A}\dot{F}} \tag{4-3}$$

自激振荡必须同时满足幅度平衡条件和相位平衡条件

$$\begin{cases} |\dot{A}\dot{F}| = 1 \\ \varPhi_A + \varPhi_F = \pm(2n+1)\pi \quad (n = 0,1,2,3,\cdots) \end{cases} \tag{4-4}$$

从物理意义上理解,满足相位条件是正反馈,满足幅度条件意味着反馈信号与净输入信号相等。如果同时满足这两个条件,放大电路就会出现在无输入信号时却有输出信号的自激振荡现象。

3. 自激现象的防范

为防止电路自激,总原则应避免达到自激条件,具体措施如下:

(1)反馈环路内部不宜超过 3 级,尽可能采用单级或两级负反馈。

(2)反馈环路内部不得不超过 3 级时,尽可能使各级电路参数分散,各级电路参数越接近,电路就越不稳定。例如分配电压放大倍数时,前级较小,逐渐加大,到中间级最大,末级再减小;也可以逐渐加大,把大部分电压放大倍数集中在末级。

(3)反馈系数或反馈深度不宜太大,遇到不得不需要深度负反馈时,再采用其他方式解决。

(4)在电路中加入**补偿电容**或 *RC* 补偿网络,修正电路的频率特性,同时起到消除自激振荡的作用,这种电路也称消振电路,一般处于放大倍数较大的一级,电容取值不宜太大。

(5)给放大电路供电的公共电源具有内阻,放大电路各级电流尤其是末级电流,在公共电源内阻上会产生交变电压,与直流电压一起送到前端,容易形成寄生反馈。防止方法

需要将工作电源逐级滤波(也称去耦电路),再送到前端;电路制作布局时,信号流向应尽可能逆着电源走。

(6) 电路制作时,还需考虑线间分布电容的影响,一旦形成自激振荡,频率都很高。电路制作工艺上需要考虑接线短,输出信号远离输入信号,避免平行布线形成的寄生电容。

(7) 地线电阻也会引起寄生电容,印制板在元件面大面积布地的效果比不布地好,遇到模拟电路与数字电路混合时,模拟地与数字地宜分开,在适当的地方再汇合,应避免多点接地。

(8) 对于高频放大电路,前级小信号放大电路还需要用金属盒进行局部屏蔽,金属屏蔽盒外壳也需接地,以同时满足电屏蔽和磁屏蔽。金属屏蔽盒外壳如果没有接地,则只能满足磁屏蔽。

图 4-10 列举了几种消除自激振荡的方法。

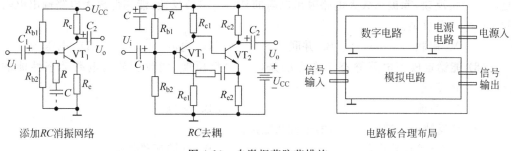

添加RC消振网络　　　　　RC去耦　　　　　电路板合理布局

图 4-10　自激振荡防范措施

小结

负反馈以牺牲放大倍数为代价,获得了诸多益处。直流负反馈可以稳定放大电路的静态工作点,交流负反馈可以提高电路放大倍数的稳定性、减小非线性失真、抑制干扰和噪声、展宽通频带和改变输入电阻或输出电阻,增强了对信号源和负载的适应性。

负反馈的这些性能都是针对环路内部而言的,对克服环路外部的危害无能为力。

实施负反馈还要注意防止自激,电路设计要得当,制作布局要合理,不能掉以轻心。

负反馈技术在集成运放内部和外部都有广泛应用,从而使得模拟电子技术更加成熟。

习题四

4-1　选择题

(1) 通过某种方式,将放大电路(　　)量的一部分或全部回送到(　　)回路的过程称为反馈。被回送的量称为(　　),影响输入回路的量称为(　　)。

　　A. 输入　　　　　　B. 输出　　　　　　C. 被调量　　　　　D. 反馈量

(2) 在反馈电路中,被调量是直流的称为(　　)反馈,被调量是交流的称为(　　)反馈,被调量是电压的称为(　　)反馈,被调量是电流的称为(　　)反馈。

　　A. 直流　　　　　　B. 交流　　　　　　C. 电压　　　　　　D. 电流

(3) 正反馈使净输入量得到（   ），负反馈使净输入量得到（   ）。

    A. 增加   B. 减小

(4)（   ）反馈可以稳定被调量，（   ）反馈可以改善放大电路的各种性能。

    A. 正   B. 负   C. 正或负   D. 无

(5) 从输出端取出电压信号的负反馈称为（   ）负反馈，目的是稳定输出（   ）；从输出端取出电流信号的负反馈称为（   ）负反馈，目的是稳定输出（   ）。

    A. 电压   B. 电流   C. 电压电流   D. 无

(6) 反馈量以串联方式接入输入回路的负反馈称为（   ）负反馈，反馈量以并联方式接入输入回路的负反馈称为（   ）负反馈。

    A. 串联   B. 并联   C. 串并联   D. 无

(7) 能提高放大电路输入电阻的是（   ）负反馈，能降低放大电路输入电阻的是（   ）负反馈，能提高放大电路输出电阻的是（   ）负反馈，能降低放大电路输出电阻的是（   ）负反馈。

    A. 串联   B. 并联   C. 电流   D. 电压

(8) 能稳定放大电路静态工作点的是（   ）负反馈，能改变放大电路动态性能的是（   ）负反馈。

    A. 直流   B. 交流

(9) 负反馈可以抑制（   ）的干扰和噪声。

    A. 反馈环路内部   B. 反馈环路外部

(10) 为了提高反馈效果，对串联负反馈，应使信号源内阻（   ）；对并联负反馈，应使信号源内阻（   ）。

    A. 尽可能大   B. 尽可能小   C. 几乎不变

(11) 对于电压负反馈，要求负载电阻（   ）；对于电流负反馈，要求负载电阻（   ）。

    A. 尽可能大   B. 尽可能小   C. 几乎不变

(12) 对应反馈深度 $|1+\dot{A}\dot{F}|=0$、$|1+\dot{A}\dot{F}|<1$、$|1+\dot{A}\dot{F}|=1$ 和 $|1+\dot{A}\dot{F}|>1$ 四种条件，放大电路的属性分别为（   ）、（   ）、（   ）和（   ）。

    A. 正反馈   B. 负反馈   C. 自激振荡   D. 开环

4-2 判断题

(1) 直流负反馈是存在于直流通路中的负反馈，交流负反馈是存在于交流通路中的负反馈。   （   ）

(2) 交流负反馈不能稳定静态工作点。   （   ）

(3) 负反馈改善电路动态性能的程度与反馈深度 $(1+AF)$ 有关，越深越好。   （   ）

(4) 引入负反馈使电路的电压放大倍数降低，因此，不可能产生自激振荡。 （   ）

(5) 放大电路接入正反馈后，必然引起自激振荡。   （   ）

(6) 负反馈放大电路的反馈深度越深，越容易产生自激振荡。   （   ）

4-3 试判断图 4-11 中所示的电路有无反馈，如果有反馈，是正反馈还是负反馈。

4-4 根据图 4-12 中所示分立元件组成的负反馈放大电路，区分本级和级间负反馈、交直流负反馈、电压和电流负反馈。

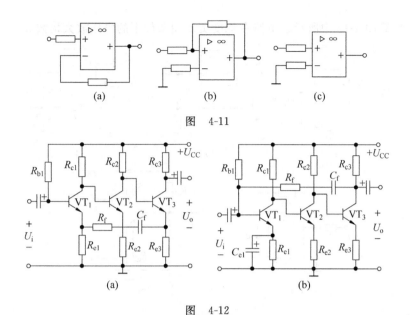

图 4-11

图 4-12

4-5 根据图 4-13 中所示电路条件,判断哪些电路符合深度负反馈。

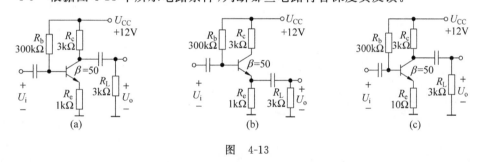

图 4-13

4-6 判断图 4-14 中所示各种负反馈放大电路,区分本级和级间负反馈、交直流负反馈、电压和电流负反馈、串联和并联负反馈。

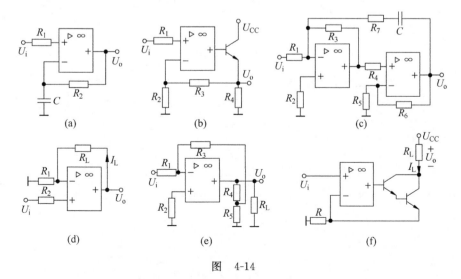

图 4-14

4-7　估算图 4-15 中所示各电路在深度负反馈条件下的电压放大倍数。

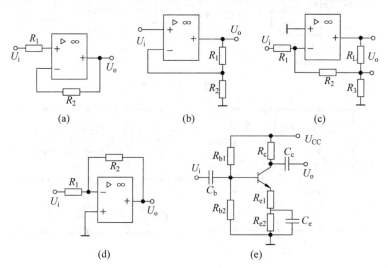

图　4-15

CHAPTER 5 ————————

第 5 章

集成运算放大电路

5.1　结构特点及理想化

　　集成电路利用半导体制造工艺,把电子线路做在一小块半导体基片上。由于半导体制造工艺很难做成大电容,集成电路内部电路形式都是直接耦合,极个别小电容作为补偿电路。模拟集成电路包括集成运放、集成功放、集成稳压器、集成模/数(A/D)和集成数/模(D/A)转换器等。

　　集成运放是集成电路运算放大器的简称,最初用于模拟计算机中,实现数字运算,使"运算"的称谓沿用至今。集成运放的性能表现在电压增益高、输入电阻大和输出电阻小,从外部看,集成运放是一种理想的有源器件。

　　本节介绍集成运放的基本特性和分析方法,为理解其各种应用打下基础。

5.1.1　基本特性

1. 外部特性

两种集成运放 μA741 和 LM733 的外形图、装配图和原理图符号如图 5-1 所示。

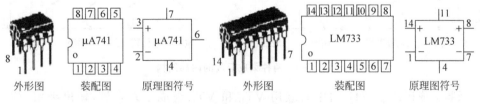

| 外形图 | 装配图 | 原理图符号 | 外形图 | 装配图 | 原理图符号 |

图 5-1　两种集成运放的外部特性

　　集成电路外壳上有很多标记,包括厂家徽标、器件型号、生产地点、出厂序列号等。观察外形时,需要先找到核心标记,然后了解其功能。例如,集成运放外壳上"μA741"和"LM733"是核心标记,其上下左右的其他符号不必太在意。

　　判别集成电路引脚顺序非常重要,双列直插(DIP)集成电路在引脚"1"上面开有一个缺口,有的还会在引脚"1"上面深印一个圆圈,从引脚"1"向右逆时针依次是 2、3、…。图 5-1 中集成运放原理图的引脚突出了信号入、出端和工作电源接入端。

　　检测集成电路需要专用仪器仪表或通电,但万用表可以做一些简单检测。通常使用最多的是,根据器件内部结构电路图,用电阻挡测量引脚之间阻值是否异常。

2. 内部特性

集成运放的内部电路方框图如图 5-2 所示,图中未标出工作电源的连接关系。

图 5-2　集成运放内部电路方框图

输入级的好坏影响集成运放的大多数参数,要求其输入阻抗高,差模放大倍数大,共模抑制能力强,输入电压范围大,静态电流小。集成运放的输入级无一例外地采用差动放大方式,输出端的输出信号与进入同相输入端的信号同相。

中间级主要承担放大功能,提供较高的电压增益,一般采用共发射极放大电路。

输出级提供较高的输出电压和较大的输出电流,要求带负载能力强,非线性失真小,大多数集成运放采用互补(或准互补)对称输出电路。

偏置电路为各级放大电路提供电流源。

图 5-3 列举了两种集成运放的内部结构。

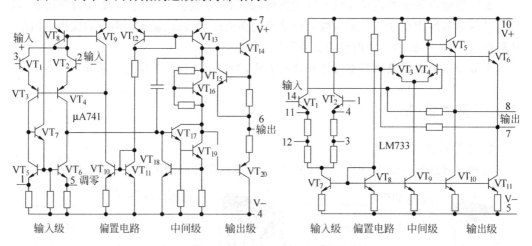

图 5-3　两种集成运放的内部结构

低频集成运放 μA741 的中间级用 VT_{17} 和 VT_{19} 组成了复合管,输出级用 VT_{14} 和 VT_{20} 组成互补对称输出,VT_{15} 为输出短路提供保护。运算精度要求较高时,外接引脚 1 和引脚 5 还可以施加调零措施,使静态失调电流最小。

高频集成运放 LM733 的中间级采用双入双出工作方式,中间级与输出级之间实施了电压并联负反馈,输入级还可外接元件调整电路增益。

3. 图形符号

为了简化应用电路,把集成运放最具特色的 3 个端子保留下来,略去其他端子,得到集成运放原理图符号的一般形式。只有在特殊需要时,才把其他端子加以标注,如工作电源、调零或增益调节等。

描述集成运放与输入端有关的物理量如图 5-4 所示。

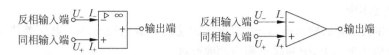

图 5-4　集成运放输入端的物理量

其中物理量含义如下。

U_-：反相输入端对地电压。

I_-：反相输入端输入电流。

U_+：同相输入端对地电压。

I_+：同相输入端输入电流。

U_{id}：同相输入端与反相输入端之间的电压，简称净输入电压，记为 $U_{id} = U_+ - U_-$，与负反馈放大电路分析时的 U_i' 略有差别，U_i' 既可以是 $U_+ - U_-$，也可以是 $U_- - U_+$，用来判别反馈属性。

上述 5 个物理量在集成运放的各种应用中，用来衔接输入量 U_i 和输出量 U_o，并最终得到电路功能的关系式，作用很大。

5.1.2　集成运放特性及理想化

集成运放的特性集中表现在电压传输上，即输出电压 U_o 与输入电压 U_{id} 的关系。从物理意义上理解，相当于综合了三极管放大电路的输入特性和输出特性。

集成运放的电压传输特性曲线如图 5-5 所示。图 5-5(a)所示的曲线是集成运放电压传输特性的常规情况，图 5-5(b)所示的曲线是理想情况。

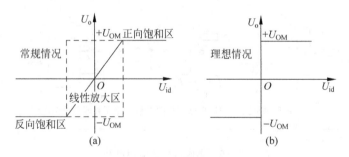

图 5-5　集成运放电压传输特性曲线

1. 常规电压传输特性

集成运放电压传输的常规特性表现在以下几点。

(1) 电路工作在线性放大区时，在 U_{id} 很小的范围内，$U_o = A_{od} U_{id}$，输出电压随着输入电压线性变化。

(2) A_{od} 为集成运放的开环电压放大倍数，数量级为 $10^4 \sim 10^7$，即 $80 \sim 140\mathrm{dB}$。

(3) 由于 A_{od} 非常大，使得线性区很窄，输出电压极易达到最大值 $\pm U_{OM}$。

(4) 集成运放工作在饱和区时，输出电压 U_o 只有两个状态：$+U_{OM}$ 或 $-U_{OM}$，输入电压变化时保持不变。

（5）饱和状态时的输出电压$\pm U_{OM}$低于但接近电源电压$\pm U_{CC}$，电压差值消耗在集成运放内部的输出电路上，饱和区也称为非线性区。

2. 理想电压传输特性

集成运放电压传输的理想特性表现在以下几点。

（1）开环差模电压放大倍数$A_{od} = \infty$。

（2）差模输入电阻$R_{id} = \infty$。

（3）输出电阻$R_o = 0$。

（4）共模抑制比$K_{CMR} = \infty$。

（5）输入偏置电流$I_{ib} = 0$。

（6）上限频率$f_H = \infty$。

把常规的集成运放作为理想情况处理，有利于忽略次要因素，简化分析过程，得到的结果与非理想化结果相差无几。因此，允许在工程计算中采用。

如果对运算结果的精度要求很高，则不能轻易地把常规的集成运放理想化。

在后续集成运放的各种应用中，一律把集成运放作为理想化处理。

5.1.3 应用电路分析方法

集成运放有3种工作状态：开环、正反馈和负反馈，前两种属于非线性应用，后一种属于线性应用。

图5-6列出了集成运放的应用电路。

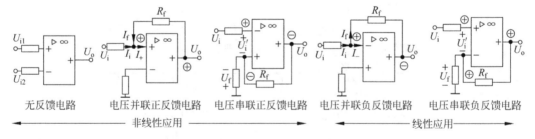

图5-6 集成运放的应用电路

分析集成运放的线性应用和非线性应用时，既有共性，更有个性。带共性的措施是，必须保证输入端外围电阻的平衡性。换言之，两个输入端连接电阻必须对称。

集成运放内部电路的输入端已经尽量做到了失调电流很小，即两管的基极电流基本一致；运用时，外围电阻仍然需要配置合理，以保持这种一致。

具体做法是，使两个输入端对地电阻相等，即$R_{i+} = R_{i-}$，计算时将信号电压视为对地短路，图5-7说明了这种平衡电阻做法。

在保证输入端电阻平衡之后，需要进一步理解集成运放"虚短"、"虚断"和"虚地"3个概念，线性应用和非线性应用时，运用这3个概念会有区别。

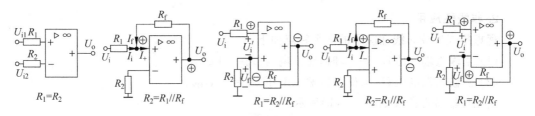

图 5-7　平衡电阻的做法

1. 线性应用

集成运放线性应用的重要前提是,放大电路实施了负反馈。

由于集成运放的开环电压放大倍数 A_{od} 非常大,为使集成运放线性应用,最常用的方法就是在电路中引入负反馈,以减小净输入量 U'_i 或 I'_i,保证输出电压 U_o 不会超过线性范围。

理想集成运放线性应用时,有两个重要的特点:虚断和虚短。

所谓“**虚断**”,就是因为输入电阻很大,因此认为两个输入端基本不吸取电流 $I_+ = I_- = 0$。

所谓“**虚短**”,就是因为净输入电压为零,因此认为两个输入端等电位 $U_+ = U_-$。

考虑上述概念后,电路中接地元件还会将“地”转移到集成运放的输入端,成为“虚地”。

并不是所有负反馈放大电路都能用全“三虚”概念。

表 5-1 比较了两种负反馈放大电路“三虚”的运用情况。

表 5-1　负反馈放大电路“三虚”运用情况

比 较 内 容	电压并联负反馈	电压串联负反馈
基本电路		
平衡条件	$R_2 = R_1 // R_f$	$R_2 = R_1 // R_f$
平衡原因	$R_{i+} = R_{i-}$	$R_{i+} = R_{i-}$
虚断条件	$I_+ = I_- = 0$	$I_+ = I_- = 0$
虚断结果	$U_+ = 0$	$U_+ = U_i$
虚短条件	$U_+ = U_-$	$U_+ = U_-$
虚短结果	$U_- = 0$	$U_- = U_i$
虚地产生	R_2 消失,反相输入端成为虚地	R_2 消失,U_i 转移到 U_-,无虚地
电压放大倍数	$A_u = -R_f/R_1$	$A_u = 1 + R_f/R_1$
电路功能	反相比例运算	同相比例运算

从表 5-1 中可以看到,电压并联负反馈放大电路中,“三虚”都有运用;电压串联负反馈放大电路中,运用了“虚断”和“虚短”,没有用到“虚地”。

2. 非线性应用

理想集成运放非线性应用的两个特点如下：

(1) 当输入端电压 $U_+ > U_-$ 时，输出电压 $U_o = +U_{OM}$。

(2) 当输入端电压 $U_+ < U_-$ 时，输出电压 $U_o = -U_{OM}$。

电压传输特性曲线如图 5-5(b)所示。

集成运放非线性应用时，可以用"虚断"概念，但不能用"虚短"概念。这样，集成运放非线性应用时，$U_+ \neq U_-$，净输入电压 $U_+ - U_-$ 的大小就取决于外电路的参数。

表 5-2 列举了两例集成运放的非线性应用。

表 5-2　集成运放非线性应用示例

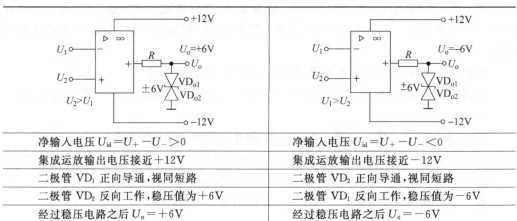

净输入电压 $U_{id} = U_+ - U_- > 0$	净输入电压 $U_{id} = U_+ - U_- < 0$
集成运放输出电压接近 +12V	集成运放输出电压接近 −12V
二极管 VD_1 正向导通，视同短路	二极管 VD_2 正向导通，视同短路
二极管 VD_2 反向工作，稳压值为 +6V	二极管 VD_1 反向工作，稳压值为 −6V
经过稳压电路之后 $U_o = +6V$	经过稳压电路之后 $U_o = -6V$

小结

集成运放从内部结构看，是采用直接耦合方式级联的多级放大电路，以差动放大作为输入级，以互补对称作为输出级，级间常有负反馈放大电路，输出级一般都有保护措施，是一种较为理想的有源放大器件。

集成运放从外部特性看，引脚已经浓缩成 3 条，物理特性主要是电压传输特性。根据电压传输特性，集成运放有线性应用和非线性应用两种。

工程运用时，将集成运放理想化，引出"虚断"、"虚短"和"虚地"的概念，使电路参数估算得到简化。

线性应用和非线性应用对"三虚"概念的接受程度是有区别的。

5.2　集成运放运算电路

运算电路是集成运放的线性应用。本节主要介绍比例运算、加减法、乘除法、微积分和指数对数等运算电路。电路分析方法是，把集成运放看成理想模式，根据集成运放线性运用的特点，利用"三虚"原则，将输入信号转换到与输出信号同处于一个极为简单的电路中,利用电流或电压计算方法,得出输出信号与输入信号的关系式。

集成运放外围电阻的平衡问题已在 5.1 节介绍过,各种运算对"三虚"概念不是全部接受。

各种运算的共同规律是,同相输入时,电路输入电阻很大;反相输入时,电路输入电阻很小。由于都是电压负反馈,输出电阻均为零。

5.2.1　比例运算

比例运算是指输出信号与输入信号呈线性关系,换言之,信号进入电路之后,得到了放大或衰减。由于信号进入输入端方式的不同,比例运算分为反相比例运算和同相比例运算。

表 5-3 比较了两种比例运算的情况。

表 5-3　两种比例运算过程

比 较 内 容	反相比例运算	同相比例运算
电路形式1		
平衡条件	$R_2 = R_1 /\!/ R_f$	$R_2 = R_1 /\!/ R_f$
虚断条件	$I_+ = I_- = 0$	$I_+ = I_- = 0$
虚断结果	$U_+ = 0$	$U_+ = U_i$
虚短条件	$U_+ = U_-$	$U_+ = U_-$
虚短结果	$U_- = 0$	$U_- = U_i$
虚地产生	R_2 消失,反相输入端成为虚地	R_2 消失,U_i 转移,无虚地
运算关系式	$U_o = -\dfrac{R_f}{R_1} U_i$	$U_o = \left(1 + \dfrac{R_f}{R_1}\right) U_i$
输入电阻	$R_i = R_1$	$R_i = \infty$
特殊情况	反相器	电压跟随器
电路形式2		
外围条件	$R_f = R_1$, $R_2 = R_1 /\!/ R_f$	$R_f = R_2$, $R_1 = \infty$
运算关系式	$U_o = -U_i$	$U_o = U_i$

反相运算关系式中的负号"一"的物理意义解释为:对于交流信号,表示输出信号与输入信号相位相反;对于直流信号,表示输出信号的变化规律与输入信号相反。

反相比例运算有一种特殊情况,输出信号等于输入信号,相位相反,即反相器。

同相比例运算也有一种特殊情况,输出信号等于输入信号,相位相同,即电压跟随器。

5.2.2　加法与减法

将多个信号相加时,可送入反相端,也可送入同相端。反相加法运算结果会出现一个负号"一",物理意义前面已经说明。无论是反相相加还是同相相加,都要利用支路电流之和与反馈电流的关系。反相相加时"三虚"都会用到,同相相加时用到"虚断"和"虚短"。

表 5-4 比较了两种加法运算的情况。

表 5-4　两种加法运算过程

比较内容	反相加法	同相加法
电路形式		
平衡条件	$R_1//R_2//R_f = R$	$R_1//R_2//R = R_{f1}//R_{f2} = R'$
三虚利用	虚断、虚短、虚地	虚断、虚短
利用结果	$I_{i1}+I_{i2}=I_f$,反相输入端为虚地	同相输入端 $U_+ = (u_{i1}/R_1 + u_{i2}/R_2)R'$
反馈物理量	$I_f = -U_o/R_f$	$U_o = (1+R_{f2}/R_{f1})U_-$
运算关系式	$U_o = -R_f(U_{i1}/R_1 + U_{i2}/R_2)$	$U_o = (1+R_{f2}/R_{f1})(u_{i1}/R_1 + u_{i2}/R_2)R'$
电路特点	各路互不影响,调整方便	输入阻抗高,由于 R' 原因,各路互相影响
特定条件	$R_1 = R_2 = R_f = 3R$	$R_{f2}=2R_{f1}$,$R_1 = R_2 = R = 3R_{f2}$
特定结果	$U_o = -(U_{i1}+U_{i2})$	$U_o = U_{i1}+U_{i2}$

减法运算时,需要把两个输入信号分别送入集成运放的输入端,形成差动放大方式。

集成运放差动放大电路的分析方法是,先假设 $u_{i2}=0$,求出输出信号 U_o 与 u_{i1} 的关系式;然后假设 $u_{i1}=0$,求出输出信号 U_o 与 u_{i2} 的关系式。最后,利用叠加原理,得到输出信号 U_o 与输入信号 u_{i1} 和 u_{i2} 的总关系式。两次假设之后,放大电路分别成为独立的反相放大和同相放大电路,然后分别运用"三虚"的概念,即可得出 U_o 与 U_i 之间的关系。

表 5-5 列出了减法运算的过程。

表 5-5　减法运算过程

基本电路	假设只有信号 1 的反相运算电路	假设只有信号 2 的同相运算电路
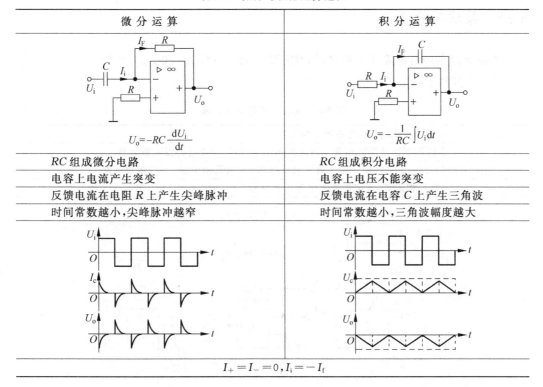		
外电路平衡条件	三虚之后,U_- 为虚地	两虚之后,$U_- = U_+ = [R_3/(R_2+R_3)]\,U_{i2}$
$R_1 /\!/ R_4 = R_2 /\!/ R_3$	$U_{o1} = -(R_4/R_1)U_{i1}$	$U_{o2} = (1+R_4/R_1)[R_3/(R_2+R_3)]\,U_{i2}$
总输出 $U_o = U_{o1} + U_{o2} = (1+R_4/R_1)[R_3/(R_2+R_3)]\,U_{i2} - (R_4/R_1)U_{i1}$		
进一步假设 $R_1 = R_2 = R_3 = R_4$ 之后,$U_o = U_{i2} - U_{i1}$		

5.2.3　微分与积分

微分与积分运算都要用到电容器,与电阻器配合,形成一定的时常数 $\tau = RC$。信号从反相输入端加入,输入与输出会反相,电路分析时,"三虚"概念使反相输入端为虚地。

表 5-6 以脉冲方波作为输入信号,画出了两种运算电路的输出波形,分别用电容的电流波形和电压波形过渡,并分析了时常数的影响。

表 5-6　微分与积分运算过程

微 分 运 算	积 分 运 算
$U_o = -RC \dfrac{\mathrm{d}U_i}{\mathrm{d}t}$	$U_o = -\dfrac{1}{RC}\displaystyle\int U_i \mathrm{d}t$
RC 组成微分电路	RC 组成积分电路
电容上电流产生突变	电容上电压不能突变
反馈电流在电阻 R 上产生尖峰脉冲	反馈电流在电容 C 上产生三角波
时间常数越小,尖峰脉冲越窄	时间常数越小,三角波幅度越大
$I_+ = I_- = 0, I_i = -I_f$	

5.2.4　指数与对数

集成运放需要借助于三极管进行指数和对数的运算,原因在于三极管的输入特性,即基极电流与发射结电压的关系呈指数规律。将三极管配置在输入端或反馈通路,可以得到集成运放的两种运算电路。

表 5-7 列举了指数与对数运算过程。

表 5-7　指数与对数运算过程

指 数 运 算	对 数 运 算
$U_o=-I_{ES}Re^{\frac{u_i}{u_T}}$	$U_o=-U_T\ln\dfrac{U_i}{I_{ES}}$
$U_i=U_{ce}$	$U_o=-U_{be}$
$I_i=I_E$	$I_i=I_c$
U_T 和 I_{ES} 为常数	U_T 和 I_{ES} 为常数

5.2.5　乘法与除法

集成运放在进行乘除法运算时,仍然需要借助三极管,U_T 和 I_{ES} 为常数。

表 5-8 列举了乘法与除法运算过程。

表 5-8　乘法与除法运算过程

R、R_1、R_2、R_3 和 R_4 为各级平衡电阻
通过取对数把两数相乘变为两数相加,最后把结果进行反对数运算
A_1 与 A_2 分别对两个输入量做对数运算,A_3 做反相相加,A_4 做指数运算
3 次反相运算,入出关系式中有一个负号"—"

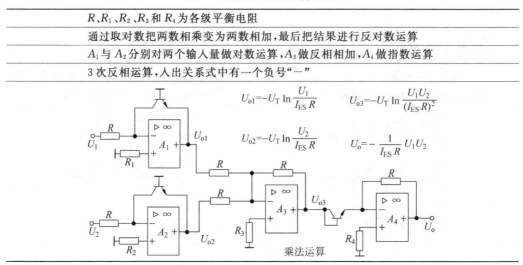

$$U_{o1}=-U_T\ln\frac{U_1}{I_{ES}R}\qquad U_{o3}=-U_T\ln\frac{U_1U_2}{(I_{ES}R)^2}$$
$$U_{o2}=-U_T\ln\frac{U_2}{I_{ES}R}\qquad U_o=-\frac{1}{I_{ES}R}U_1U_2$$

乘法运算

续表

R、R_1、R_2、R_3 和 R_4 为各级平衡电阻	
通过取对数把两数相除变为两数相减,最后把结果进行反对数运算	
A_1 与 A_2 分别对两个输入量做对数运算,A_3 做减法运算,A_4 做指数运算	
由于 U_1 是被除数,3 次反相运算,入出关系式中有一个负号"$-$"	

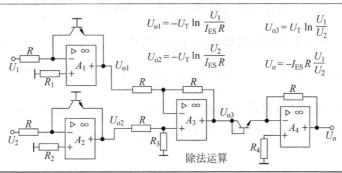

$$U_{o1} = -U_T \ln \frac{U_1}{I_{ES}R} \qquad U_{o3} = U_T \ln \frac{U_1}{U_2}$$

$$U_{o2} = -U_T \ln \frac{U_2}{I_{ES}R} \qquad U_o = -I_{ES}R \frac{U_1}{U_2}$$

除法运算

5.2.6　综合应用实例

图 5-8 是一个音响放大器音频放大电路的方框图。

图 5-8　音响放大器音频放大电路方框图

电路功能描述为,将话筒音放大之后,送入延时电路将其产生回响,最后将直达语音、延时语音和 MP3 音进行混合放大,再送入后级电路。

语音放大电路为适应话筒的阻抗,需要较高的输入电阻,采用集成运放同相输入方式,电压增益为 8.5 倍。混合放大采用反相相加方式,各路增益不同。采用反相相加工作方式时,各路互不影响,调整方便。

图 5-9 是具体音响放大器电路图。

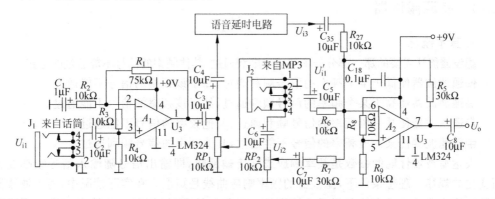

图 5-9　音响放大器音频放大电路原理图

电路具体特性为以下几点。

（1）采用集成运放 LM324 作为放大电路的核心元件，A_1 工作方式为同相放大，A_2 工作方式为反相相加。

（2）信号耦合方式为交流耦合，耦合电容分别为 $C_1 \sim C_8$ 和 C_{35}，C_{18} 为电源滤波电容。

（3）R_1 和 R_2 决定了语音放大电路的电压放大倍数，$U'_{i1} = \left(1 + \dfrac{75}{10}\right)U_{i1} = 8.5\,U_{i1}$。

（4）R_5 和 R_6 决定了直达语音的电压放大倍数，$U_{o1} = -\dfrac{30}{10}U'_{i1} = -3\,U'_{i1}$。

（5）R_5 和 R_7 决定了 MP3 音的电压放大倍数，$U_{o2} = -\dfrac{30}{30}U_{i2} = -U_{i2}$。

（6）R_5 和 R_{27} 决定了延时语音的电压放大倍数，$U_{o3} = -\dfrac{30}{10}U_{i3} = -3U_{i3}$。

（7）总输出电压 $U_o = U_{o1} + U_{o2} + U_{o3} = -(25.5\,U_{i1} + U_{i2} + 3\,U_{i3})$。

小结

集成运放的各种运算基于工作在线性区，充分利用了理想条件。

集成运放的各种运算既适合交流信号，也适合直流信号。

信号从反相输入端加入时，可以利用"三虚"概念，使反相输入端为虚地，入出关系存在于一个简单的电路中，输出信号与输入信号反相。对交流信号而言，负号"−"表示相位相反；对直流信号而言，表示变化规律相反。反相运用的输入电阻很低。

信号从同相输入端加入时，可以用到"虚断"和"虚短"，使反相输入端电压 U_- 与输入信号产生联系，也会使输入输出关系处于一个简单的电路中。同相运用的输入电阻很高。

5.3 有源滤波与非线性应用

集成运放线性应用除运算功能之外，还可以组成各种形式的有源滤波器，弥补了无源滤波器的缺陷。非线性应用可以组成各种比较器，进而做成方波发生器。分析这些应用，仍然是基于理想条件下集成运放的电压传输特性，根据外电路参数确定输入端电压 U_+ 和 U_-，然后得出输出信号与输入信号的关系式。

5.3.1 有源滤波器

1. 基本概念

滤波器能让需要的那一部分频率的信号顺利通过，其他频率的信号不能通过的电路。

低通滤波器使低于某个频率的信号顺利通过，高于该频率的信号不能通过。

高通滤波器使高于某个频率的信号顺利通过，低于该频率的信号不能通过。

带通滤波器使某一段频率的信号顺利通过，其他频率的信号不能通过。

带阻滤波器使某一段频率的信号不能通过，其他频率的信号顺利通过。

表达滤波器性能的参数是**频率响应**或称**传输函数**，即输出信号随输入信号频率变化而变化的规律。理想条件下，滤波器的频率响应曲线是矩形。在实际情况中，各种滤波器的频率响应曲线是没有棱角而平滑转变的。工程上处理时，把归一化输出幅度 1 下降到

0.707 的频率点定出来,称为**截止频率**,从而引出滤波器通频带的概念。

具体情况如图 5-10 所示。

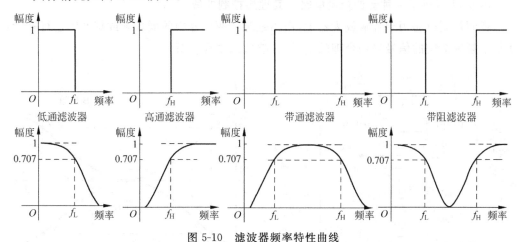

图 5-10　滤波器频率特性曲线

用电阻、电容和电感构成的滤波器称为无源滤波器,电路损耗较大,最大传输系数小于 1,带负载能力也差;把无源滤波器放到集成运放的输入端,组成有源滤波器,可以克服这些缺点。

将一级 RC 电路置于集成运放输入端,构成一阶有源滤波器。将低通滤波器和高通滤波器做适当的组合,可以构成带通和带阻滤波器。

表 5-9 列出了 4 种常见有源滤波器的基本情况。

表 5-9　4 种常见有源滤波器基本情况

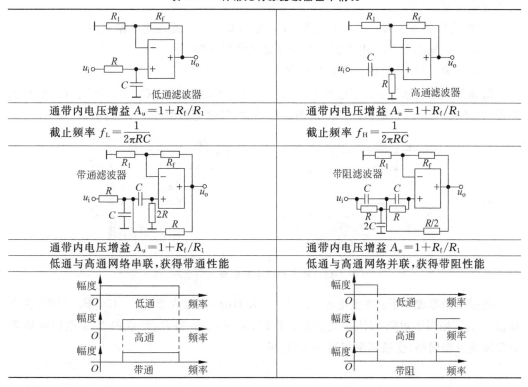

2. 应用实例

图 5-11 提供了一种音调控制电路及其理想控制曲线。

音调控制电路用于音响放大器中,作用是对音频信号中的低音频或高音频进行补偿,使整个频率范围的信号得到合理的增益,音响效果悦耳动听。

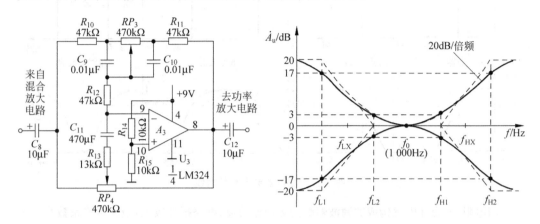

图 5-11 音调控制电路及理想控制曲线

从音调控制曲线看出,音调控制电路在中音频率($1\,000\,\text{Hz}$)保持增益不变,只对低音频和高音频进行提升或衰减。

音调控制电路以集成运放 LM324 为核心,与外围元件一起分别构成有源低通滤波器和有源高通滤波器。

其中,电阻器 R_{10}、R_{11}、R_{12},电位器 RP_3,电容 C_9、C_{10} 为低通滤波器元件。

电容 C_{11}、电阻器 R_{13}、电位器 RP_4 为高通滤波器元件。

电阻器 R_{14}、R_{15} 为集成运放偏置元件。

低频控制原理如下:由于电容 $C_9=C_{10}=0.01\mu\text{F}$,远远大于 $C_{11}=470\text{pF}$。因此,在低频段,C_{11} 相当于开路。电位器 RP_3 向两臂滑动时,等效电路如图 5-12 所示。

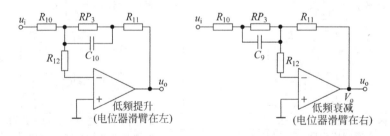

图 5-12 音调控制电路低频控制原理

高频控制原理如下:由于电容 $C_9=C_{10}=0.01\mu\text{F}$,远远大于 $C_{11}=470\text{pF}$。因此,在高频段 C_9、C_{10} 相当于短路,RP_3 不复存在。此时,由 R_{10}、R_{11} 和 R_{12} 组成的 Y 型电阻网络需要变换成 ▽ 型网络,变换结果如图 5-13 所示。

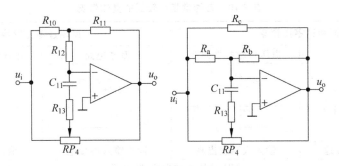

图 5-13　高频等效电路第一次变换

电位器 RP_4 向两臂滑动即可实现对高端频率的控制，如图 5-14 所示。

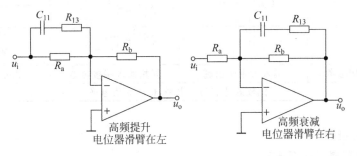

图 5-14　音调控制电路高频控制原理

5.3.2　比较器

比较器是集成运放非线性的典型应用。其功能简而言之就是，信号在输入端比大小，在输出端看高低。通常分为开环比较和反馈比较两类。

1. 常规比较器

常规比较器属于开环比较，包括过零比较器和单限比较器。

过零比较器以零电平（地）作为比较门限，根据信号进入方式分同相比较和反相比较两种。

单限比较器设置一个参考电平，也有同相比较和反相比较两种电路。

如果输出端没有设置稳压电路，比较器的输出状态为接近于 $\pm U_{cc}$ 的 $\pm U_{OM}$；如果输出端设置了 $\pm U_z$ 的稳压电路，则比较器的输出状态为 $\pm U_z$。

比较器上述功能均可以用电压传输特性来描述。

分析比较器电路时，不能用到虚短概念，否则，输出电压无法确定。

集成运放外围电阻的平衡性仍然需要注意。

表 5-10 列举了上述各种常规比较器的情况。

表 5-10 各种常规比较器的具体情况

同相过零比较器		反相过零比较器	
基本电路	电压传输特性曲线	基本电路	电压传输特性曲线
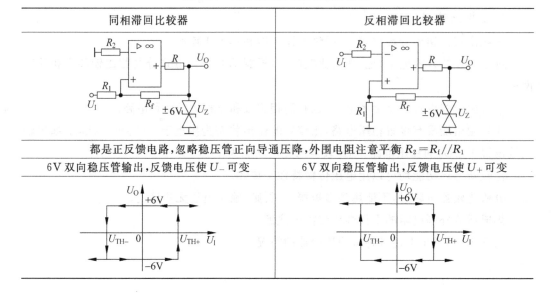			
反相输入端接地	输入大则输出高	同相输入端接地	输入大则输出低
比较的基准为地,零电平			
同相单限比较器		反相单限比较器	
反相输入端接参考	输入大则输出高	同相输入端接参考	输入大则输出低
比较的基准为正电平,也可为负电平			

2. 滞回比较器

滞回比较器属于反馈比较。

具体做法是,把比较器的输出端接一定的电阻网络,将输出电压的一部分回送到输入端,形成正反馈,这时的参考电压是可变的,电压传输特性会出现滞回现象。根据信号进入集成运放输入端的方式,滞回特性也分**同相滞回**和**反相滞回**两种。

同相滞回的输入和输出信号是同相的,反相滞回的输入和输出信号是反相的。

表 5-11 列举了两种滞回比较器的情况,输出端加入了稳压措施。

表 5-11 两种滞回比较器的具体情况

同相滞回比较器	反相滞回比较器
都是正反馈电路,忽略稳压管正向导通压降,外围电阻注意平衡 $R_2 = R_f // R_1$	
6V 双向稳压管输出,反馈电压使 U_- 可变	6V 双向稳压管输出,反馈电压使 U_+ 可变

续表

同相滞回比较器	反相滞回比较器
输入逐渐加大,开始时 U_+ 小,输出 -6V	输入逐渐加大,开始时 U_- 小,输出 $+6$V
输入达到阈值 U_{TH+} 时,输出翻转为 $+6$V	输入达到阈值 U_{TH+} 时,输出翻转为 -6V
输入继续加大时,输出保持为 $+6$V	输入继续加大时,输出保持为 -6V
输入逐渐减小,输出维持为 $+6$V	输入逐渐减小,输出维持为 -6V
输入达到阈值 U_{TH-} 时,输出翻转为 -6V	输入达到阈值 U_{TH-} 时,输出翻转为 $+6$V
输入继续减小时,输出保持为 -6V	输入继续减小时,输出保持为 $+6$V
输出信号变化规律与输入信号相同	输出信号变化规律与输入信号相反
滞回区域压差与电阻 R_1 和 R_f 有关	滞回区域压差与电阻 R_1 和 R_f 有关

R_f 断开时,无滞回区域,回归到过零比较器特性曲线,U_o' 为过零比较器输出波形

滞回比较器由于有一个滞回区域,在滞回区域内,如果输入信号受到干扰,只要瞬时值小于门限宽度,输出不会发生错误翻转,有较强的抗干扰能力。

滞回比较器中引入了正反馈,加速了比较器的翻转过程,输出的脉冲方波前后沿比较陡峭。

3. 滞回比较器应用实例

图 5-15 列出了反相滞回比较器抗干扰电路及波形图。

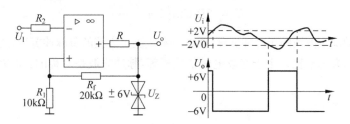

图 5-15　反相滞回比较器抗干扰电路及波形图

电路中,忽略双向稳压管正向导通电压,根据反馈网络电阻参数,可求出:

$$U_{TH+} = -U_{TH-} = \left(\frac{10k\Omega}{10k\Omega + 20k\Omega}\right)6V = 2V$$

输入信号在 ± 2V 之内的扰动,不会影响输出信号的翻转。

5.3.3　信号产生器

以集成运放为核心,将 RC 定时电路和滞回比较器综合应用,可构成脉冲方波产生器。

图 5-16 列出了方波发生器电路及波形图。

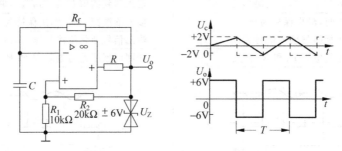

图 5-16　方波发生器电路及波形图

图 5-16 中,电阻器 R_f 和电容器 C 构成负反馈放大电路,利用输出电压通过电阻 R_f 对电容 C 充电,反过来电容 C 通过电阻 R_f 放电,在电容上形成三角波电压,送到集成运放的反相输入端。

输出电压经过双向稳压管稳压后输出 ± 6V 两种电平,经过电阻器 R_1 和 R_2 分压后,在同相输入端产生 ± 2V 的两个阈值电平,电路为反相滞回比较方式。

接通电源之后,如果电路输出状态为高电平,则对电容充电,不足以达到 $+2$V 时,维持高电平;一旦电容充电电压达到 $+2$V,电路输出状态翻转为低电平,不足以达到 -2V 时,维持低电平;放电过程持续到电容上电压达到 -2V,电路再次翻转为高电平。周而复始,循环往复,电路输出一连串脉冲方波。

充放电时常数 R_fC 的大小,决定了电容上电压达到 ± 2V 的时间,也就是电路翻转的时间。一次轮回称为一个周期,用符号 T 表示。计算公式为

$$T = 2R_fC\ln\left(1 + \frac{2R_1}{R_2}\right) \tag{5-1}$$

充电时常数决定方波的正脉冲宽度,放电时常数决定方波的负脉冲宽度,正脉冲宽度占整个周期的比例称为占空比。由于充放电时常数相等,脉冲方波是对称的,即占空比为 $1/2$。

小结

将无源滤波器放置在集成运放的输入端可以组成各种有源滤波器。与无源滤波器相比,有源滤波器提高了电路增益,加强了带负载能力。

集成运放的非线性应用主要表现在各种比较器上。比较器本质上就是输入比大小,输出看高低。电路分析时,不能用到虚短概念。常规比较器处于开环工作状态,过零比较和单限比较都较为简单。滞回比较器引入了正反馈,使电压传输曲线从常规的一条线变成了一个滞回区。如果把反馈电阻断开,滞回区消失,电压传输曲线又回到常规方式。

把滞回比较器与 RC 网络综合运用还能组成方波发生器。电路以集成运放为核心，将延时、开关控制和稳压整形 3 种功能融为一体，产生的脉冲形状对称，周期可调。

习题五

5-1 选择题

(1) 集成运放实质上是一个(　　　)。

　　A. 直接耦合的多级放大电路 　　　　　　B. 单级放大电路

　　C. 阻容耦合的多级放大电路

(2) 理想运算放大电路的开环电压放大倍数 A_u 为(　　　)，输入电阻 R_{id} 为(　　　)，输出电阻 R_o 为(　　　)。

　　A. ∞ 　　　　　　　　B. 0 　　　　　　　　C. 不定

(3) 理想运算放大电路线性运用的两个重要特点是(　　　)。

　　A. 虚地与反向 　　　B. 虚短与虚地 　　　C. 虚短与虚断 　　　D. 断路与短路

(4) 集成运放一般分为两个工作区，它们是(　　　)工作区。

　　A. 线性与非线性 　　　　　　　　B. 正反馈与负反馈

　　C. 虚短与虚断

(5) 深度负反馈可使集成运放进入(　　　)，开环或正反馈可使集成运放进入(　　　)。

　　A. 线性工作区 　　　　　　　　B. 非线性工作区

(6) 由理想运放构成的线性应用电路，其增益与运放本身的参数(　　　)。

　　A. 有关 　　　　　　　B. 无关 　　　　　　　C. 有无关系不确定

(7) 集成运放的线性应用存在(　　　)现象，非线性应用存在(　　　)现象。

　　A. 虚短 　　　　　　　B. 虚断 　　　　　　　C. 虚短与虚断

(8) 集成运放处理信号的涉及范围(　　　)。

　　A. 只对直流信号 　　　B. 只对交流信号 　　　C. 直流信号和交流信号

(9) 集成运放处于开环状态时，其输出不是正饱和值 $+U_{OM}$ 就是负饱和值 $-U_{OM}$，它们的大小取决于(　　　)。

　　A. 运放的开环放大倍数 　　　　　　　　B. 外电路参数

　　C. 运放的工作电源

(10) 在有效信号中抑制 50Hz 的工频干扰、抑制 1MHz 以上的高频噪声、传递带宽为 20Hz～1kHz 的有效信号和抑制 100Hz 以下的低频信号，分别需要选择(　　　)、(　　　)、(　　　)和(　　　)。

　　A. 低通滤波器 　　　B. 高通滤波器 　　　C. 带通滤波器 　　　D. 带阻滤波器

(11) 各种比较电路的输出只有(　　　)状态，分析运放应用时，不能使用(　　　)概念。

　　A. 一种 　　　　　　　B. 两种 　　　　　　　C. 三种 　　　　　　　D. 虚断

　　E. 虚短 　　　　　　　F. 虚地

5-2 判断题

(1) 集成运放既能处理直流信号又能处理交流信号。　　　　　　　　　　　　(　　　)

（2）集成运放处于开环状态时,其输出饱和值±U_{OM},取决于外电路参数。（　　）

（3）集成运放内部都是直接耦合电路,绝对没有电容。（　　）

（4）集成运放只能工作在低频段。（　　）

（5）同相加法的优点是各路信号互不影响,调节灵活方便。（　　）

（6）滞回电压比较器引入了正反馈,是集成运放的非线性应用。（　　）

5-3　试判断图 5-17 中工作在线性区的电路。

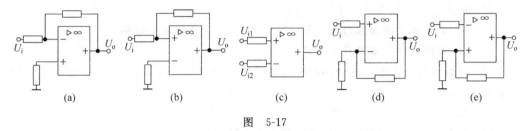

图　5-17

5-4　试判断图 5-18 中符合"虚地"条件的电路。

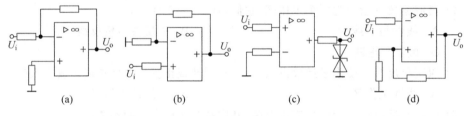

图　5-18

5-5　根据图 5-19 中所标元件符号,试写出输出电压的表达式。

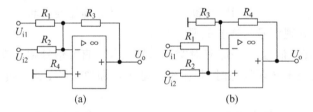

图　5-19

5-6　图 5-20(a)所示为三极管 β 值测量电路,根据所给条件,求出 β 值;图 5-20(b)所示为电压测量电路,根据所给条件,求出 10V、5V、1V 和 0.5V 四种量程时,反馈电阻与输入电阻的关系式。

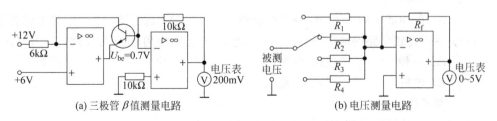

图　5-20

5-7　根据图 5-21 中电路条件，判断其电压传输特性曲线。

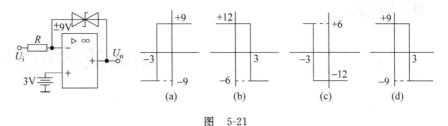

图　5-21

5-8　试求图 5-22 所示电路中，电位器滑向顶部、中部和底部时的输出电压。

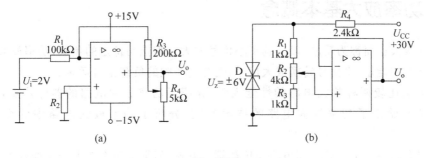

图　5-22

5-9　根据图 5-23 中所给条件，试画出输出电压波形。

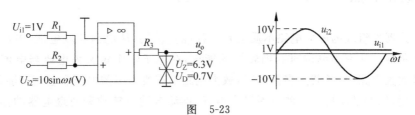

图　5-23

5-10　根据图 5-24 中所给条件，试画出输出电压波形。

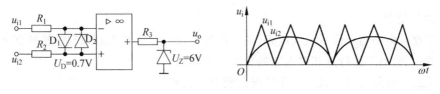

图　5-24

CHAPTER 6

第6章

功率放大电路

6.1 功率放大基本概念

功率放大也简称为功放,以区别于小信号放大。为推动特定的负载,功率放大电路需要利用电源的能量,将信号转换成大信号,使与之匹配的负载正常运转。

本节从比较两种放大电路的性能入手,介绍了功率放大电路的器件特点,通过图解分析方法给出了功率放大电路的技术参数,分析了功率放大电路中的交越失真现象。

根据有源器件工作状态和电路与负载耦合方式,列举了功率放大的 8 种基本电路。

6.1.1 功能特点

电子元器件组成的放大电路本质上是一种能量转换,从电源获取电能(电压、电流),再去推动负载。功率是单位时间内转换的能量,在电子学中定义为电压与电流的乘积。在小信号放大电路中,负载大多都很轻,放大电路不需要太多的电压和电流就能带动。但有一些应用,例如推动扬声器的音圈发出声音、推动电动机转动和使继电器动作等,没有足够的功率则无法运转或性能很差。因此,必须进行功率放大。功率放大电路用小的输入功率去控制较大的功率,是一种控制电路。

1. 性能比较

功率放大电路与小信号放大电路(如电压放大)相比,从基本原理和能量控制上看,没有本质的区别,但工作特点和对电路的要求是不同的。

电压放大电路与功率放大电路情况比较列于表 6-1。

表 6-1 电压放大电路与功率放大电路比较

关注点	比较内容	电 压 放 大	功 率 放 大
相同点	能源	由电源提供能源	
	基本原理	利用有源器件的流控流或压控流特性,考虑输入输出电阻,合理设置工作点,使有源器件工作在线性区	
	控制	利用电源的能量,将小信号低功率转换为大信号高功率	

续表

关注点	比较内容	电 压 放 大	功 率 放 大
不同点	输出功率	因为信号小,只在意电压放大倍数、阻抗等,输出功率无要求	与其他参数相比,输出功率大成为首要目的
	电路效率	电路承载的电压和电流不大,本身消耗少,不考虑效率因素	功率器件本身发热,消耗能量,主要考虑电路效率
	非线性失真	因为信号小,电路容易防止非线性失真	克服大信号非线性失真的难度增加很多
	元器件极限参数	因为功耗小,元器件极限参数余量很大	不得不用到器件的极限参数,如 I_{CM}、P_{CM}、U_{CEO} 等
	电路分析方法	用微变等效电路分析小信号,计算简洁,也可用图解法	微变等效电路不适合分析大信号,用图解法较为直观

2. 功率器件

由于功率放大电路需要通过足够大的信号才能推动负载,而高电压或大电流会使放大电路的元器件发热,功率放大电路对元器件的要求高了。

对于无源器件,例如电阻器,一只用于功率放大电路的水泥电阻,阻值为 4.7Ω 功率为 5W,比较一只用于小信号放大电路的金属膜电阻,阻值为 1MΩ 功率为 0.5W,外形尺寸至少大 5 倍。线绕电阻也能承受很大功率。

用于功率放大电路的有源器件与小信号放大器件相比,体积明显增大,还需要通过散热片安装在电路板上。

图 6-1 对比了部分器件的外形。

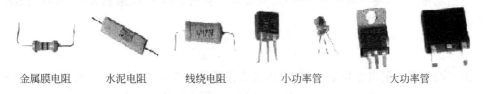

金属膜电阻　　　水泥电阻　　　线绕电阻　　　小功率管　　　大功率管

图 6-1　部分器件的外形

电子产品的常见故障多发生在功率器件上,特别是有源功率器件。电路设计时,一般只将其极限参数用到 70%～80%,用得太高时,会缩短其使用寿命。

6.1.2　技术参数

功率放大电路的技术参数包括**输出功率 P_o、管耗 P_t、电源功率 P_u 和电路效率 η**(集电极效率)。

下面以图 6-2 所示 OCL 电路为例,采用图解分析法给出各项技术参数。图中的电路特点表现如下:

(1) 三极管 VT_1 和 VT_2 分别为 NPN 和 PNP 型,两管互补工作。

(2) 两管均为射极输出器工作方式,低输出电阻有利于推动负载。

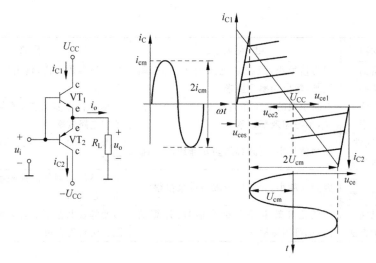

图 6-2　功率放大电路图解分析

（3）在输入信号的正半周，三极管 VT_1 导通，三极管 VT_2 截止，电流 $i_{c1} \approx i_{e1}$ 流过负载 R_L。

（4）在输入信号的负半周，三极管 VT_1 截止，三极管 VT_2 导通，电流 $i_{c2} \approx i_{e2}$ 流过负载 R_L。

（5）流过负载的总电流 $i_o = i_{c1} + i_{c2}$。

图解法分析时，将 VT_2 的输出特性曲线倒置在 VT_1 的输出特性曲线下方，使得在 $U_{ce} = U_{CC}$ 处重合。负载线经过 U_{CC} 点，斜率为 $-1/R_L$。

这样，允许 i_c 的最大变化范围为 $2I_{cm}$，U_{ce} 的变化范围为 $2(U_{CC} - U_{ces}) = 2U_{cem} = 2I_{cem}R_L$。

如果忽略三极管的饱和压降 U_{ces}（假设 $U_{ces} = 0$），则 $U_{cem} = I_{cm}R_L \approx U_{CC}$。

输出功率 P_o 用输出电压有效值 U_o 与输出电流有效值 I_o 的乘积表示，与输出电压峰值 U_{cm} 关系为

$$P_o = U_o I_o = \frac{U_{om}^2}{2R_L} \tag{6-1}$$

由于两管看成射极输出器状态，电压放大倍数接近为1，如果输入信号足够大，使得

$$U_{im} = U_{om} = U_{cem} = U_{CC} - U_{ces}, \quad I_{om} = I_{cm} \tag{6-2}$$

则最大输出功率直接与电源电压（U_{CC}）和负载（R_L）的关系为

$$P_{om} = \frac{U_{om}^2}{2R_L} = \frac{U_{cem}^2}{2R_L} \approx \frac{U_{CC}^2}{2R_L} \tag{6-3}$$

两管在一个信号周期内各自导通约 $180°$，两管电流 i_c 和电压 u_{ce} 在数值上都分别相等。先求出单管的管耗，然后求出总管耗。

$$P_{t1} = \frac{1}{R_L}\left(\frac{U_{CC}U_{om}}{\pi} - \frac{U_{om}^2}{4}\right) \tag{6-4}$$

$$P_t = P_{t1} + P_{t2} = \frac{2}{R_L}\left(\frac{U_{CC}U_{om}}{\pi} - \frac{U_{om}^2}{4}\right) \tag{6-5}$$

电源功率 P_u 包括负载得到的信号功率和两管消耗的功率。

$$P_u = P_o + P_t = \frac{2U_{CC}U_{om}}{\pi R_L} \tag{6-6}$$

当输出电压幅度达到最大时，即 $U_{cm} \approx U_{CC}$，电源提供的最大功率为

$$P_{um} = \frac{2U_{CC}^2}{\pi R_L} \tag{6-7}$$

电路效率 η 定义为输出功率与电源功率之比,无量纲。

$$\eta = \frac{P_o}{P_u} = \frac{\pi U_{om}}{4U_{CC}} \times 100\% \tag{6-8}$$

假定负载电阻取值理想,忽略三极管饱和压降 U_{ces},输入信号足够大 $U_{om} \approx U_{CC}$,电路效率为

$$\eta = \frac{P_o}{P_u} \times 100\% = \frac{\pi U_{om}}{4U_{CC}} \times 100\% \approx \frac{\pi}{4} \times 100\% = 78.5\% \tag{6-9}$$

6.1.3 交越失真

交越失真是两管互补功率放大电路最容易出现的现象。

原因在于三极管的 $i_b - u_{be}$ 特性是一条准直线,开始部分有一个非线性的过渡过程,基极电流 i_b 必须在 $|u_{be}|$ 大于死区电压时才能有显著变化。

交越失真表现为输出信号的正负半周在交接处出现断裂或扭曲,如图 6-3 所示。

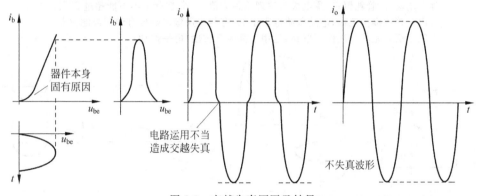

图 6-3 交越失真原因及结果

消除或减轻交越失真的危害有各种办法,图 6-4 列举了两种电路。

(a)图将二极管 D_1 和 D_2 微导通,为互补推动管 VT_1 和 VT_2 提供偏置从而线性工作。

(b)图三极管 VT_3 和 VT_4 不但可以防止交越失真,对输入信号还有放大作用。

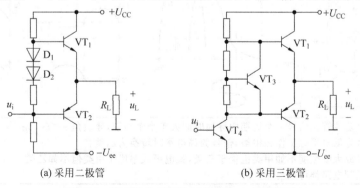

(a) 采用二极管   (b) 采用三极管

图 6-4 为互补推动管施加偏置防止交越失真

6.1.4　基本电路形式

1. 按照三极管工作状态分类

选择不同的有源器件,组成各种功率放大电路。

按照三极管工作状态,最常见的有甲、乙、甲乙和丙 4 类。表 6-2 列出了各自的电路形式及性能特点。

表 6-2　4 类功率放大电路工作状态情况比较

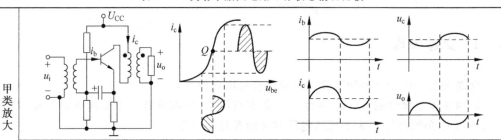

甲类放大

功放管工作在线性部分中点,在一个周期内完全导通,导通角 $\theta=2\pi$,信号线性度好。

静态电流大,管耗恒定,集电极效率理论最大值 50%,实际上不可能超过 25%。

可由单管或推挽工作,电路负载电阻很低,有些应用输出端接有调谐或滤波器。

应用于低频尤其是高保真电路,也用于高频微波段(电平推动)

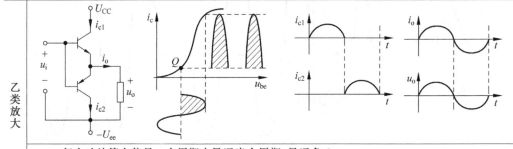

乙类放大

每个功放管在信号一个周期内导通半个周期,导通角 $\theta=\pi$。

集电极平均效率理论最大值 78.5%,实际应用可达 50%。

由两只互补对称的功放管组成推挽方式,轮流导通,存在交越失真。

高低频都有应用,有些情况接有调谐或滤波器,单管电路则一定为调谐负载

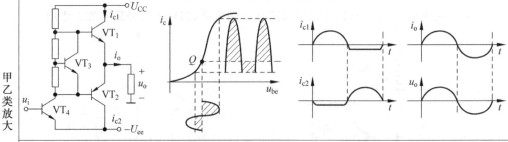

甲乙类放大

每个功放管在信号一个周期内导通时间大于半个周期,导通角 $\pi<\theta<2\pi$。

信号为低电平时工作在甲类,信号为高电平时转换为乙类。

信号放大线性度不如甲类但优于乙类,集电极效率优于甲类但不如乙类。

高低频电路都可以应用

续表

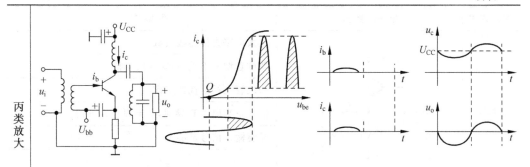

| 丙类放大 | 功放管在信号一个周期内导通时间少于半个周期,导通角 $\theta < \pi$。
集电极电压最大时集电极电流为零,理论上效率可达 100%,实际应用能做到 70%。
输出端必定包含调谐回路(滤波及阻抗匹配),基极馈电(偏置)有特殊要求。
主要用于高频(窄带)场合 |

2. 按照与负载耦合方式分类

基于推挽式工作方式,功率放大电路与负载的耦合方式逐步演进。

表 6-3 比较了 4 种耦合方式的电路形式及性能特点。

表 6-3　4 种耦合方式情况比较

耦合方式	电 路 形 式	性 能 特 点
变压器耦合	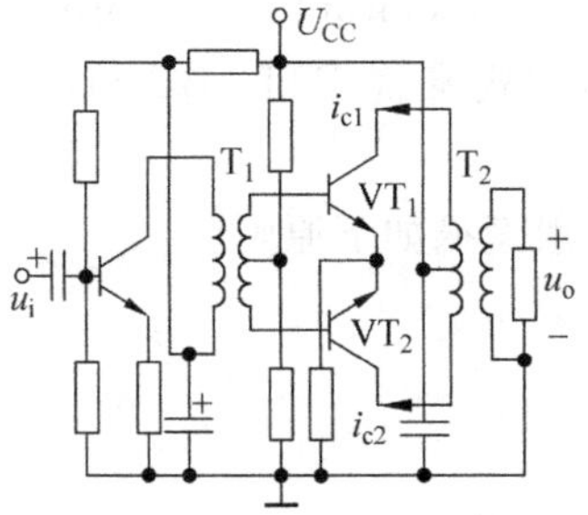	放大电路通过变压器连接负载
		功放管型号相同,变压器能变换阻抗
		功放管推挽式工作
		信号正半周 VT_1 导通,负半周 VT_2 导通
		变压器累赘且消耗功率
		最大输出功率 U_{OM}/R_L
OTL	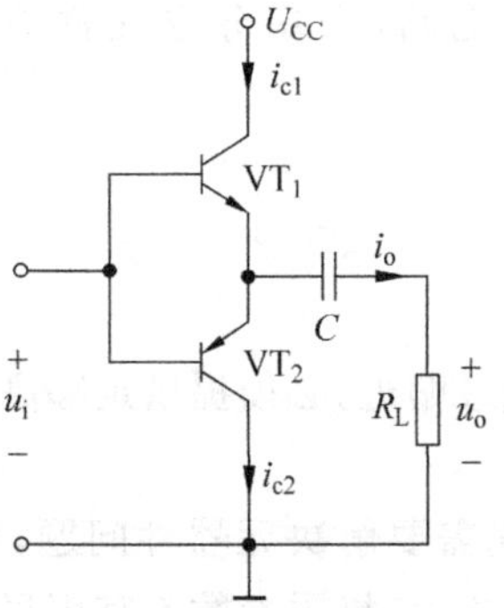	放大电路通过电容连接负载
		功放管型号不同,不能变换阻抗
		功放管互补推挽式工作
		信号正半周 VT_1 导通,负半周 VT_2 导通
		频率特性受影响,电容容量需要足够大
		最大输出功率 $\dfrac{\dfrac{1}{8}U_{CC}^2}{R_L}$

续表

耦合方式	电路形式	性能特点
OCL		放大电路直接连接负载
		功放管型号不同,不能变换阻抗
		功放管互补推挽式工作
		信号正半周 VT_1 导通,负半周 VT_2 导通
		需要输入信号足够大
		最大输出功率接近 $\dfrac{1}{2}\dfrac{U_{CC}^2}{R_L}$
BTL		放大电路与负载桥式连接
		功放管型号不同,不能变换阻抗
		功放管互补推挽式工作
		信号正半周 VT_1、VT_4 导通,负半周 VT_3、VT_2 导通
		管耗低,电路成本高
		最大输出功率 $\dfrac{1}{2}\dfrac{U_{CC}^2}{R_L}$

早期采用变压器耦合,后来发展到电容耦合 OTL(Output Transformer Less),再发展到直接耦合 OCL(Output Capacitor Less)和桥式推挽 BTL(Balanced Transformer Less)。

按照基本电路形式,构成功率放大电路时,一般遵循如下原则。

(1) 根据系统要求,确定工作电源及负载。

(2) 选择功率放大器件,同时考虑散热片。

(3) 确定有源器件工作状态,兼顾电路效率。

(4) 确定电路与负载耦合方式,兼顾电路频率特性。

(5) 在满足电路性能条件下,尽量采用集成电路,少用分立元件方式,兼顾电路成本。

小结

功率放大电路是放大电路的最后阶段,与负载最贴近,必须提供足够高的电压或足够大的电流,才能确保负载正常运转。

与小信号放大电路相比较,功率放大电路首先需要解决元器件问题,即所谓功率器件,价格较高,容易损坏,也是电子产品的故障多发之处,极限参数不宜用尽。

功率放大电路的分析方法大多采用图解法,技术参数主要包括输出功率和电路效率,两者需要兼顾考虑。交越失真在推挽式功率放大电路中需要注意防范。

按照有源器件工作状态分类,基本电路主要包括甲、乙、甲乙和丙类 4 种,技术参数各有特点;按照电路与负载耦合方式分类,也有 4 种,包括变压器耦合、OTL、OCL 和 BTL,输出功率逐步提高。

6.2　功率放大电路实例

本节在功率放大基本电路的基础上,将具体电路予以展开。按照先简单后复杂,先分立元件电路后集成电路的顺序,对电路实例进行详细分析。

分立元件电路中,首先需要关注电路形式,以便迅速对电路功能定位;然后对主要功率器件、辅助元器件等,明确其在电路中的作用。电路实例中会用到很多前面章节学习过的知识。

集成功率放大电路中,首先需要关注集成电路性能参数,能看懂其内部结构图,有助于对集成电路的使用;外围辅助元件本来就不多,但也不能忽视这些元件的作用。

6.2.1　分立元器件构成功率放大电路

1. 准互补对称 OTL 电路

准互补对称 OTL 电路如图 6-5 所示。

电路工作原理及主要特点表现在以下几点。

(1) VT_2 和 VT_3 为功率放大三极管,型号互补,即一只为 NPN 型,一只为 PNP 型。

(2) VT_1 为信号预放大管,与末级直接耦合。

(3) 电容 C_2 容量必须足够大,充当 VT_3 的负电源。

(4) C_3 和 R_6 组成自举电路,提高正半周输出电压幅度。

(5) R_4 使功放管工作在甲乙类,减少交越失真,需要特别注意,一旦虚焊或断开,会烧坏功放管。

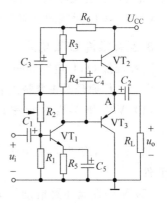

图 6-5　准互补对称 OTL 电路

(6) C_3 使功放管交流信号等值,有助于正负半周对称。

(7) R_2 用来调节 A 点电位,对 VT_1 形成电压并联负反馈。

(8) 功放管基极电流不宜过大,否则易使功放管损坏。

2. 变压器耦合推挽电路

变压器耦合推挽电路如图 6-6 所示。

电路工作原理及主要特点表现在以下几点。

(1) VT_2 和 VT_3 为功率放大三极管,型号相同。

(2) T_1 和 T_2 分别为输入和输出变压器。

(3) VT_1 为信号预放大管,与末级采用变压器 T_1 耦合。

(4) R_5、C_3 和 C_7 为电源滤波元件。

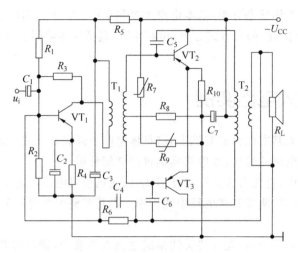

图 6-6　变压器耦合推挽电路

（5）R_1 和 R_2 为预放管 VT_1 基极分压偏置元件，R_3 为电压并联负反馈，R_4 与 C_2 为直流电流串联负反馈。

（6）$R_7 \sim R_9$ 为功放管基极分压偏置元件，具有稳定补偿作用，R_{10} 为串联电流负反馈，C_5 和 C_6 为功放管交流电压并联负反馈元件。

（7）R_6 和 C_4 是级间直流电压并联负反馈。

3. 互补推挽 OTL 电路

互补推挽 OTL 电路如图 6-7 所示。

电路工作原理及主要特点表现在以下几点。

（1）VT_3 和 VT_4 为功率放大三极管，型号互补。

（2）C_5 为末级电路和负载之间的交流信号耦合元件。

（3）VT_2 直流通路借助了 R_L，偏置电路通过 RP_1 和 R_5 获得，由于 C_6 作用，具有直流电压并联负反馈作用，以稳定 VT_2 静态工作点，VT_2 除对信号放大作用外，还为末级提供静态工作点。

（4）VT_1 通过 R_1 获得偏置，并具有电压并联负反馈功能，信号通过 C_3 耦合到中间级。

（5）C_2、R_4 和 C_4 为电源滤波元件。

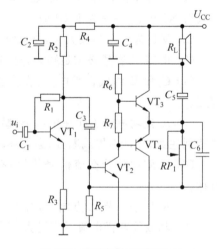

图 6-7　互补推挽 OTL 电路

4. 互补推挽 OCL 电路

互补推挽 OCL 电路如图 6-8 所示。

电路工作原理及主要特点表现在以下几点。

（1）级间耦合全部采用直接耦合。

（2）为保证信号足够大，末级之前还有两级放大。

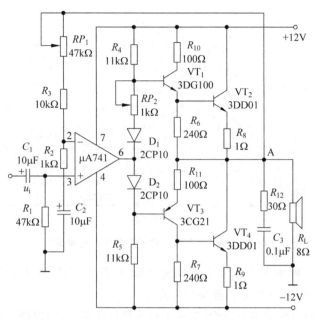

图 6-8 互补推挽 OCL 电路

(3) 末级推动管同为 3DD01,输出功率大。

(4) 中间级为互补管,两种型号的输出功率都不大。

(5) 中间级有防止交越失真措施,由 D_1 和 D_2 实施。

(6) 前级为集成运放 μA741,信号为同相输入。

(7) 为保证 A 点电压稳定,通过 RP_1、R_3、R_2 和 C_2 引入电压串联负反馈,交直流负反馈量不同。

(8) R_{12} 和 C_3 用以补偿扬声器频率特性。

6.2.2 集成电路功率放大电路

1. LM386

LM386 外形封装为 8 引脚双列直插(DIP8)。主要应用于低电压消费类产品,为使外围元件最少,内部设置 20 倍电压增益;外接一只电阻和电容,可将电压增益调整到 200 以内的任意值;其输入端静态功耗只有 24mW,特别适合于电池供电的场合。

LM386 集成电路外形及内部功能结构如图 6-9 所示。

内部结构中,输入级是差分放大电路,VT_1 和 VT_3、VT_2 和 VT_4 分别组成复合管,VT_5 和 VT_6 组成的镜像电流源作为 VT_1 和 VT_3 的有源负载,以提高输入级的电压放大倍数。信号从 VT_3 和 VT_4 的基极输入,从 VT_2 的集电极输出,是双入单出的差分放大器。

中间级由 VT_7 构成共发射极放大电路,用电流源作负载,以增大电压放大倍数。

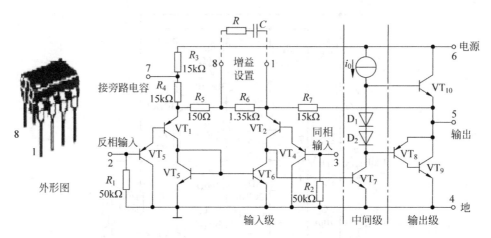

图 6-9 LM386 集成电路外形及内部电路结构

输出级是功放级,由 VT_8 和 VT_9 组成复合管,相当于 PNP 型,再与 VT_{10} 构成准互补功放电路,二极管 D_1 和 D_2 用来消除交越失真。

LM386 在使用过程中需要注意,引脚 1 和 8 是外接端口,用以调节电压增益,计算公式为

$$A_{uF} = 2R_7/(R_6 + R_4//R) \tag{6-10}$$

LM386 应用电路原理图和印制板图如图 6-10 所示。

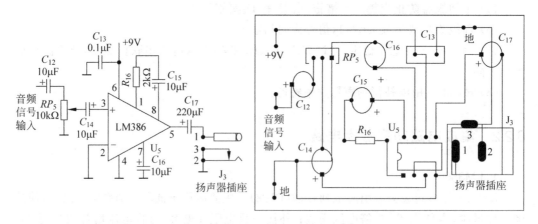

图 6-10 LM386 应用电路原理图和印制板图

功率放大电路以集成电路 LM386 为核心,外围配置少量元器件,在 +9V 电源推动下,完成音频信号的功率放大,最终通过插座 J_3 推动 8Ω 4W 的扬声器。

插座 J_3 为外接扬声器插座,电容 C_{13} 和 C_{16} 为电源滤波电容,电容 C_{12}、C_{14} 和 C_{17} 为信号耦合电容,电位器 RP_5 用来调节输入信号大小,电阻器 R_{16} 与电容 C_{15} 共同完成集成电路 U_5 的增益调节,将 R_{16} 阻值代入公式(6-10)的 R,可求出电路电压增益为 31。

2. 2822 双声道小功率集成电路

2822 外形封装为 8 引脚双列直插(DIP8)，是为便携式录音机和收音机音频功率放大输出而设计的一种集成电路。2822 适用于双通道或桥式连接模式，外围元件少，电源电压降低到 1.8V 时还能正常工作，通道分离度高，交越失真小，静态电流小，开机和关机无冲击噪声，还具有软限幅功能。

2822 集成电路外形及内部电路结构如图 6-11 所示。

外形图

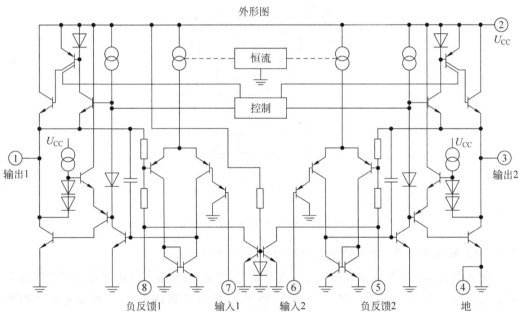

图 6-11　2822 集成电路外形及内部电路结构

2822 由于是双声道输出，内部结构中，存在两套完全相同的电路，统一由恒流电路供流和控制电路控制，负反馈电阻已经内置在内部结构中，使外围元件进一步简化。

2822 应用电路综合于图 6-12，从图中可以看出，3 种应用电路外围元件都很少。

3. 4766 双声道大功率集成电路

4766 是双声道大功率集成功放，其特点是：集成度高，外围元件少，音质好，内部集成了两路输出功率为 40W 的高品质功放电路，性能相当优越。4766 内部具有过压、过载、过温等多种完善的保护电路和平滑变静音电路，也具有防开机、关机冲击功能等。LM4766 常应用于调谐器、录音机、组合音响和功放等电声设备中。

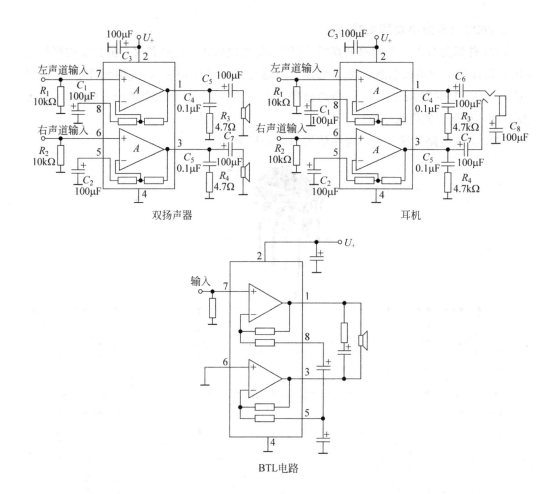

图 6-12　2822 应用电路综合实例

4766 外形及内部一个通道的电路结构如图 6-13 所示。

图 6-13 中,A 与 B 表示各种独立的两个通道,供电、信号输入输出和静音等功能都有各自的引脚。与 2822 相比,4766 因为输出功率大,因而外形体积大,使用时需要借助散热片安装;需要双电源供电,才能保证足够的输出功率;还有静音功能,静音时功耗很小。

4766 应用电路综合于图 6-14 所示。

图 6-14 中,(a)图为双声道双扬声器,是 OCL 电路。每路均设有交流电压串联负反馈,由 4.7Ω 电阻、0.1μF 电容以及 20kΩ 电阻、1kΩ 电阻和 22μF 电容实施。0.7mH 电感和 10Ω 电阻对扬声器作频率补偿。(b)图 BTL 电路也是直接耦合,设有交流电压串联负反馈。不同之处是,负载是悬浮的,输出功率更大。

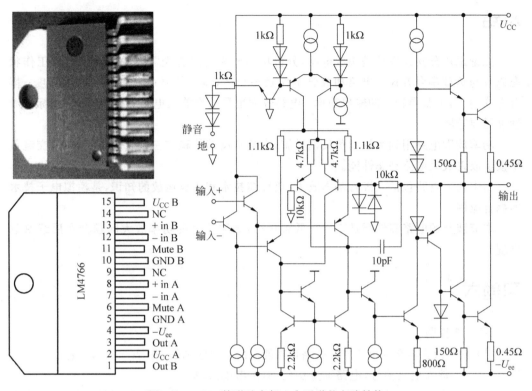

图 6-13　4766 外形及内部一个通道的电路结构

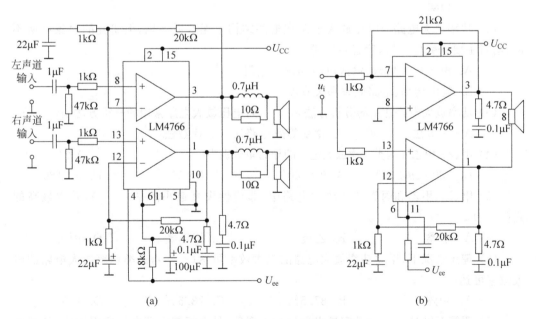

图 6-14　4766 应用电路综合实例

小结

无论采用分立元件还是集成电路,分析功率放大电路首先需要关注功率器件工作状态以及与负载耦合方式。电路功放管工作状态合适,输出信号可获得很好的线性度;耦合方式得当,可获得较大的输出功率;电路效率也是功率放大电路的硬指标,该指标与线性度需要兼顾。

功率放大电路用到大量的负反馈措施,直流负反馈能稳定三极管静态工作点,交流负反馈能改善放大电路动态性能。

功率放大电路包括三极管基本放大、负反馈技术和集成运放的知识,是模拟电子技术的综合应用。

本节涉及的电路实例都是工作在低频状态,高频信号的功率放大问题会在后续章节出现。

习题六

6-1　选择题

(1) 功率放大电路与电压放大电路在功能上的主要区别是,前者(　　　),后者(　　　)。

　　A. 放大电压信号,电路本身功耗小,不考虑效率

　　B. 放大电压或电流信号,在允许的失真范围内,使负载得到尽可能大地输出功率

(2) 功率放大电路与电压放大电路在电路结构上无本质区别,但研究的对象有所不同,前者主要研究(　　　),后者主要研究(　　　)。

　　A. 电压放大倍数、输入电阻和输出电阻

　　B. 输出功率、电路效率和失真度

(3) 功率放大电路常用的分析方法是(　　　),电压放大电路常用的分析方法是(　　　)。

　　A. 图解法　　　　　B. 微变等效电路法　C. 代数法

(4) 甲、乙、甲乙和丙类功率放大电路的导通角分别为(　　　)、(　　　)、(　　　)和(　　　)。

　　A. $180°<\theta<360°$　　B. $\theta=180°$　　　　C. $\theta=360°$　　　　D. $\theta<180°$

(5) 甲、乙、甲乙和丙类功率放大电路中,非线性失真最小的是(　　　),效率最高的是(　　　)。

　　A. 甲类　　　　　　B. 乙类　　　　　　C. 甲乙类　　　　　D. 丙类

(6) 理想情况下,甲类功率放大电路的最大效率可达(　　　),乙类功率放大电路的最大效率可达(　　　)。

　　A. 50%　　　　　　B. 87.5%　　　　　C. 78.5%　　　　　D. 100%

(7) 两管互补功率放大最容易出现(　　　)现象,是由于三极管内部原因造成,外部电路可通过(　　　)来消除或减轻这种现象。

　　A. 交越失真　　　　B. 顶部失真　　　　C. 为推动管施加偏置

　　D. 底部失真　　　　E. 为推动管滤波

　　（8）由于功率放大电路中功放管常处于极限工作状态，因此，在选择功放管时特别要注意的参数包括（　　）。

　　　　A. I_{CM}、U_{CEO}、β　　　　　　　　B. P_{CM}、I_{CM}、U_{CEO}

　　　　C. P_{CM}、I_{CM}、β　　　　　　　　D. P_{CM}、I_{CBO}、I_{CM}

　　（9）所谓电路的最大不失真输出功率是指输入信号幅度足够大，输出信号基本不失真，且幅度最大。此时，（　　）。

　　　　A. 负载得到最大交流功率　　　　　　B. 电源输出最大功率

　　　　C. 负载得到最大直流功率　　　　　　D. 三极管得到最大功率

　　（10）所谓电路效率是指（　　）。

　　　　A. 输出功率与三极管消耗功率之比

　　　　B. 输出功率与输入功率之比

　　　　C. 输出功率与电源提供的功率之比

　　　　D. 最大不失真输出功率与电源提供的功率之比

　　（11）在多级放大电路中，功率放大电路常用来作为（　　）。

　　　　A. 输入级　　　　　B. 中间级　　　　　C. 输出级

6-2　判断题

　　（1）功率放大电路的效率定义为输出功率与三极管损耗功率之比。　　　　（　　）

　　（2）功率放大电路既可用图解法分析，也可用微变等效电路法分析。　　　（　　）

　　（3）乙类互补推挽功率放大电路有功率放大作用，无电压放大作用。　　　（　　）

　　（4）为防止交越失真，应使推挽功率放大电路工作在甲乙类状态。　　　　（　　）

　　（5）饱和失真、截至失真和交越失真都属于非线性失真。　　　　　　　　（　　）

6-3　根据图 6-15 中所示三极管输入特性曲线上的工作点，判断三极管的工作状态。

6-4　根据图 6-16 中所示电路，判断其属于何种功率放大电路，分析静态工作点 A 的电位。

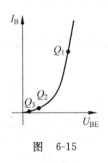

图　6-15

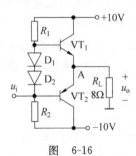

图　6-16

　　如果忽略三极管饱和压降，要求输入信号幅度不能超过何值，电路最大不失真功率为何值。

　　如果考虑三极管饱和压降 $U_{CES}=2\mathrm{V}$，则要求输入信号幅度不能超过何值，电路最大不失真功率为何值。

6-5　互补推挽功率放大电路输入信号为 1kHz、10V 的正弦波时，输出电压波形电路如图 6-17 所示,试分析电路中出现了何种失真,为了改善输出电压波形,应采取什么措施。

6-6 互补推挽功率放大电路输入信号为 1kHz、10V 的正弦波时,输出电压波形电路如图 6-18 所示,试分析电路中出现了何种失真,为了改善输出电压波形,应采取什么措施。

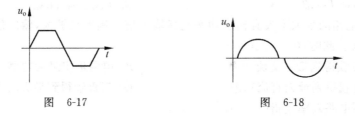

图 6-17   图 6-18

6-7 试判断图 6-19 中三极管工作状态,若两管均为硅管,求出流过负载的电流、静态时 A 点的电位;如果输入信号有效值为 4V,求出电路的输出功率。

6-8 指出图 6-20 中功率放大电路的名称,如果忽略三极管饱和压降,求出负载两端最大交流电压幅值及输出功率;如果考虑三极管饱和压降,求出负载两端最大交流电压幅值及输出功率。

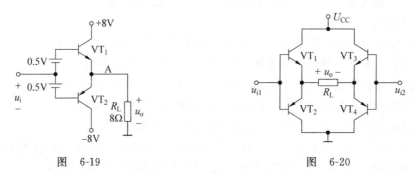

图 6-19   图 6-20

6-9 图 6-21 中电路为集成电路 LM386 应用电路,试通过查阅资料,说明电路中每个元件的作用,并求出电路的电压放大倍数。

6-10 图 6-22 中电路为集成电路 TDA2030 应用电路,试通过查阅资料,说明电路中每个元件的作用,并求出电路的电压放大倍数。

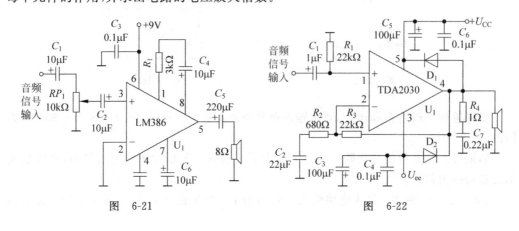

图 6-21   图 6-22

6-11　图 6-23 中电路的集成运放具有理想特性,三极管饱和压降为 2V,输入为正弦电压且幅度足够大,试求负载得到的最大不失真功率,输出电压最大时输入电压的振幅值。

6-12　图 6-24 中电路的两只三极管完全对称。试说明各个元件的作用,计算静态时流过负载的电流,分析电阻 R_2 不慎开路时,可能出现的后果。

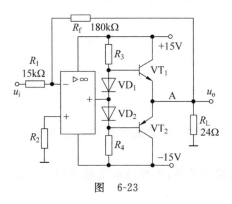

图　6-23

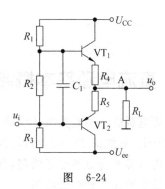

图　6-24

第 7 章

直流电源

7.1 直流电源基本概念

直流电源的作用是为电子线路正常运行提供能源,直流电源的产生方法主要将市电(频率50Hz、有效值220V)进行转换。

直流电源本身也是电子线路,存在输入输出关系,需要考虑电路效率和稳定性,是模拟电子技术的又一种综合应用。

本节从交直流转换方框图入手,介绍了获得直流电压的4个过程:变压、整流、滤波和稳压。在一些要求不高的应用场合,这4个过程可以简化。

7.1.1 交直流转换方框图

将市电转换成直流电压的方框图如图7-1所示。

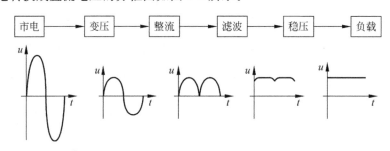

图 7-1   交直流转换方框图

图7-1中,各个功能模块的作用如下说明。

变压:将有效值为220V的交流电压降低到适当值,以适合于后续电路进一步处理,也为了防备高电压对人身和设备的危害,转换后信号仍然是交流50Hz。

整流:将有效值降低后的交流电压转换成方向不变、大小变化的**脉动电流**。这时,信号已经含有直流分量,但还不能直接提供给负载使用。

滤波:利用储能元件使脉动电流平滑,高频杂波消失。这时,输出已经发生了质的变化,几乎成了直流电源,可以提供给要求不高的场合使用。

稳压:为满足不同负载的要求,进一步保证输出电压值的稳定,不随负载的变动而改变,大多数直流电源都需要满足负载的这种要求。

7.1.2 变压电路

变压功能中,降压用得最多。降压基本电路及计算公式如图 7-2 所示。

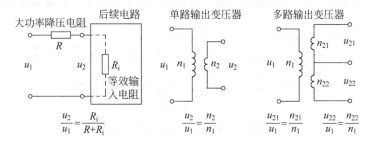

图 7-2 降压基本电路及计算公式

简单的降压方式是采用大功率电阻与后续电路串联,直接将 220V 降低到适当值;复杂应用必须用到变压器,根据负载要求,变压器可单路输出或多路输出。

电阻降压方式中,大功率电阻的阻值 R 与后续电路等效输入电阻 R_i 决定了分压比;变压器降压电路中,分压比与匝数比有关。

7.1.3 整流电路

利用二极管的单向导电特性,可以将降压后的 50Hz 交流电整流成脉动电压,具体电路形式主要包括**半波**整流、**全波**整流和**桥式**整流。

1. 半波整流

半波整流电路及主要点波形如图 7-3 所示。

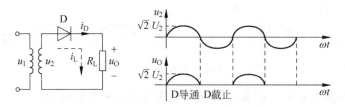

图 7-3 半波整流电路及主要点波形

假设整流前信号为正弦波:

$$u_2 = \sqrt{2}U_2 \sin\omega t \tag{7-1}$$

由于二极管的单向导电作用,在负载上产生的脉动电压的平均值为

$$U_L = \frac{\sqrt{2}}{\pi}U_2 = 0.45U_2 \tag{7-2}$$

流过负载的平均电流与流过二极管的平均电流相等:

$$I_L = I_D = \frac{U_L}{R_L} = 0.45\frac{U_2}{R_L} \tag{7-3}$$

二极管承受的最大反向电压为

$$U_{RM} = \sqrt{2}U_2 \qquad (7\text{-}4)$$

2. 全波整流

全波整流电路由两个半波整流电路合并而成,电路形式及主要点波形如图 7-4 所示。

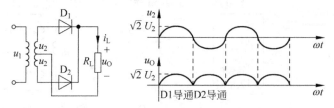

图 7-4　全波整流电路及主要点波形

由于变压器次级增加了一组绕组,两只二极管的单向导电作用在负载上产生的脉动电压的平均值为

$$U_L = 2\frac{\sqrt{2}}{\pi}U_2 = 0.90U_2 \qquad (7\text{-}5)$$

流过负载的平均电流是流过每只二极管的平均电流的两倍。

$$I_L = \frac{U_L}{R_L} = 0.90\frac{U_2}{R_L} = 2I_D \qquad (7\text{-}6)$$

二极管承受的最大反向电压为

$$U_{RM} = \sqrt{2}U_2 \qquad (7\text{-}7)$$

3. 桥式整流

桥式整流电路用到 4 只二极管,电路形式及主要点波形如图 7-5 所示。

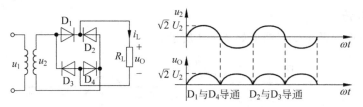

图 7-5　桥式整流电路及主要点波形

桥式整流本质上是全波整流,但不需要在变压器次级增加绕组。

全波整流时,信号的每半周只有一只二极管导通;而桥式整流时,信号的每半周有两只串联的二极管导通。

因此可得以下几点。

(1) 桥式整流在负载上产生的电压 U_L 与全波整流相同($0.90U_2$)。

(2) 桥式整流在负载上流过的电流 I_L 与全波整流相同$\left(\dfrac{0.90U_2}{R_L}\right)$。

(3) 流过每只二极管的电流也与全波整流相同$\left(\dfrac{0.90U_2}{2R_L}\right)$。

(4) 每只二极管承受的最大反向电压是全波整流的一半($\sqrt{2}U_2$)。

两种全波整流电路结构上不同,各有自己的使用场合,以桥式整流多见。

7.1.4 滤波电路

经过整流之后的电压方向不变,已经具有直流电压的雏形,但脉动较大,交流成分很多,还不能适应电子线路的要求,必须作滤波处理,使波形变得平滑,才成为真正的直流电压。

滤波电路大多采用**储能元件**,电容在充电阶段吸收能量,在放电阶段释放能量;通过电感的电流增加时,因自感电动势方向与电流方向相反而储存能量,电流减少时,因自感电动势方向与电流方向相同而释放能量。

1. 电容滤波

半波整流与桥式整流后的信号电压脉动情况不同,两者平滑滤波的结果有差别。

表 7-1 比较了两种整流电压的滤波情况。

表 7-1 两种整流电压的滤波情况

比较内容	半 波 整 流	桥 式 整 流
电路形式		
输出电压波形		
充电过程	$O \sim a$ 段:信号正半周向负载提供电流,同时对电容充电,$u_C = u_2$。 $a \sim b$ 段:到达峰值后,u_2 开始下降,u_C 下降趋势相同但速度慢	
放电过程	$b \sim c$ 段:u_C 下降使得 $u_C > u_2$,导致二极管反偏,电容通过负载放电,由于时常数 $\tau = R_L C$ 很大,u_2 的整个负半周都在放电,负载上有电压	
导通角	无电容滤波时:每只二极管导通角 $\theta = \pi$。 有电容滤波时:由于电容上有电压,使得每只二极管导通角 $\theta < \pi$	
负载影响	R_L 小,意味着负载重,时常数小放电速度快,输出电压平均值下降 R_L 大,意味着负载轻,时常数大放电速度慢,输出电压平均值上升	
电容影响	无电容滤波输出电压小 有电容滤波输出电压大	选择滤波 电容依据 $R_L C \geqslant (3 \sim 5) T/2$
不同情况	脉动频度低,放电时间长,输出电压低 滤波效果一般,负载上电压基本平滑 空载时输出电压 $U_o = \sqrt{2} U_2$ 带负载时输出电压 $U_o \approx U_2$ 由于电容上有电压 二极管最大反向电压 $U_{RM} = 2\sqrt{2} U_2$	脉动频度高,放电时间短,输出电压高 滤波效果很好,负载上电压非常平滑 空载时输出电压 $U_o = \sqrt{2} U_2$ 带负载时输出电压 $U_o \approx 1.2 U_2$ 二极管最大反向电压 $U_{RM} = 2\sqrt{2} U_2$

2. 电感滤波

电感滤波与电容滤波的目的相同,方法不同,应用场合也不相同。

表 7-2 比较了两种滤波方式的情况。

表 7-2 两种滤波方式的比较

比较内容	电 感 滤 波	电 容 滤 波
电路形式	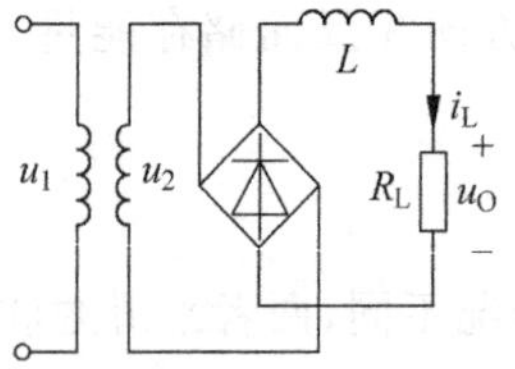	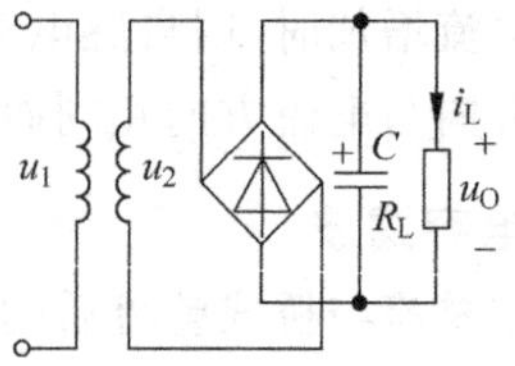
相同情况	采用相同的整流电路,以便比较两种滤波方式	
	脉动信号在负载上平滑成直流信号,达到相同的滤波目的	
不同情况	电感与负载串联	电容与负载并联
	电感随着脉动信号储能—放能	电容随着脉动信号充电—放电
	电感上电流不能突变	电容上电压不能突变
	适合于大电流、低电压应用场合	适合于小电流、高电压应用场合

3. 复式滤波

复式滤波可以进一步减小负载上的脉动纹波,将无源器件电阻、电容和电感进行一定的组合。

表 7-3 列出了几种主要复式滤波的性能。

表 7-3 几种主要复式滤波的性能

比较内容	LC-倒 L 型滤波	LC-π 型滤波	RC-π 型滤波
电路形式	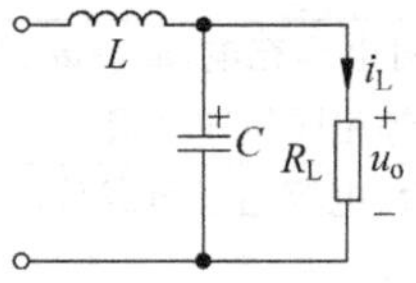	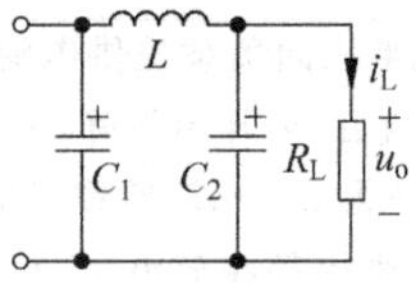	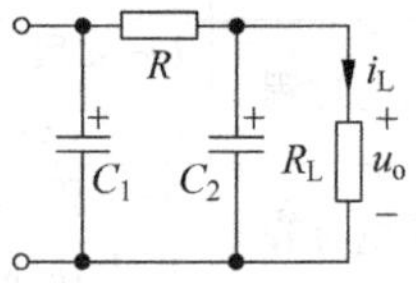
输出电压	$U_o \approx 0.9 U_2$	$U_o \approx 1.2 U_2$	$U_o \approx \dfrac{1.2 R_L}{(R_L + R) U_2}$
整流管	冲击电流小	冲击电流大	冲击电流大
应用场合	大电流且变动大的负载	小电流负载	小电流负载

7.1.5 稳压电路

1. 简单稳压电路

简单稳压电路利用稳压二极管特性,为负载提供直流电压。选定稳压管的稳压值,可使输出电压稳定。稳压管特性及应用电路如图 7-6 所示。由于限流电阻消耗功率,使得电路效率较低。

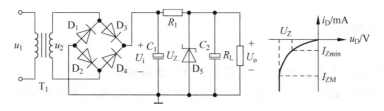

图 7-6 稳压管稳压直流电源

图 7-6 中限流电阻 R_1 的选择依据为

$$\frac{U_{\text{Imax}} - U_Z}{I_{\text{Lmin}} + I_{\text{ZM}}} < R_1 < \frac{U_{\text{Imin}} - U_Z}{I_{\text{Lmax}} + I_{\text{Zmin}}} \tag{7-8}$$

2. 串联型稳压电路

图 7-7 是串联型稳压的典型电路,调整输出电压的三极管与负载呈串联方式。电网波动(例如交流电有效值波动±10%)和负载变化(负载轻重不同时输出电流不同)时,输出能自动地调整,维持原来的设定值。

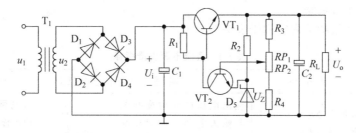

图 7-7 串联型稳压电源

图 7-7 中,核心元件是三极管 VT_1 和 VT_2。其中,VT_1 称为调整管,VT_2 称为放大管,组成直流放大电路。电阻 R_1 是三极管 VT_2 的集电极负载,兼作 VT_1 的基极偏置电阻。

电阻 R_3、R_4 和电位器 RP 组成取样分压电路,电阻 R_2 和稳压管 D_5 组成稳压电路,向三极管 VT_2 发射极提供基准电压。

输出电压 U_O 通过电位器 RP 取样之后,电路形式构成了负反馈。如果输出电压 U_O 发生波动,则经过 VT_2 放大,控制调整管 VT_1 的导通会保持输出电压的稳定。

输出电压调整过程如下。

$U_\text{O} \uparrow \to U_{\text{b}2} \uparrow$(由于稳压管 D_5 压降恒定)$\to U_{\text{be}2} \uparrow \to I_{\text{b}2} \uparrow \to I_{\text{c}2} \uparrow$(流过电阻 R_1 电流加大)$\to U_{R1} \uparrow \to U_{\text{b}1} \downarrow \to I_{\text{b}1} \downarrow \to I_{\text{c}1} \downarrow \to I_{\text{e}1} \downarrow \to U_\text{O} \downarrow$。

从电压调整过程可以看到,电路是电压串联负反馈闭环控制系统,完成的功能是同相比例运算,运算的规律为

$$U_\text{o} = \left(1 + \frac{R_3 + RP_1}{R_4 + RP_2}\right)(U_Z + U_{\text{BE}}) \approx \left(1 + \frac{R_3 + RP_1}{R_4 + RP_2}\right)U_Z \tag{7-9}$$

因此,通过调节电位器就可以设定输出电压值,负反馈作用能稳定该电压值。

7.1.6 技术指标

直流电源的技术指标分为两类:**性能指标**和**质量指标**。

性能指标比较通俗,是对直流电源的粗略描述,决定直流电源能不能用。性能指标包括 3 项内容。

(1)输入电源标称值及其变化范围,是描述直流电源对电网的适应能力。如交流电有效值为 220V,在城市和农村变化范围会有差别,在条件不好的地区,有可能超出国家标准规定的范围(±10%),低到 180V,高到 250V。

(2)输出电压标称值及其调节范围,是描述直流电源对负载输出电压的能力。如手机充电器都会标出其输出的标称电压值,一般都是+5V,已经趋于直接享用计算机的 USB 接口,使用户使用时更为方便。

(3)额定输出电流,是描述直流电源对负载输出电流的能力。由于直流电源是功率转换电路,提供电压的同时,必定会标出输出电流。否则,即使电压合适,因为电流不够仍然使负载无法正常运转。

直流电源质量指标内容列于表 7-4。

表 7-4　直流电源质量指标

名　　称	定 义 条 件	定 义 描 述	公式表达	表 征 意 义
稳压系数 K_U	负载不变 $\Delta I_L=0$ 温度不变 $\Delta T=0$	输出电压的相对变化量与输入电压的相对变化量之比	$\dfrac{\Delta U_o/U_o}{\Delta U_i/U_i}$	对电网电压变化的抑制能力,K_U 越小抑制能力越强
电压调整率 S_U	负载不变 $\Delta I_L=0$ 温度不变 $\Delta T=0$	输出电压的相对变化量与输入电压变化量之比	$\dfrac{\Delta U_o/U_o}{\Delta U_i}$	对电网电压变化的抑制能力,S_U 越小抑制能力越强
电流调整率 S_I	输入电压不变 $\Delta U_I=0$ 温度不变 $\Delta T=0$ 负载电流在规定范围 $0\leqslant\Delta I_L\leqslant C$	输出电压的相对变化量	$\dfrac{\Delta U_o}{U_o}$	带负载的能力,S_I 越小带负载能力越强
输出电阻 R_o	电网电压不变 $\Delta U_I=0$ 温度不变 $\Delta T=0$	输出电压的变化量与输出电流的变化量之比	$\dfrac{\Delta U_o}{\Delta I_o}$	带负载的能力,R_o 越小带负载能力越强
纹波系数 K_r		纹波电压有效值与直流输出电压之比	$\dfrac{U_{OY}}{U_o}$	输出电压的纯洁性,K_r 越小越好
电 路 效 率 η		输出功率与输入功率之比	$\dfrac{P_o}{P_u}$	功率转换能力,η 越大越好

质量指标比较复杂,是对直流电源的精细描述,决定直流电源质量的好坏。

小结

直流电源本身是一个能量转换的电子线路,将交流电经过变压、整流、滤波和稳压等过程转换为直流电压,有些应用场合可以适当简化一些过程。

降压之后的交流电便于后续电路处理,也是为了人身和设备安全;整流之后电压信号变成脉动形式,纹波很大,还需继续处理;滤波之后,直流电压真正产生,可以在要求不高的场合应用;稳压是最后一个环节,能适应电网波动和负载变化的环境。

直流电源电路和功率放大电路一样,是模拟电子技术在低频工作频段的综合应用,技术指标主要包括稳压能力和电路效率。

7.2　直流电源电路实例

本节在直流电源基本电路的基础上,将具体电路予以展开。按照先简单后复杂,先分立元件电路后集成电路的顺序,对电路实例进行详细分析。

分立元件直流电源电路中,首先需要关注电路形式,以便迅速对电路功能定位;然后对主要功率器件、辅助元器件等,明确其在电路中的作用。电路实例中会用到很多前面章节学习过的知识。

集成电路直流电源中,首先需要关注集成电路性能参数,能看懂其内部结构图,有助于对集成电路的使用;外围辅助元件本来就不多,但也不能这些忽视元件的作用。

7.2.1　分立元器件电路

1. 简单直流电源电路

表 7-5 列出了简单直流电源的电路实例,可以应用在要求不高的场合。表 7-6 为对应的设计任务。

表 7-5　简单直流电源的电路实例

比较内容	空 载 情 况	带 载 情 况
电路形式		
变压器次级电压	$u_2=\frac{n_2}{n_1}u_1$,　$U_2=\frac{n_2}{n_1}U_1$	$u_2=\frac{n_2}{n_1}u_1$,　$U_2=\frac{n_2}{n_1}U_1$
输出电压	$U_o=\sqrt{2}U_2$	$U_o\approx1.2U_2$
每个二极管平均电流	$I_D=0$	$I_D=\frac{1}{2}I_L$
每个二极管最大反向电压	$U_{RM}=\sqrt{2}U_2$	$U_{RM}=\sqrt{2}U_2$

表 7-6 设计任务

任　　务	设　计　过　程
设计实例	要求输出电压 $U_o=25\text{V}$,输出电流 $I_L=500\text{mA}$ 则流过每个二极管电流平均值 $I_D=250\text{mA}$ 根据 $U_o=1.2U_2$,确定变压器次级电压 $U_2=21\text{V}$ 根据变压公式,确定变压比 $n_1:n_2=220:21\approx10$ 每个二极管最大反向电压 $U_{RM}=1.414U_2=30\text{V}$ 选择整流二极管 1N4002,其额定电流 1A,最高反向工作电压 100V

2. 串联型直流电源电路

图 7-8 是串联型直流电源应用实例原理图。

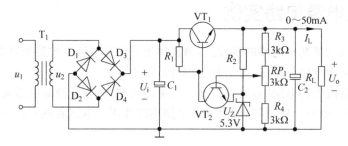

图 7-8　串联型直流电源应用实例

图 7-8 中,稳压管的稳压值 U_Z 为 5.3V,VT_2 为硅管,$U_{be2}=0.7\text{V}$,VT_1 为硅管,最低管压降 $U_{ce1}=3\text{V}$。

当定位器动点处于中心位置时,$U_{b2}=6\text{V}$,输出电压 $U_o=6\text{V}+6\text{V}=12\text{V}$。

当定位器动点处于顶部位置时,$U_{b2}=6\text{V}$,输出电压 $U_o=6\text{V}+(3\text{k}\Omega\times1\text{mA})=9\text{V}$。

当定位器动点处于底部位置时,$U_{b2}=6\text{V}$,输出电压 $U_o=6\text{V}+(6\text{k}\Omega\times2\text{mA})=18\text{V}$。

电路的输出电压调节范围为 9~18V。

根据输出电压调节范围和稳压管参数,可求出限流电阻 R_2 的阻值。

输出电压为 18V 时,调整管 VT_1 管压降最低(3V),输出电压为 9V 时,管压降最高(12V)。

如果桥式整流输出直流电压 $U_i=21\text{V}$,则要求变压器次级输出交流有效值 $U_2=21\text{V}/1.2\approx18\text{V}$,要求变压器匝数比 $n_1:n_2=220:18=12$。

7.2.2　集成电路

1. X78XX 系列

X78XX 系列三端正电源稳压集成电路外形及图形符号如图 7-9 所示。

X78XX 系列集成电路封装形式为 TO-220,有一系列固定的电压输出,应用非常广泛。每种类型由于内部电流的限制,以及过热保护和安全工作区的保护,使它基本上不会损坏。

X78XX 正电源系列集成电路内部电路结构如图 7-10 所示。

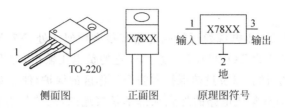

图 7-9 X78XX 系列三端正电源稳压集成电路外形及图形符号

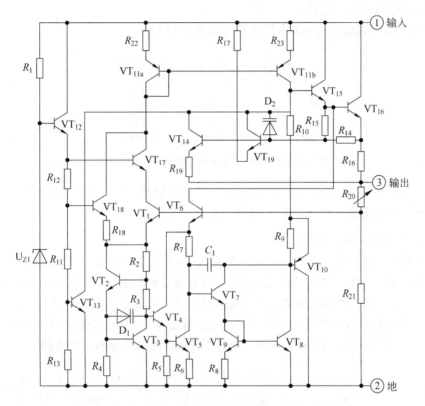

图 7-10 X78XX 正电源系列集成电路内部电路结构

图 7-10 中,由 VT_{13} 设定**启动阈值**,VT_{12} 与 VT_{18} 完成启动,VT_{17}、$VT_1 \sim VT_6$ 完成**基准参考电压设置**,$VT_7 \sim VT_{10}$ 为**误差放大**电路,VT_{11} 差分放大的**镜像电流源**由 VT_{19} 提供,VT_{15} 和 VT_{16} 组成复合管输出,过流保护从 R_{16} 取样,过压保护由 R_{20} 和 R_{21} 分压取样。

X78XX 正电源系列集成电路的外壳顶部是接地的,如果提供足够的散热片,还能提供大于 1.5A 的输出电流。虽然是按照固定电压值来设计的,加上少量外部器件后,还能获得各种不同的电压值和电流值。

X78XX 正电源系列集成电路对输入电压的要求很宽,但不是无边际的。以 7805 为例,输入电压最低应比 5V 高出 1.5V 左右,高端不宜超过 36V;输入输出压差越大,集成电路本身消耗功率也太多。

"X78XX"中"XX"表示输出稳压值,如"09"表示输出 +9V,"05"表示输出 +5V。正电源系列集成电路还有 06、08、12、18、24 等。

2. X79XX 系列

与 X78XX 系列三端正电源稳压集成电路有很多相似之处,X79XX 系列三端负电源稳压集成电路封装形式为 TO-220,有一系列固定的负电压输出,应用也比较广泛。每种类型由于内部电流的限制,以及过热保护和安全工作区的保护,使它基本上不会损坏。

X79XX 负电源系列集成电路的外壳顶部不是接地的,散热片需要绝缘,也能提供大于 1.5A 的输出电流。虽然是按照固定电压值来设计的,加上少量外部器件后,也能获得各种不同的电压值和电流值。

X79XX 系列集成电路外形及图形符号如图 7-11 所示。

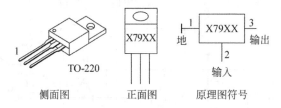

图 7-11　X79XX 系列集成电路外形及图形符号

"X79XX"中"XX"表示输出稳压值,如"09"表示输出 -9V,"05"表示输出 -5V。负电源系列集成电路也有 06、08、12、18、24 等。

3. X17 系列和 X37 系列

X17 系列三端正电压可调集成电路是在 X78XX 基础上发展起来的,除具备 X78XX 集成电路的优点之外,外围增加少量元件,可实现输出电压更大范围的调节(1.2~37V)。

X37 系列三端负电压可调集成电路是在 X79XX 基础上发展起来的,除具备 X79XX 集成电路的优点之外,外围增加少量元件,可实现输出电压更大范围的调节(−37~1.2V)。

图 7-12 是 X17 系列和 X37 系列三端可调集成电路的封装和基本电路。

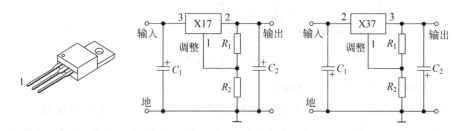

图 7-12　X17 系列和 X37 系列三端可调集成电路的封装和基本电路

需要注意,两种系列外形的左边引脚一定为调整端,输入端和输出端的引脚是相反的。

电阻 R_1 和 R_2 决定输出电压调整比例:

$$U_\text{o} = U_{R1} + U_{R2} \approx 1.25[1 + (R_1/R_2)] \tag{7-10}$$

4. TL431 三端可调基准电压集成电路

TL431 是一个有良好热稳定性能的三端可调分流**基准源**,借助外接两个电阻,就可设置从 2.5V 到 36V 之内的任何值。尽管不能像上述集成电路那样带动很重的负载,却因为能宽范围地提供基准电压,本身噪声性能和稳定特性也好,被广泛用于需要基准电压的场所。尤其在直流电源电路中,与光电耦合器配合,保证了直流稳压电源的可靠性。

集成电路 TL431 的相关情况如图 7-13 所示。

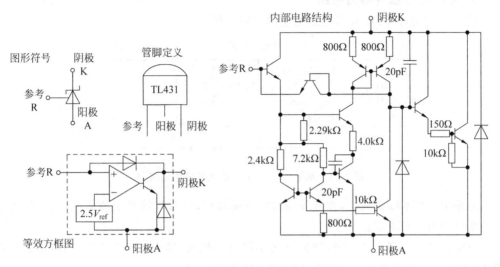

图 7-13　集成电路 TL431 的相关情况

从内部电路结构可以看出,TL431 是一个直接耦合多级放大器,偏置电路、差分放大、补偿和保护功能齐全。等效方框图中有一个 2.5V 参考电路,设置外部两个电阻的阻值,由输出电压分压,使 R 端得到参考电压为 2.5V,则从阴极流向阳极的电流就是控制输出电压稳定的源头。由于内部比较器的作用,加上器件动态阻抗只有 0.2Ω,控制动作灵敏,精度很高。

5. 光电耦合器

光电耦合器简称为**光耦**,是以光为媒介传输电信号的一种电→光→电转换器件。它由发光源和收光器两部分组成。把发光源和收光器组装在同一密闭的壳体内,彼此间用透明绝缘体隔离。发光源的引脚为输入端,收光器的引脚为输出端,常见的发光源为发光二极管,收光器为光敏二极管或光敏三极管。

光电耦合器外形及图形符号如图 7-14 所示。

图 7-14　光电耦合器外形及图形符号

图 7-14 中的图形符号与 4 引脚双列直插(DIP4)器件对应。

与继电器相比,光电耦合器不只是完成开关动作,还能起到线性控制作用。在开关电源中光电耦合器被广泛采用,将其连接在输出和输入之间,从输出直流电压中取样,经过电→光→电转换,控制前端的高频振荡,达到稳定输出电压的目的。由于开关电源前端处于高电压工作状态(交流220V,直流+300V),光电耦合器把前后电路隔离开来,也保证了设备和人身安全。

6. 基于 7805 提升输出电压

图 7-15 是基于 7805 提升输出电压的电路实例。

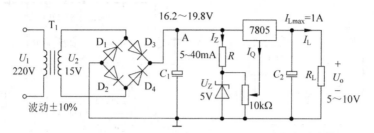

图 7-15　基于 7805 提升输出电压的电路实例

电路中,以 7805 为核心,在其外围增加辅助器件,使常规接地引脚电压上升,提升电压的幅度由稳压管决定。

当电位器动点到达底部时,7805 接地引脚真正接地,输出电压为 5V;当电位器动点到达顶部时,7805 接地引脚提升到 5V,输出电压为 10V。

图中 A 点是整流电路的输出,电网稳定时,$U_A = 1.2 \times 15V = 18V$;考虑电网波动 ±10% 后,$U_A = 16.2 \sim 19.8V$。

根据稳压管允许电流 $I_Z = 5 \sim 40mA$,限流电阻 R 取值范围为 $R = 280\Omega \sim 2.9k\Omega$。

在忽略稳压器 7805 静态电流 I_Q 的前提条件下,如果最大负载电流为 1A,输出电压为 5V,则负载电阻为 5Ω,稳压器输入功率 18W,输出功率 5W,稳压器最大功耗为 13W,稳压器电路效率为 28%。如果最大负载电流仍为 1A,输出电压为 10V,则负载电阻为 10Ω,稳压器输入功率 18W,输出功率 10W,稳压器功耗为 8W,稳压器电路效率为 55%。

此例说明,用三端稳压器 7805 组成的整流电源电路,稳压器输入和输出电压差别越大,电路效率越低。

7. 集成电路双电源输出

基于 X78XX 和 X79XX 的正负电源电路如图 7-16 所示。

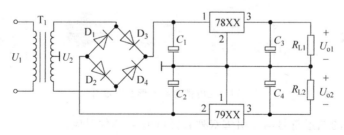

图 7-16　基于 X78XX 和 X79XX 的正负电源电路

小结

采用分立元件构成的直流电源电路以有源器件三极管为核心,在外围辅助元件的支持下能用于要求不高的简单应用场合;选择大功率三极管作为调整管,也能用于负载很重的场合。

采用集成电路构成的直流电源电路形式并不复杂,但应用场合很广,得益于集成电路本身强大的功能。

无论是分立元件电路还是集成电路构成的电路,直流电源应用总的原则应该是能适应电网的波动,能满足负载的要求,本身还需要效率高,散热性能好。

上述介绍的各种直流电源是经历交流到直流的一次变换过程,也称一次电源,普遍问题是电路效率不高。

7.3　开关电源

开关电源也称二次电源。为克服一次电源效率不高的问题,将交流电整流成直流电之后,通过开关电路产生交流高频脉冲信号,再次进行整流、滤波和稳压。

开关电源与一次电源相比,处理方法不同,电路结构复杂,但目的相同,尤其是电路效率提高很多。因此,开关电源逐步取代了一次电源,在电子产品中应用极广。

本节从开关电源的方框图开始,说明了开关电源的一般工作流程,结合实际应用电路,突出了取样、控制和开关振荡 3 个环节。

作为开关电源的延伸,以日光灯镇流器为例,顺便介绍了逆变电源的工作原理。

7.3.1　开关电源方框图

开关电源的功能方框图如图 7-17 所示。

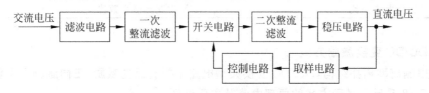

图 7-17　开关电源的功能方框图

图 7-17 中,滤波电路用于抑制市电波动,常用 LC 元件组成。

第一次整流电路大多采用桥式整流,将 220V 交流电转换成 310V 直流电压(有效值与峰值关系:220×1.414),直流 310V 电压对人身和设备仍有伤害作用。

在 310V 直流电压条件下,开关电路产生高频振荡脉冲信号(频率在 100kHz 以上),主要由开关调整管和开关变压器组成。在开关变压器之前,电路的地称为**热地**,在开关变压器之后,电路的地称为**冷地**。

第二次整流电路将高频脉冲整流成直流电压,常用大电流双二极管构成。

稳压电路较为简单,一般用稳压二极管构成。

取样电路从输出端获取信号,一般常用 TA431 完成基准电压的调节。

控制电路大多在 TA431 之后,通过光电耦合器,回送到振荡电路。

从图中可以看出,开关电源的本质功能是 DC/DC 变换,核心部件是开关电路。

7.3.2 开关电源工作原理

1. DC/DC 变换基本概念

DC/DC 变换需要利用磁性元件或电容元件的储能特性,从输入电压源获取分离的能量,暂时存储起来,然后使能量从源转换到负载上。这种转换控制过程较为复杂,目前大多采用**脉冲宽度调制**(PWM)技术,即从输入电源提取的能量随着脉冲宽度变化,在一个固定周期内保持平均能量转换,最后的直流输出电压正比于 PWM 波形的占空比系数。

假设开关脉冲的周期为 T,从电源提取能量的时间为 t_{on},则占空比系数定义为

$$D = t_{on}/T \qquad\qquad (7-11)$$

将用于转换、控制和调节输入电压的功率开关和储能元件作不同的配置,就能得到开关电路的各种拓扑结构,从而完成不同的功能。

工作期间,输入电源和输出负载公用一个电流通路时,称为**非隔离型**;能量转换通过变压器,从电源到负载借助于磁通而不是公用的电路,称为**隔离型**。

两种形式各自的分类及功能如表 7-7 所示。

表 7-7 开关电路的拓扑结构分类及功能

非 隔 离 型	隔 离 型
降压式:$\frac{U_o}{U_i}=D$,$U_i>U_o$	逆向式:$\frac{U_o}{U_i}=\frac{1}{N}\left(-\frac{D}{1-D}\right)$
升压式:$\frac{U_o}{U_i}=\frac{1}{1-D}$,$U_o>U_i$	正向式:$\frac{U_o}{U_i}=\frac{1}{N}D$
逆向式:$\frac{U_o}{U_i}=-\frac{D}{1-D}$,$U_i>\|U_o\|$	推挽式:$\frac{U_o}{U_i}=\frac{2}{N}D$,$U_i>U_o$
D 为脉宽调制占空比	N 为变压器匝数比

2. DC/DC 变换激励方式

采用隔离型拓扑结构,DC/DC 变换典型电路主要有**反向激励**、**正向激励**和**半桥激励**。

图 7-18 是反向激励方式的原理电路及主要波形。

电路中,变压器 T 起隔离和传递存储能量的作用,开关管 VT 导通时,N_P 存储能量;开关管 VT 截止时,N_P 向 N_S 释放能量。由于 N_P 和 N_S 极性相反,开关管 VT 截止时,变压器上的反向电动势使电流流入负载。

二极管 D_1 用作对周期脉冲信号的整流,然后采用电容滤波方式,不用再接扼流圈。

变压器初级的 R_r、C_r 和 D_r 组成 RCD 漏感**尖峰吸收**电路。

反向激励方式电路较为简单,适合于 50W 以内的功率,开关信号频率也在 50kHz 之内。

图 7-19 是正向激励方式的原理电路及主要波形。

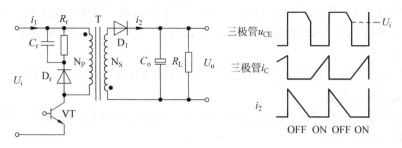

图 7-18　反向激励方式的原理电路及主要波形

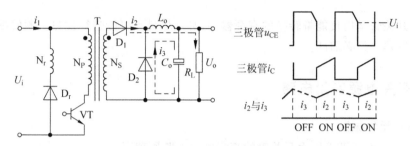

图 7-19　正向激励方式的原理电路及主要波形

正向激励方式中，N_P 和 N_S 极性相同，开关管 VT 导通时，有电流流入负载，此时电感 L_o 存储能量；开关管 VT 截止时，反向感应电动势使电流流过二极管 D_2。

二极管 D_1 仍为整流管，二极管 D_2 也称为续流管。输出采用电感滤波方式。

变压器初级的 N_r 和 D_r 的作用与 RCD 漏感尖峰吸收电路类似。

正向激励方式电路功率可达 150W，开关信号频率也在 100kHz 以上。

图 7-20 是半桥激励方式的原理电路及主要波形。

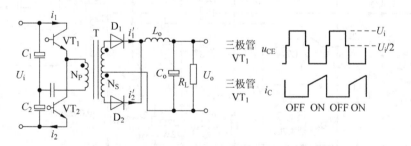

图 7-20　半桥激励方式的原理电路及主要波形

半桥方式电路中，增加了一只开关管，使每只开关管对输入电压各自承担一半，压力较轻。由于变压器的初级可共用一个线圈绕组，两管轮流导通，电路输出功率更大，是目前较为成熟和常见的电路。

3. 开关管工作环境

在开关电源中，开关管是最为核心的元件。一般采用大功率三极管或绝缘栅型场效应管来承担。

开关管的直流工作电压高达 310V，借助于变压器的两个绕组，形成正反馈电路。开机之后，通过起振，逐步达到稳定的脉冲振荡，脉冲振荡信号的占空比则决定了最后的输出直流电压。

为了保持开关振荡脉冲的占空比恒定，可在输出端对电压取样，再通过光电耦合器件将信号回馈到振荡电路。

如果输出电压出现波动，控制电路能控制开关振荡电路的工作状态，自动调整脉冲宽度，使其回到稳定状态。

如果出现输出电压过高或输出电流过大，控制电路可迫使开关管停止振荡，使其处于休眠状态。

由于开关管是担负能量转换的有源器件，必须尽最大可能进行散热。顺便提及，整流二极管的散热也是必需的。

7.3.3 开关电源实用电路

1. 分立元件振荡

图 7-21 是由三极管作为开关管的直流电源电路原理图。

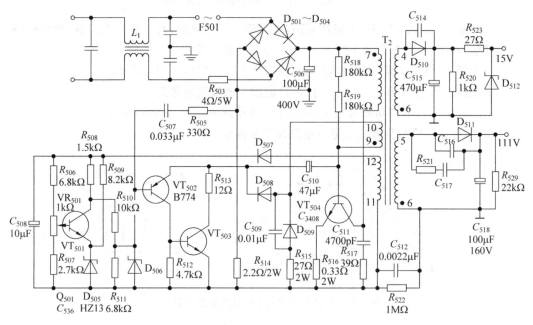

图 7-21　分立元件组成的开关电源

从图 7-21 中可以看出，DC/DC 转换为反向激励方式，输出端没有接扼流圈。

图中主要元器件作用及电路功能简述如下：

（1）电感 L_1 及周边电容为前端滤波元件，消除市电扰动。

（2）二极管 $D_{501} \sim D_{504}$ 为桥式整流，输出直流电压为 +310V，C_{506} 为滤波电容，耐压 400V。

（3）三极管 VT_{504}（$C3408$）为开关管，振荡回路由变压器 T_2 绕组（7、1）和（10、9）提供，振荡频率在 100kHz 左右。

（4）整流输出回路分别由变压器 T_2 绕组（4、6）和（5、6）提供，输出电压为 +15V 和 +110V，D_{510} 和 D_{511} 为整流二极管，C_{511} 和 C_{518} 为输出滤波电容，D_{512} 为 +5V 稳压二极管，+110V 没有稳压。

（5）保护电路从变压器 T_2 绕组（12、11）取得信号，经二极管 D_{507} 整流后，为三极管 VT_{501} 提供工作电源。三极管 VT_{502} 和 VT_{503} 的工作电源途径：310V 电压通过电阻 R_{518}、R_{519}、绕组（9、10）及二极管 D_{508} 得到。

（6）当输出电压上升时，绕组（12、11）感应电流加大，使三极管 VT_{501} 工作电源上升，由于二极管 D_{506} 的作用，使三极管 VT_{502} 导通加强，削弱了开关管 VT_{504} 的正反馈信号，振荡脉冲宽度变窄。输出电压上升过高时，还会使开关管停止振荡。

图 7-21 中有两种地线符号，"⏚"为热地，会使人体触电；"⊥"为冷地，对人体无危害。两者之间通过电容 C_{512} 和电阻 R_{522} 耦合。

图中没有把输出直流电压的变化引入振荡电路中，输出电压波动较大。主要原因在于，实际使用时，后续电路还需要对 +15V 和 +110V 再次处理。

2. 集成电路振荡

图 7-22 是集成电路组成的开关电源电路原理图。

图 7-22 中采用场效应管 TOP245 作为开关管。

场效应管 TOP245 内含控制电路，控制脚 C 的作用是为 TOP245 提供电压和反馈电流，通过变压器绕组（7、5）获得。

控制极 C 与源极 S 之间的旁路电容 C_{13} 用来提供瞬时栅极驱动电流。连接到控制极 C 的所有电容也用于设定自动重启定时，同时用于环路补偿。

启动时，直流电压 310V 加在漏极 D，场效应管处于关断状态。器件内部连接在漏极和控制极之间的高压电流源对电容 C_{13} 充电，控制极 C 电压达到 5.8V 时，控制电路被激活并开始软启动。10ms 左右时间内，软启动电路使开关振荡脉冲的占空比上升到最大值。软启动结束时，内部高压电流源关断，控制脚 C 根据吸收的供电电流开始放电。

输入初级回路含有 RCD 尖峰吸收电路，开关变压器有多绕组输出。

输出电压（+5V、+3.3V）的取样信息归口于集成电路 U_3（TL431），U_3 根据输出电压变化情况，调整光耦器件（LTV817A）中通过二极管的电流，经过光电转换，改变进入 TOP247 控制极 C 的电流，达到调整开关脉冲宽度、稳定输出电压的目的。同时，兼顾对开关电路的保护，极端情况下，如果出现输出短路，将迫使开关电路停振。

图 7-22 中的电源电路结构不太复杂，成本较低，取样控制和保护功能齐全，尽管输出电压种类较多，但后续电路不需要再行处理。

3. 以 3842 支持的开关振荡

图 7-23 是以 3842 支持的开关电源电路原理图。

图中,控制电路以 UC3842 为核心,振荡管是大功率场效应管,控制振荡和执行振荡分工合作;采用基准电压器件(TL431)和光电耦合器件,输出电压取样保护电路也较周全;配备有余量的散热片,能稳定输出+12V 直流电压,提供 5A 电流。

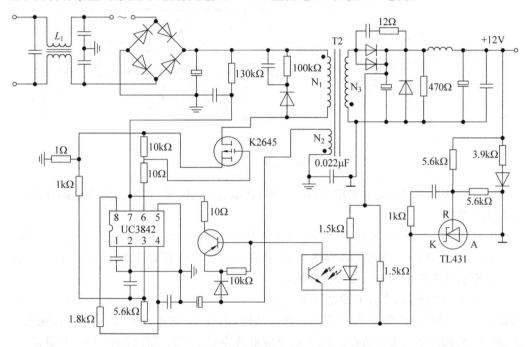

图 7-23　3842 支持的开关电源电路原理图

310V 直流电压通过 130kΩ 启动电阻到达 3842 的 7 脚,作为启动电压。3842 启动之后,通过 6 脚向开关管送去开关信号,使其导通,变压器绕组 N_1 产生脉冲电压。绕组 N_1 上仍然可见 RCD 尖峰吸收电路。

变压器绕组 N_2 感应的脉冲信号经过整流之后,为 3842 提供工作电源,3842 内含振荡电路。

3842 的 6 脚输出信号频率为 45kHz,宽度约为 4ms。

当输入 220V 电压发生波动时,3842 的 3 脚会受到影响,以调整正极性脉冲的宽度,起到稳定输出电压的作用。

当输出电压因负载而发生变化时,通过取样元件 TL431 和光电耦合器,也能把信号回馈到 3842 的 7 脚和 3 脚,改变脉冲宽度,稳定输出电压。

7.3.4　逆变电源

实际应用中,开关电源的思路也可以延伸到交流—直流—交流的应用或直流—交流的应用,这就是逆变电源的概念,日光灯电子镇流器是逆变电源的简单应用。

图 7-24 列出了日光灯的两种工作方式。其中,(a)图是传统方式,靠启辉器点亮灯管,镇流器维持稳定发光,由于镇流器长期工作发热,耗电成本较高。(b)图是电子镇流方式,兼顾启辉和维稳两种功能,工作效率高。(b)图电路形式为典型单级半桥式高频振荡,其中 R_1、C_2 及 D_2 构成半桥逆变器的启动电路。

日光灯电子镇流器一般包括输入电源滤波、桥式整流、半桥逆变器和灯丝谐振等部分。

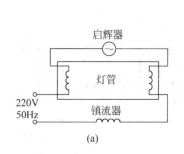
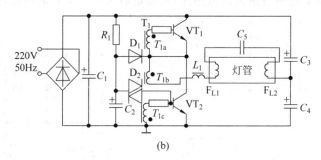

图 7-24   日光灯工作方式

三极管 VT_1、VT_2(大多采用 1300x 系列)和电容 C_3、C_4 及 T_1 构成振荡电路,同时兼作功率开关。

VT_1 和 VT_2 为桥路的有源侧,C_3、C_4 是无源支路,L_1、C_5 及 F_L(灯丝)组成电压谐振网络。

通电之后,电容 C_2 两端电压慢慢上升,升高到压敏二极管 D_2 的转折电压值后,D_2 击穿;C_2 则通过 VT_2 的基极—发射极放电,VT_2 导通。

在 VT_2 导通期间,半桥上的电流路径为:$+310V$—C_3—灯丝 F_{L2}—C_5—灯丝 F_{L1}—振流圈 L_1—T_1 初级线圈绕组 T_{1b}—VT_2—地。同时,流过 T_{1b} 的电流在 T_1 的两个次级线圈 T_{1a} 和 T_{1c} 两端产生感应电动势。T_{1c} 上的感应电动势使得 VT_2 基极的电位进一步升高,形成正反馈过程,VT_2 迅速饱和导通。

VT_2 导通后,C_2 通过 D_1 和 VT_2 放电,T_{1c}、T_{1a} 的感应电动势逐渐减小至零。VT_2 基极电位呈下降趋势使 I_{C2} 减小,T_{1a} 中的感应电动势将阻止 I_{C2} 减少。于是 VT_2 基极电位下降,VT_1 基极电位升高,这种连续的正反馈使 VT_2 迅速由饱和变到截止。

VT_1 则由截止跃变到饱和导通,半桥上的电流路径为:$+310V$—VT_1—T_{1b}—L_1—灯丝 F_{L1}—C_5—灯丝 F_{L2}—C_4—地。与 VT_2 情况类似,正反馈又使得 VT_1 迅速退出饱和变为截止状态。VT_2 由截止跃变为饱和导通状态。如此周而复始,VT_1 和 VT_2 轮流导通,流过 C_5 的电流方向不断改变。

由 C_5、L_1 及灯丝组成的 LC 网络发生串联谐振,频率一般在 50kHz,是输入频率的千倍。C_5 两端产生高压脉冲,施加到灯管上,使灯管发光,L_1 起到了限流的作用。

小结

开关电源的目的是提高直流电源的效率,方法是先将交流电转换成直流电,在直流供电的条件下,利用开关管和开关变压器,产生高频方波脉冲,再次进行整流、滤波和稳压。

电路中开关管是核心部件,取样、控制和保护都是为了使开关管正常运行。只有开关管正常运行,后续输出直流电源才得以稳定。

与一次直流电源相比,开关电源效率提高很多。但由于电路复杂,如果设计不周或散热效果不好,出现故障也较频繁,主要部位还是在有源器件。

逆变电源的本质是交流—直流—交流,为负载提供交流电。核心技术还是有源器件在直流条件下产生高频交流信号,振荡管是功率器件。

习题七

7-1　选择题

(1) 单相半波整流电路中,负载电阻 R_L 上的平均电压等于(　　)。

　　A. $0.9U_2$　　　　　　B. $0.45U_2$　　　　　　C. U_2　　　　　　D. $0.75U_2$

(2) 单相桥式整流电路中,负载电阻 R_L 上的平均电压等于(　　)。

　　A. $0.9U_2$　　　　　　B. $0.45U_2$　　　　　　C. U_2　　　　　　D. $0.75U_2$

(3) 理想二极管在半波整流、电阻性负载电路中,承受的最大反向电压是(　　)。

　　A. 等于$\sqrt{2}U_2$　　　B. 小于$\sqrt{2}U_2$　　　C. 大于$\sqrt{2}U_2$　　　D. 小于$2\sqrt{2}U_2$

(4) 理想二极管在单相桥式整流、电阻性负载电路中,承受的最大反向电压是(　　)。

　　A. 小于$\sqrt{2}U_2$　　　B. 等于$\sqrt{2}U_2$　　　C. 大于$\sqrt{2}U_2$　　　D. 小于$2\sqrt{2}U_2$

(5) 理想二极管在电阻性负载电路、半波整流电路中,导通角(　　)。

　　A. 小于 $180°$　　　　　B. 等于 $180°$　　　　　C. 大于 $180°$

(6) 单相桥式整流电路,电容滤波后负载电阻 R_L 上的平均电压等于(　　)。

　　A. $0.9U_2$　　　　　　B. $1.2U_2$　　　　　　C. $1.4U_2$　　　　　　D. $0.5U_2$

(7) 单相桥式整流电路,电感滤波后负载电阻 R_L 上的平均电压等于(　　)。

　　A. $0.9U_2$　　　　　　B. $1.2U_2$　　　　　　C. $1.4U_2$　　　　　　D. $0.5U_2$

(8) 理想二极管在半波整流电容滤波电路中,导通角(　　)。

　　A. 小于 $180°$　　　　　B. 等于 $180°$　　　　　C. 大于 $180°$

(9) 理想二极管在半波整流电容滤波电路中,承受的最大反向电压是(　　)。

　　A. 等于$\sqrt{2}U_2$　　　B. 小于$\sqrt{2}U_2$　　　C. 大于$\sqrt{2}U_2$　　　D. 小于$2\sqrt{2}U_2$

(10) 在整流滤波电路中,二极管承受导通冲击电流小的是(　　)。

　　A. 电容滤波电路　　B. 纯电阻电路　　　C. 电感滤波电路

(11) 当满足条件 $R_LC \geqslant (3\sim5)T/2$ 时,电容滤波电路常用在(　　)场合。

　　A. 平均电压低,负载电流大的　　　　　　B. 平均电压高,负载电流小的

　　C. 无任何限制的

(12) 电感滤波电路常用在(　　)场合。

　　A. 平均电压低,负载电流大的　　　　　　B. 平均电压高,负载电流小的

　　C. 无任何限制的

(13) 在三端稳压集成电路中,输出正电压的是(　　),输出负电压的是(　　)。

　　A. 78XX 和 X17　　　　　　　　　　　B. 78XX 和 X37

　　C. 79XX 和 X17　　　　　　　　　　　D. 79XX 和 X37

7-2 判断题

(1) 半波整流电路中,流过二极管的平均电流只有负载电流的一半。   (   )

(2) 全波整流电路中,流过每个二极管的平均电流只有负载电流的一半。   (   )

(3) 全波整流二极管承受的反向电压是桥式整流的两倍。   (   )

(4) 桥式整流电路中,流过每个二极管的平均电流相同,都只有负载电流的一半。(   )

(5) 电容滤波电路中,整流二极管的导通角小于 180°。   (   )

(6) 集成三端稳压电源实质上就是串联稳压电源。   (   )

(7) 开关电源的调整管工作在截止和饱和的开关状态。   (   )

(8) 开关电源是通过控制调整管的截止和饱和比(占空比)来实现稳压的。   (   )

7-3 根据图 7-25 中所列条件,求正常情况下的输出电压值 U_o。如果电容 C 脱焊或不接负载,输出电压值又是多少。

7-4 根据图 7-26 中所列条件,求正常情况下的输出电压值 U_o。如果稳压管脱焊,输出电压值又是多少。如果负载短路,会出现什么情况。

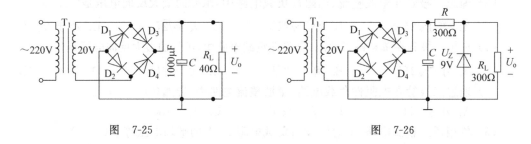

图 7-25   图 7-26

7-5 根据图 7-27 中所列条件,求输出电压值 U_{o1} 和 U_{o2},并标出极性。求流过每个二极管的平均电流值及承受的最大反向电压值。

7-6 根据图 7-28 中所列条件,求输出电压值 U_{o1} 和 U_{o2},并标出极性。如果 $U_{21}=22V$,$U_{22}=18V$,输出电压值 U_{o1} 和 U_{o2} 有何变化。

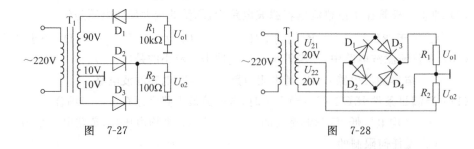

图 7-27   图 7-28

7-7 图 7-29 中电路是基于 7808 提升输出电压的电路,试求电路输出电压 U_o 的变化范围。

如果电网波动 ±10%,试求整流输出 A 点电位的变化范围。

如果稳压管允许电流 $I_Z=5\sim40mA$,再求限流电阻 R 取值范围。

在忽略稳压器 7808 静态电流 I_Q 的前提条件下,如果最大负载电流为 1A,输出电压为 8V,三端稳压器电路效率是多少。

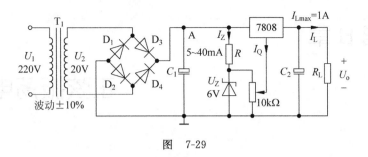

图　7-29

7-8　指出图 7-30 中两个整流稳压电路是否有错，如果有，请加以改正。

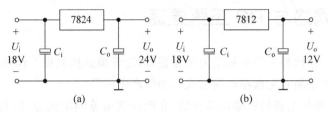

(a)　　　　　　　　　　　　(b)

图　7-30

7-9　图 7-31 中电路是集成电路 TEA1521 组成的开关电源原理图，简要说明其工作原理。

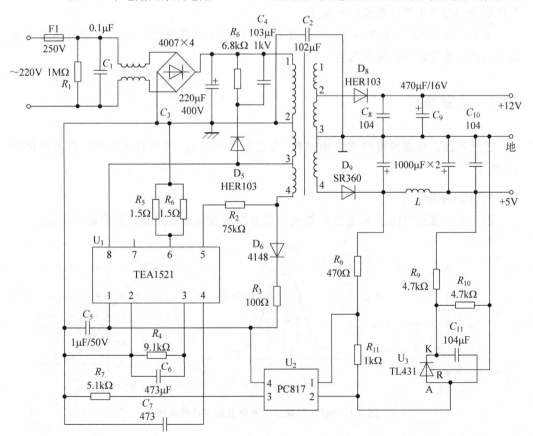

图　7-31

第 8 章

正弦振荡电路

8.1 选频网络与 RC 正弦振荡

从本章开始,在低频电路的基础上拓宽视野,把着眼点从低频工作频段逐步过渡到高频工作频段,高频电路首先面临的问题就是如何产生信号。

本节从无源器件组成的选频网络开始,介绍这些电路的组成方式、选频特性,尤其是电路品质因数 Q 的物理意义,为选频网络进入振荡电路打下基础。

正弦振荡电路在电源的支持下,利用选频网络和正反馈技术,不需要外加输入信号,电路本身能够产生符合要求的正弦波。

本节主要以 RC 正弦振荡为例,介绍了电路的主要功能和振荡过程。学习本节内容也是对负反馈知识的回顾和巩固。

8.1.1 选频网络

选频网络也称**谐振网络**或**谐振回路**,由无源器件组成,常见有 RC、LC、石英晶体和 SAW 等。

1. RC 选频网络

图 8-1 是通过电阻 R 和电容 C 组成的串并联选频网络电路及其频率特性曲线。

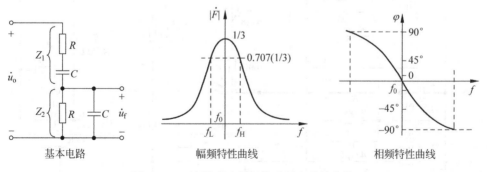

图 8-1 RC 串并联选频网络及频率特性曲线

RC 串/并联选频电路的特点表现在以下两点。

(1) 电路是一个无源的四端口网络,信号首先进入 R 与 C 的串联电路,然后再进入 R 与 C 的并联电路,信号由 R 与 C 的并联电路输出。

(2) 入出信号没有采用常规的 U_i 和 U_o 符号,而采用了 U_o 和 U_f。原因在于网络应用时,左边端口会与有源器件的输出连接,右边端口会作为反馈信号连接到有源器件,为正反馈做好准备。

根据电路结构形式,定义正**反馈系数**。

$$\dot{F} = \dot{U}_f / \dot{U}_o \tag{8-1}$$

计算正反馈系数通过阻抗关系,转出与实际元器件相关的表达式

$$\dot{F} = \frac{\dot{U}_f}{\dot{U}_o} = \frac{Z_2}{Z_1 + Z_2} = \frac{1}{3 + j\left(\omega RC - \frac{1}{\omega RC}\right)} \tag{8-2}$$

由于角频率 $\omega = 2\pi f$,谐振时 $\omega_0 = 2\pi f_0 = \frac{1}{RC}$,正反馈系数简化为

$$\dot{F} = \frac{1}{3 + j(f/f_0 - f_0/f)} \tag{8-3}$$

电路的**谐振频率**为

$$f_0 = \frac{1}{2\pi RC} \tag{8-4}$$

对正反馈系数进一步描述,与幅频特性对应的模和相频特性对应的相角的关系式分别为

$$|\dot{F}| = \frac{1}{\sqrt{3^2 + (f/f_0 - f_0/f)^2}}, \qquad \varphi = -\arctan\frac{f/f_0 - f_0/f}{3} \tag{8-5}$$

特性曲线和公式都表明,当 $f = f_0$ 时,正反馈系数幅度获得最大值为 1/3,相位为 0°;当 f 远离 f_0 趋近于无穷大时,正反馈系数幅度趋近于零,相位趋近于 90°。相位关系式中的负号"—"体现相频特性曲线在 Ⅱ、Ⅳ 象限。理想状态时,幅频曲线是矩形,相频曲线是一条过原点斜率为负的直线。上述分析说明,RC 网络是具有选频功能的。

通频带 f_{BW} 与低频放大电路中的概念相同,即找到最大值(1/3)下降到其 0.707 的两个频率点 f_H 和 f_L,两者之差就是通频带。

$$f_{BW} = f_H - f_L \tag{8-6}$$

品质因数 Q 用来表示选频网络的选择性能。

$$Q = f_0/(f_H - f_L) \tag{8-7}$$

电路的通频带越窄,则 Q 值越高,说明电路的**选择性**越好。

品质因数还可以从能量的角度来定义,反映回路的**损耗特性**。

$$Q = \frac{无功功率}{有功功率} = \frac{\omega L}{r} \tag{8-8}$$

2. LC 谐振网络

用 LC 组成的谐振网络主要有串联和并联两种方式,分析两种电路的谐振特性时,电感 L 的自身电阻 r 或电导 g 不可忽略,会影响回路 Q 值。表 8-1 将两种网络情况进行了比较。

表 8-1　两种 *LC* 谐振网络情况比较

比较内容	*LC* 串联谐振	*LC* 并联谐振
回路阻抗 或导纳	$Z=r+\mathrm{j}\left(\omega L-\dfrac{1}{\omega C}\right)$	$Y=g+\mathrm{j}\left(\omega C-\dfrac{1}{\omega L}\right)$
空载电路		
谐振条件	$\omega_0 L=\dfrac{1}{\omega_0 C}$ 时，电路发生串联谐振	$\omega_0 C=\dfrac{1}{\omega_0 L}$ 时，电路发生并联谐振
谐振时等效 阻抗特性	等效阻抗达到最小值 r $\omega<\omega_0$ 时，电路等效阻抗呈容性 $\omega_0<\omega$ 时，电路等效阻抗呈感性	导纳达到最小值 g，阻抗为最大值 R_0 $\omega<\omega_0$ 时，电路等效阻抗呈感性 $\omega_0<\omega$ 时，电路等效阻抗呈容性
空载电路 品质因数	$Q=\dfrac{\omega_0 L}{r}=\dfrac{1}{\omega_0 Cr}=\dfrac{1}{r}\sqrt{\dfrac{L}{C}}$	$Q=\dfrac{R_0}{\omega_0 L}=\omega_0 CR_0=\dfrac{1}{g}\sqrt{\dfrac{C}{L}}$
谐振电阻 或电导	$r=\dfrac{1}{Q}\sqrt{\dfrac{L}{C}}$	$R_0=Q\sqrt{\dfrac{L}{C}}$，　$g_0=\dfrac{1}{Q}\sqrt{\dfrac{C}{L}}$
阻抗幅频 特性	$\lvert Z\rvert=r\sqrt{1+Q^2\left(\dfrac{f}{f_0}-\dfrac{f_0}{f}\right)^2}$	$\lvert Z\rvert=\dfrac{R_0}{\sqrt{1+Q^2(f/f_0-f_0/f)^2}}$
阻抗相频 特性	$\varphi=\arctan Q\left(\dfrac{f}{f_0}-\dfrac{f_0}{f}\right)$	$\varphi=-\arctan Q\left(\dfrac{f}{f_0}-\dfrac{f_0}{f}\right)$
阻抗幅频 与相频特 性曲线		
应用	电压信号源和负载与谐振电路串联 谐振时谐振阻抗最小 负载获得最大电压	电流信号源和负载与谐振电路并联 谐振时谐振阻抗最大 负载获得最大电流
带载电路		
带载品质 因数	$Q_{\mathrm{L}}=\dfrac{1}{r+R_{\mathrm{L}}}\sqrt{\dfrac{L}{C}}$	$Q_{\mathrm{L}}=\dfrac{1}{g+R_{\mathrm{L}}}\sqrt{\dfrac{C}{L}}$

两种谐振电路带载后,品质因数 Q_L 会下降。

3. 石英晶体

石英晶体谐振器简称为**晶振**,由石英晶体利用其压电效应而制成。晶振有一个**串联谐振频率** f_S 和一个**并联谐振频率** f_P,获得这两个频率与材料、几何尺寸和加工工序有关。晶振的技术特性如图 8-2 所示。

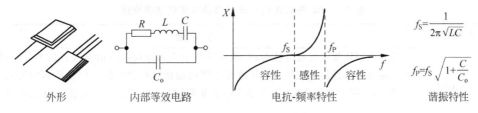

图 8-2　晶振的技术特性

在 f_S 处晶振的电抗为 0,一旦偏离,电抗急剧加大。在串联谐振电路中,只有频率为 f_S 的信号最容易通过,其他频率的信号被晶振衰减掉。

而在 f_P 处,晶振的电抗为无穷大,一旦偏离,电抗急剧减小。在并联谐振电路中,f_P 以外的信号最容易被晶振旁路,从而输出频率为 f_P 的信号。

在电子产品各种图表中,晶振标识多采用“Y”表示,图形符号用 ⊣▯⊢ 表示。

晶振的技术参数包括标称频率、频率准确度、调整频差、负载谐振频率、静电容、工作温度范围、频率温度稳定度等。其中,标称频率最为重要,用错了则完全达不到电路的要求。

晶振的突出优点是体积小,长期稳定性好。与半导体器件和阻容元件一起使用,可构成石英晶体振荡器,在电子产品中使用广泛,是信号产生电路的一种常见方式。

8.1.2　正弦振荡原理

正弦振荡电路不需要外加输入信号,依靠电路本身的自激振荡产生正弦波,这就需要用到正反馈技术;而为了保证电路输出稳定,又要用到负反馈技术。

1. RC 桥式振荡电路

把图 8-1 中的选频网络与集成运放组合,形成正弦振荡电路,如图 8-3 所示。

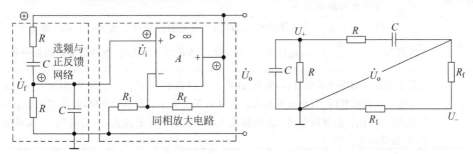

图 8-3　*RC* 桥式正弦振荡电路

图 8-3 中,R_1、R_f、串联的 RC 和并联的 RC 各为一臂,集成运放的输入和输出分别接到电桥的对角线上,因此称此振荡电路为 RC 桥式振荡电路,也称文氏桥振荡电路。

选频网络连接同相输入端和输出端,形成正反馈。

电阻 R_1 和 R_f 连接反相输入端和输出端,形成负反馈。

根据图 8-3 中正弦振荡电路的基本组成,各部分电路的功能如表 8-2 所示。

表 8-2　RC 桥式正弦振荡电路基本组成功能描述

电路名称	功　　能
放大电路	放大电路以集成运放为核心,对选频网络送来的微弱振荡信号进行放大,以补偿振荡电路的损耗。这种放大是通过电源的能量进行转换的。信号从同相输入端送入,电路为同相放大,信号输出接到选频网络。电阻 R_1 和 R_f 构成电压串联负反馈
正反馈网络	根据瞬间极性标注,输出电压 U_o 经过 RC 串联电路之后,变成对集成运放实施了 U_f。U_f 加强了集成运放的输入信号 U_i,集成运放工作在正反馈状态
选频网络	RC 串并联选频网络,谐振频率 $f_0 = \dfrac{1}{2\pi RC}$。以集成运放的输出信号作为选频网络的输入,输出信号从并联 RC 网络取出,送入集成运放的同相输入端
稳幅电路	集成运放由于采用了电压串联负反馈,能稳定电压放大倍数。电压放大倍数的稳定保证了输出幅度的稳定

在 RC 桥式振荡电路的基本功能的基础上,可以开始了解振荡原理。回顾本书第 4 章自激振荡条件公式,如果需要正反馈电路维持自激振荡,必须同时满足幅度和相位两个条件。

$$\begin{cases} |\dot{A}\dot{F}| = 1 \\ \varPhi_A + \varPhi_F = 2n\pi \quad (n = 0,1,2,3,\cdots) \end{cases} \tag{8-9}$$

式中,前者**幅度平衡条件**是基础,后者**相位平衡条件**是对入出信号相位差的要求。

以 RC 桥式振荡电路为例,振荡建立过程列于表 8-3。

表 8-3　正弦振荡建立过程

过程名称	过　程　动　作
电扰动	接通电源以后,电路中会产生电压或电流的瞬变过程。这种瞬变过程会引起电扰动,扰动中含有各种频率成分
起振前	选频网络对频率为 f_0 的电扰动相位为零,只做电阻性分压。放大之前,U_+ 幅值为 1/3。根据 $U_o = \left(1 + \dfrac{R_f}{R_1}\right) U_+$,选择 $R_f > 2R_1$,满足 $|\dot{A}\dot{F}| > 1$。此时,电路已满足起振条件
起振后	完成起振—增幅—等幅过程,即从 $|\dot{A}\dot{F}| > 1$ 过渡到 $|\dot{A}\dot{F}| = 1$。调整 R_f 和 R_1,使集成运放工作在线性区,减小波形失真。R_f 可采用负温度系数热敏电阻,起振时冷态电阻较大负反馈较弱,振荡建立快;振荡幅度大时,流过 R_f 的电流大,热态电阻小,负反馈加深,振荡幅度变小

2. RC 移相振荡电路

单节 RC 电路移相范围 $0°\sim 90°$，三节连接累计可达到 $270°$移相。**RC 移相振荡电路**将单节 RC 电路连成多节，然后连接在放大电路。选择放大电路工作方式，使其相位满足 $\varphi_A = 180°$，而移相网络相位也达到 $\varphi_f = 180°$，这样 $\varphi_A + \varphi_f = 360°$，就能满足自激振荡的相位条件。

图 8-4 列举了两种 RC 移相振荡电路。

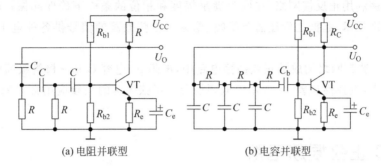

(a) 电阻并联型　　　　　　　　　　(b) 电容并联型

图 8-4　RC 移相电路

图 8-4 中两种电路的共同之处在于，三极管工作方式为共发射极放大，RC 移相网络为 3 节。三极管基极偏置电路和发射极直流负反馈，都有稳定静态工作点和稳定振荡信号输出幅度的作用。不同之处在于，(b)图电路利用了三极管级间电容，振荡频率比(a)图电路略高。

3. RC 振荡电路的频率限度

回顾式(8-4)可知，RC 文氏桥振荡电路的谐振频率与 R 和 C 的乘积成反比，如果希望振荡频率高，则必须减小 R 和 C。而减小电容会受到三极管结电容的制约。因此，RC 振荡电路的突出问题是工作频率不高，即使是 RC 文氏桥振荡电路，其工作频率一般也在几百 kHz 以下。

8.1.3　正弦振荡电路的技术要求

从应用角度，正弦振荡电路至少需要满足如下要求。

(1) 容易起振：解决从无到有的问题，电路必须同时满足幅度和相位条件，形成正反馈。常规放大电路需要工作稳定，避免出现自激现象；而正弦振荡电路需要容易起振，能预计和控制产生的频率。

(2) 输出稳定：振荡电路产生的信号幅度和频率必须恒定，不能因为外因或内因改变振荡特性甚至停振。

(3) 频率可控：谐振网络决定了正弦振荡信号的频率，Q 值高时通频带窄选择性好；不同的电子系统对频率有不同的要求，振荡电路能满足这些要求；频率很高时，振荡电路还需要屏蔽。

小结

选频是电路对特定频率做出的反映,是正弦振荡的准备阶段。可以采用各种无源器件组成选频网络,RC 选频电路简单、成本低;LC 谐振比 RC 选频优越,利用 LC 谐振原理还可以做出晶振或其他选频器件,Q 值高,稳定性好。

正弦振荡利用正反馈网络,在同时满足幅度和相位的条件下确保起振;正弦振荡还要用到负反馈技术,起振之后还需要稳幅、稳频。正弦振荡的信号供各种电子线路使用,应用极广。

利用 RC 选频网络构成的正弦振荡电路中,电阻 R、电容 C 和三极管级间电容共同制约了振荡频率,选择性也差,一般用于低频场合。正弦振荡的高频应用必须采用 LC 振荡方式。

8.2 LC 正弦振荡电路

本节在 RC 正弦振荡的基础上,介绍基于 LC 谐振的各种正弦振荡电路。

这些振荡电路包括变压器反馈式、电容三点式、电感三点式和晶体振荡式。

各种振荡方式先从电路基本形式开始,简要说明工作原理和元器件作用,然后分析和判断电路的振荡条件,给出电路振荡频率的近似公式,最后评价振荡电路的主要特点。

由于涉及频率之后,反馈电路参数的数学表达式会频繁出现复数。为使问题简化,略去冗繁的数学运算,多采用物理意义描述方式。

8.2.1 变压器反馈式

1. 电路基本形式

变压器反馈式正弦振荡基本电路形式如图 8-5 所示。

电路中三极管 VT 和谐振网络属于核心部件。

三极管 VT 接成共发射极工作方式,R_{b1} 和 R_{b2} 为基极分压式偏置电阻;R_e 和 C_e 构成直流电流串联负反馈,用以稳定直流工作点;集电极供电通过变压器初级 N_1 获得。

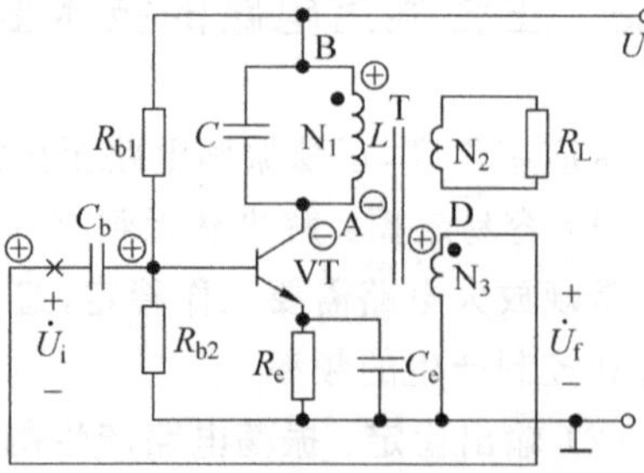

变压器 T 的初级电感 L 与电容 C 组成**并联谐振网络**,当 $f=f_0$ 时,网络呈现纯电阻性,且为最大值;变压器 T 的次级 N_3 用于形成正反馈,次级 N_2 用于信号输出,与负载匹配。

电容 C_b 是放大电路的输入信号耦合电容,与

图 8-5 变压器反馈式正弦振荡
基本电路

普通放大电路的不同之处在于,C_b 接入的信号来源于本级的输出端。

2. 振荡条件分析

电容 C_b 的左边"×"处是分析电路能否形成正反馈的关键点,判断时先假设"×"处已断开。

从电容 C_b 的右边作瞬间极性标注,从三极管基极为"＋"开始,由于三极管是共发射极工作方式,集电极为"－",A 点为"－",B 点为"＋",D 点与 B 点是同名端也为"＋",反馈到"×"处为"＋"。瞬间极性标注之后,可以发现,在"×"处三极管的输入信号引入了一个能增加基极电流 i_b 的反馈电压 U_f,"×"处连接后电路会实施交流电压并联正反馈。

根据瞬间极性标注结果,可以判定电路满足相位平衡条件。

只要适当选择变压器 T 的次级 N_3 的匝数,使 U_f 较大,或者选配三极管的 β 使电路放大倍数足够大,就能满足起振的幅度条件:

$$|\dot{U}_f| > |\dot{U}_i|, \quad |\dot{A}\dot{F}| > 1 \tag{8-10}$$

3. 电路特点

忽略变压器绕组的自身电阻,电路的振荡频率为

$$f_0 \approx \frac{1}{2\pi\sqrt{LC}} \tag{8-11}$$

振荡电路的稳幅是通过三极管的非线性来实现的。电路起振以后,振荡幅度不断增大,三极管逐渐进入非线性区,电路的电压放大倍数随着 $U_i = U_f$ 的增加而减小,限制了输出电压 U_o 的继续增大,最终使电路稳幅振荡。

与普通放大电路相比,变压器正弦振荡电路的三极管工作在非线性区,集电极电流中含有基波和高次谐波分量。由于电感的感抗与频率成正比($X_L = j\omega L$),尽管 LC 并联谐振网络对基波 f_0 呈现阻抗最大,高次谐波还是会影响正弦振荡的波形质量,振荡输出电压波形基本为正弦波。

8.2.2　电感三点式

1. 电路基本形式

电感三点式正弦振荡基本电路形式如图 8-6 所示。

电路中三极管 VT 和谐振网络属于核心部件。

三极管 VT 接成共发射极工作方式,R_{b1} 和 R_{b2} 为基极分压式偏置电阻;R_e 和 C_e 构成直流电流串联负反馈,用以稳定直流工作点;集电极供电通过电感 L_1 获得。

电感从一个连续绕制的线圈中间抽头而分成 L_1 及 L_2 两段,再与电容 C 并联,组成谐振网络作为放大电路的负载。

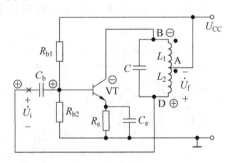

图 8-6　电感三点式正弦振荡基本电路

反馈电压取自电感 L_2,由于 LC 并联回路电感的三个端子 B、A 和 D 交流特性分别与

三极管的集电极、发射极和基极连接,**电感三点式**由此得名,也称**哈特莱**(Hartley)振荡电路。

电容 C_b 与变压器反馈式电路的作用相同,将输出信号回送到输入端。

2. 振荡条件分析

电容 C_b 的左边"×"处是分析电路能否形成正反馈的关键点,判断时先假设"×"处已断开。

从电容 C_b 的右边作瞬间极性标注,从三极管基极为"+"开始,由于三极管是共发射极工作方式,集电极为"−",B 点为"−",D 点为"+",A 点为交流地。

瞬间极性标注之后,可以发现,在"×"处三极管的输入信号引入了一个能增加基极电流 i_b 的反馈电压 U_f,U_f 取了并联谐振的一部分电压,极性下正上负,"×"处连接后电路也会实施交流电压并联正反馈。

对于幅度条件,只要使放大电路有足够的电压放大倍数,且 L_1 和 L_2 的匝数比选择得当,就能使反馈电压足够大而满足起振条件。

3. 电路特点

电感三点式振荡电路的振荡频率基于 LC 并联回路的谐振频率,同样忽略电感的自身电阻。

$$f_0 \approx \frac{1}{2\pi\sqrt{LC}} = \frac{1}{2\pi\sqrt{(L_1 + L_2 + 2M)C}} \tag{8-12}$$

式中,L 为回路的等效电感;M 为电感 L_1 和 L_2 之间的互感量。实际应用时可采用可变电容选择振荡频率,一般用于产生几十兆赫兹频率的场合。

电感三点式振荡电路容易起振,频率调节范围也较大。

振荡电路的稳幅也是通过三极管的非线性来实现的。由于反馈电压取自电感 L_2,与变压器反馈振荡方式一样,振荡输出的正弦波会因为有高次谐波分量而显得较差。

8.2.3 电容三点式

1. 电路基本形式

电容三点式正弦振荡基本电路形式如图 8-7 所示。

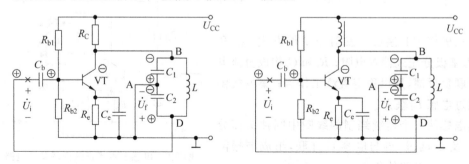

图 8-7　电容三点式正弦振荡基本电路

电路中三极管 VT 和谐振网络属于核心部件。

三极管 VT 接成共发射极工作方式，R_{b1} 和 R_{b2} 为基极分压式偏置电阻；R_e 和 C_e 构成直流电流串联负反馈，用以稳定直流工作点；集电极供电通过电阻 R_C 获得，也可换用扼流圈，其作用还能避免集电极交流对地短路。

LC 谐振网络采用了两个电容 C_1 和 C_2，并从中间引出端子接地。

反馈电压取自电容 C_2，由于 LC 并联回路与电容相关的三个端子 B、A 和 D 交流特性分别与三极管的集电极、发射极和基极连接，**电容三点式** 由此得名，也称 **考尔皮兹**（Colpitts）振荡电路。

电容 C_b 与前两种电路的作用相同，将输出信号回送到输入端。

2. 振荡条件分析

电容 C_b 的左边"×"处是分析电路能否形成正反馈的关键点，判断时先假设"×"处已断开。

从电容 C_b 的右边作瞬间极性标注，从三极管基极为"＋"开始，由于三极管是共发射极工作方式，集电极为"－"，B 点为"－"，D 点为"＋"，A 点为交流地。

瞬间极性标注之后，可以发现，在"×"处三极管的输入信号引入了一个能增加基极电流 i_b 的反馈电压 U_f。U_f 取了并联谐振的一部分电压，极性下正上负，"×"处连接后电路也会实施交流电压并联正反馈。

对于幅度条件，通常取 $C_1/C_2 \leqslant 1$，就能使反馈电压足够大而满足起振条件。

3. 电路特点

电容三点式振荡电路的振荡频率基于 LC 并联回路的谐振频率，同样忽略电感的自身电阻。

$$f_0 \approx \frac{1}{2\pi\sqrt{LC}} = \frac{1}{2\pi\sqrt{LC_1C_2/(C_1+C_2)}} \tag{8-13}$$

电容三点式振荡电路的反馈电压取自电容 C_2 两端，对于高次谐波，电容容抗 $\left(X_L = \dfrac{1}{j\omega C}\right)$ 很小，振荡输出波形谐波分量少，波形质量高。由于 C_1 和 C_2 可以选得很小，振荡频率可达 100MHz 以上。

实际应用中，C_1 和 C_2 要兼顾起振幅度条件和振荡频率两个参数，难以控制。

8.2.4　三点式振荡电路的规律

谐振回路包含 3 个电抗元件，引出 3 个点与三极管连接。无论是电感三点式还是电容三点式振荡电路，为满足振荡的相位条件和保证谐振环境，都存在一定的规律。

在三极管放大电路中，发射极连接两个电抗属性相同的元件，可使相位条件得到满足；另一个不同属性的电抗元件连接在集电极和基极之间，确保谐振网络存在，这就是通常所说的"射同集反"。对于集成运放组成的振荡电路，则有"P 同 N 反"的规律。

图 8-8 通过交流通路说明了这种规律。

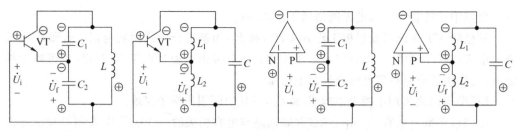

图 8-8　三点式振荡电路的规律

8.2.5　三点式振荡电路的改进

1. 克莱普振荡电路

为了提高振荡频率,使得电容容量减少到不受三极管极间电容值影响,对电容三点式振荡电路进行改进。具体方法是,在电感支路串联了一个小电容 C_3,电路名称也改为**克莱普**(Clapp)**振荡电路**。

克莱普振荡电路如图 8-9 所示。

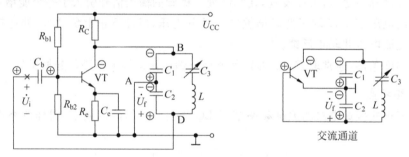

图 8-9　克莱普正弦振荡电路

与电容三点式电路相比,C_3 的加入使电路振荡频率公式变得复杂。

$$f_0 \approx \frac{1}{2\pi\sqrt{LC}} = \frac{1}{2\pi\sqrt{L/(1/C_1+1/C_2+1/C_3)}} \qquad (8\text{-}14)$$

在选择电容容量时,使得 C_1 和 C_2 都远远大于 C_3,即使考虑三极管极间电容,公式中的 $1/C_1$ 和 $1/C_2$ 都可以忽略。这样,振荡频率主要由 C_3 决定。

$$f_0 \approx \frac{1}{2\pi\sqrt{LC_3}} \qquad (8\text{-}15)$$

克莱普振荡电路既能保证幅度条件,又容易调整,振荡频率稳定度也很高。

电路振荡频率稳定度高是以牺牲起振条件为代价的,由于 C_3 的接入,电感的损耗电导会影响到三极管集电极 C 和发射极 E 两端,使电路起振条件更加严格。

2. 西勒振荡电路

西勒(Seiler)**振荡电路**如图 8-10 所示。可以认为是克莱普振荡电路的改进。具体做法是,在谐振网络的电感旁边再并联一只小电容 C_4,使谐振网络的电容主要由两只小电容决定:

$$C = \frac{C_1 C_2 C_3}{C_1 C_2 + C_1 C_3 + C_2 C_3} + C_4 \approx C_3 + C_4 \qquad (8\text{-}16)$$

电路振荡频率为

$$f_0 \approx \frac{1}{2\pi \sqrt{LC}} = \frac{1}{2\pi \sqrt{L(C_3 + C_4)}} \qquad (8\text{-}17)$$

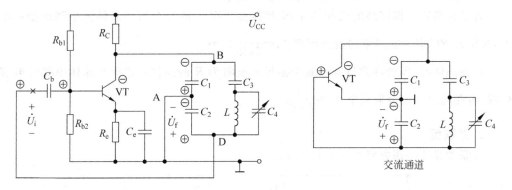

图 8-10 西勒振荡电路

西勒振荡电路保留了克莱普振荡电路的优点,电路振荡频率稳定度高。由于电容 C_4 与谐振回路的电感并联,使用时固定 C_3,调整可变电容 C_4 以改变振荡频率,接上负载之后,对三极管工作影响小,输出幅度稳定。

西勒振荡电路能工作在很宽的频率范围内。

采用分立无源器件 LC 构成谐振网络存在的问题是,元器件参数离散性大,电路性能的一致性差;随着时间的推移,电路的长期稳定性差;回路的品质因数 Q 值也不高,即使是克莱普电路和西勒电路,带载 Q 值也只能达到 $10^{-5} \sim 10^{-4}$ 数量级。

8.2.6 晶体振荡电路

为解决无源器件 LC 构成谐振网络存在的问题,可以采用石英晶体作为谐振回路。根据石英晶体在电路中的位置,晶体振荡电路分为**串联性**和**并联型**。

1. 串联型

串联型晶体振荡电路如图 8-11 所示。

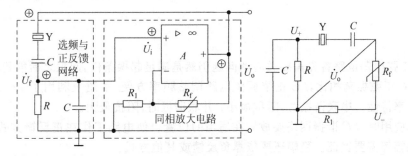

图 8-11 串联型晶体振荡电路

电路图 8-11 中,石英晶体 Y 取代了文式桥中的一个电阻 R,正反馈满足起振,负反馈稳幅等原理与前述 RC 串并联振荡电路完全相同。

可以用石英晶体的谐振曲线来帮助分析电路的振荡频率。

在石英晶体的串联谐振频率 f_s 处,石英晶体的阻抗最小,呈纯电阻性,从而满足振荡条件。负温度系数热敏电阻 R_f 用于稳定输出幅度。

为了提高正反馈网络的选频特性,应使振荡频率 f_0 既符合石英晶体的串联谐振频率 f_s,又符合 RC 串并联网络的谐振频率 $f_0 = \dfrac{1}{2\pi RC}$。

选择晶体时,需要注意选择串联谐振等效电阻为 R 的晶体;选择与晶体串联的电容 C 时,需要注意满足谐振频率 $f_0 = \dfrac{1}{2\pi RC} = f_s$。

2. 并联型

并联型晶体振荡电路如图 8-12 所示。

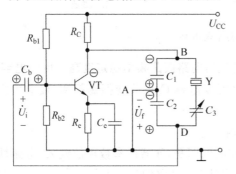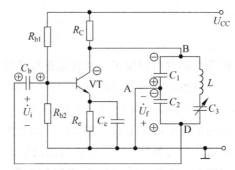

图 8-12　并联型晶体振荡电路

并联振荡时,石英晶体工作于 f_s 与 f_p 之间,呈感性状态,参与电容三点式振荡电路,电路属性为克莱普振荡电路。

石英晶体出厂之后,会给出标称频率的指标。这个标称频率既不是 f_s,也不是 f_p,而是外接校正电容之后的振荡频率。

石英晶体接入电路之后,与电容 C_1、C_2 和 C_3 共同组成谐振网络,电路的振荡频率落在 f_s 与 f_p 之间。可以使 f_0 在 f_s 与 f_p 之间产生小的变动:增加 C_3,f_0 向 f_s 偏移;减小 C_3,f_0 向 f_p 偏移。

无论 C_3 怎样变化,电路的谐振频率范围总能保证 $f_s < f_0 < f_p$。

小结

LC 正弦振荡电路首先需要关心的问题仍然是满足起振条件,起振之后能稳定输出。

与 RC 正弦振荡相比,LC 正弦振荡电路调整频率方便,本质上利用了 LC 无源谐振网络的频率特性。串联谐振时,阻抗最小;并联谐振时,阻抗最大。

具体应用时,LC 谐振网络要放置在适当的位置。使电路工作在正反馈方式是前提,选频和稳幅都需要保证。稳幅还要依靠负反馈或其他方式。

从变压器反馈式,到三点式振荡,再到晶体振荡方式,振荡电路输出频率的长期稳定度逐步提高。

精度要求很高的应用场合,还需要把 LC 振荡和晶体振荡相结合。

8.3　正弦振荡电路实例

本节在正弦振荡基本原理的基础上,将具体电路予以展开。按照先简单后复杂,先分立元件电路后集成电路的顺序,对电路实例进行详细分析。

分析正弦振荡电路,首先需要明确有源器件及其工作状态,然后找到选频网络,画出交流通路,分析电路能否满足振荡条件;定量分析包括电路振荡频率 f_0 和放大电路的电压增益 A_u;电路中辅助元器件的作用也不能忽视。

正弦振荡还可以用来从外来信号中提取时钟,节末会有电路实例,并比较 Q 值的作用。

8.3.1　LC 振荡电路

1. 变压器反馈式

图 8-13 是两种采用变压器反馈方式的三极管振荡电路。

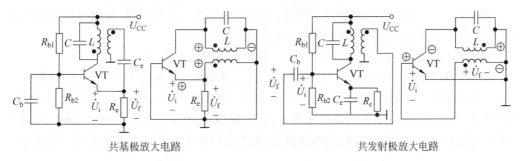

共基极放大电路　　　　　　　　　　　　共发射极放大电路

图 8-13　变压器反馈方式的三极管振荡电路

图 8-13 中,共基极放大电路将 LC 谐振回路串联在集电极通路中,变压器次级将放大信号反馈到电阻 R_e 上。假设输入信号 U_i 瞬间极性为"+",由于共基极放大电路输出信号与输入信号同相,集电极瞬间极性为"+",根据变压器同名端属性,在 R_e 上产生的反馈电压 U_f 为"+",电路满足正反馈条件。

共发射极放大电路也是将 LC 谐振回路串联在集电极通路中,变压器次级将放大信号反馈到基极。假设输入信号 U_i 瞬间极性为"+",由于共发射极放大电路输出信号与输入信号反相,集电极瞬间极性为"−",根据变压器同名端属性,在三极管基极的反馈电压 U_f 为"+",电路能满足正反馈条件。

两种电路振荡频率均为 $f_0 = \dfrac{1}{2\pi\sqrt{LC}}$。

变压器反馈式振荡电路较为复杂的形式如图 8-14 所示。

图 8-14 所示电路为中波收音机前端**变频电路**,主要完成本地振荡和混频功能。

理论研究表明,为提高接收电路的灵敏度,需要采用变频方式接收。即本地产生振荡信号,与外来信号混频,差拍生成中频信号,再供后续电路处理。

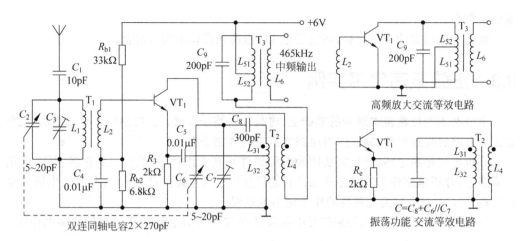

图 8-14　中波收音机前端变频电路

图中，从天线接收到的高频信号经过 L_1、C_2 和 C_3 选频后，由变压器 T_1 的次级送入三极管基极，信号放大后，由集电极输出，变压器 T_3 的作用类似于 R_C。因此，对于高频信号，三极管工作于共发射极状态。对于中波频段，频率范围为 535～1605kHz。

由于电容 C_4 和 C_5 对高频相当于短路，根据所标电感同名端属性，集电极输出在电感线圈 L_{32} 上产生的电压信号回送到发射极，满足正反馈条件。

根据交流等效电路可知，三极管 VT_1 工作在共基极放大方式。

振荡电路的选频网络由 C_6～C_8 和 L_3 组成，本地振荡频率范围为 1000～2070kHz。

三极管的集电极供电由变压器 T_3 和 T_2 提供，静态工作点由 R_{b1}、R_{b2} 和 R_e 决定。中频回路由 C_9 和 L_5 组成，对本振频率严重失谐，近似短路，它基本上不会影响本机振荡电路的工作；电感线圈 L_{32} 对中频呈现的感抗很小，也不会影响集电极输出混频后的中频信号。

2. 电容三点式

电容三点式振荡电路实例如图 8-15 所示。

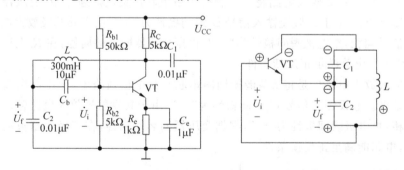

图 8-15　电容三点式振荡电路实例

图 8-15 中，三极管工作在共发射极放大方式。

基极偏置电阻 R_{b1} 和 R_{b2}、集电极电阻 R_C 和发射极电阻 R_e 的作用与常规放大电路相同。

耦合电容 C_b 和 C_e 对高频信号视同短路。在交流通路中，根据瞬间极性判别法，反馈电压 U_f 和输入电压 U_i 极性相同，满足相位条件。

从电路结构上看,谐振网络与三极管 3 个电极的接法符合"射同集反"原则。即发射极连接了两个电容,电抗属性相同,集电极与基极连接了一个与电容属性不同的电感,电路能形成振荡。电路振荡频率通过式(8-13)计算,约为 411kHz。

电路中发射极电容 C_e 是保证三极管直流工作负反馈的,如果 C_e 不存在,则 R_e 同时具有负反馈作用,使电路放大倍数下降,不容易起振。

基极输入信号耦合电容 C_b 如果短接,则三极管基极与集电极直流电位几乎相等,静态工作点不合适,使电路无法工作。

8.3.2　RC 振荡电路

1. 桥式振荡

RC 桥式振荡电路如图 8-16 所示。

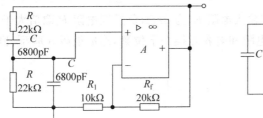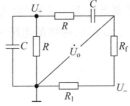

图 8-16　RC 桥式振荡电路

图 8-16 中有源器件为集成运放,电路连接方式为桥式,满足正弦振荡的相位条件。RC 桥式网络正反馈系数 $F=1/3$。

有源放大电路的电压放大倍数为

$$A_u = 1 + \frac{R_f}{R_1} = 1 + 2 = 3$$

电路满足正弦振荡的幅度条件,振荡频率为 $f_0 = \dfrac{1}{2\pi RC} = 1064(\text{Hz})$。

2. 移相振荡

用 RC 移相网络配合集成运放组成的振荡电路如图 8-17 所示。

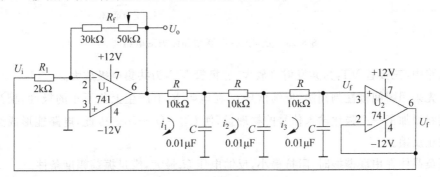

图 8-17　RC 移相振荡电路

电路中有两个集成运放（741），一个接成同相电压跟随器，以增强带负载能力；一个接成反相电压放大器，以满足电压放大倍数的要求。

三节 RC 网络级联，属于电容并联型，总效果可产生 $180°$ 相移，移相网络保证了振荡的相位条件。

根据环路电流计算方法，建立联立方程，可求解出电流 i_3。这样，可以得到集成运放 U_1 的输出电压 U_o 与集成运放 U_2 的同相输入端电压 U_f 之间的关系式。

$$\frac{U_f}{U_o} = \frac{X_C^3}{R^3 + 5R^2 X_C + 6R X_C^2 + X_C^3} \tag{8-18}$$

将 $X_C = \dfrac{1}{j\omega C}$ 代入公式，在实数范围内运算，可求得电路的振荡频率及满足幅度要求的电压放大倍数

$$f_0 = \frac{\sqrt{6}}{2\pi RC}, \qquad \frac{U_f}{U_o} = -\frac{1}{29} \tag{8-19}$$

电路中集成运放 U_1 的反相输入电阻 R_1 为 $2\text{k}\Omega$，负反馈电阻 R_f 取值大于 $60\text{k}\Omega$ 即可。

把电路中 RC 移相网络的电阻和电容互换一下位置，形成电阻并联型，则电路振荡频率减小很多：

$$f_0 = \frac{1}{2\pi \sqrt{6} RC} \tag{8-20}$$

8.3.3 晶体振荡电路

1. 分立元件振荡电路

图 8-18 是采用三极管放大的晶体振荡电路。

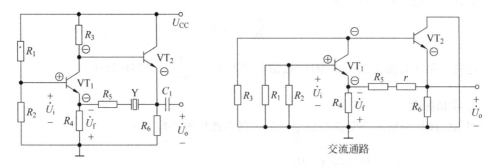

图 8-18 分立元件串联型晶体振荡电路

电路中，三极管 VT_1 为共发射极放大，三极管 VT_2 为共集电极放大。

首先采用瞬间极性判别法，反馈信号 U_f 在电阻 R_4 上产生上负下正的极性，相当于在基射通路增加了一个强化输入信号的物理量，使 $U_{be} = U_i + U_f$。因此，电路能形成交流电压串联正反馈。

石英晶体在串联谐振时，阻抗最小，反馈电压 U_f 最大，满足振荡幅度条件。

电路的振荡频率就是晶体的串联谐振频率 f_s。

2. 集成电路振荡电路

石英晶体支持门电路产生低频振荡的电路如图 8-19 所示。

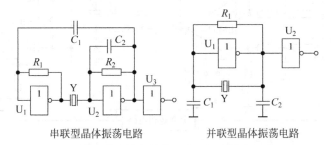

串联型晶体振荡电路　　　　　　　　　　并联型晶体振荡电路

图 8-19　石英晶体支持门电路产生脉冲方波

串联振荡电路中,反相器 U_1 和 U_2 各有一个电阻 R_1 和 R_2 并联在入出之间,使反相器工作在线性放大区。对于 TTL 门电路,取值范围 $0.7\sim2\text{k}\Omega$;对于 CMOS 门电路,取值范围 $10\sim100\text{M}\Omega$。

电容 C_1 用于两个反相器之间的信号耦合,电容 C_2 的作用为抑制高次谐波,以保证输出波形的频率稳定。

电容 C_2 的选择应满足 $2\pi R_2 C_2\approx1/f_s$,使 $R_2 C_2$ 并联网络在 f_s 处产生极点,以减少选择信号的损失。电容 C_1 的选择应使得其在频率为 f_s 时的容抗 $\left(\dfrac{1}{2\pi f_s\,C_1}\right)$ 很小,可以忽略不计。

串联振荡电路的振荡频率仅取决于晶体的串联谐振频率 f_s,与 RC 参数无关,因为电路对频率为 f_s 的信号形成的正反馈最强且易于维持振荡。

振荡出来的正弦波经 U_3 整形之后输出为脉冲方波。

并联振荡电路中,晶体 Y、电容 C_1 和 C_2 谐振于晶体的并联谐振频率 f_p,晶体呈感性电抗,改变 C_1 和 C_2 的大小可微调振荡频率。

电阻 R_1 的作用也是使门电路工作在线性区,以增强电路的灵敏度和稳定性。

8.3.4　压控振荡电路

压控振荡电路以有源器件为核心,谐振网络采用 LC 或晶体,在满足振荡条件时,完成正弦振荡的功能。为保证振荡电路的频率要求,实际应用时,压控振荡电路一般处于锁相环中。

锁相环电路通过压控振荡、分频、鉴相和低通等措施,从外来信号中提取时钟(f_0)。

图 8-20 是用于某通信设备编码模块的锁相环电路,提取的频率为 42.96MHz。

压控振荡电路以集成电路 U_1(1648)为核心,变容二极管 D_1、D_2、电容 C 和电感 L 共同组成谐振回路,变容二极管的受控电压由环路中的低通滤波电路提供。变容二极管反偏工作时,随着反向电压的变化而改变电容量。

压控振荡电路的频率:

$$f_0=\cfrac{1}{2\pi\sqrt{L\left(C+\dfrac{C_{D1}C_{D2}}{C_{D1}+C_{D2}}\right)}}\qquad(8\text{-}21)$$

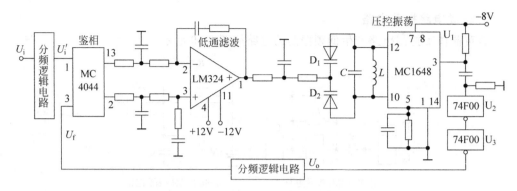

图 8-20　压控振荡器编码电路实例

公式中,C_{D1} 和 C_{D2} 是变容二极管的结电容,反映出对谐振频率的影响作用。

集成电路 U_2 和 U_3 用于对输出波形整形,将正弦波变成方波。

谐振网络也可以采用石英晶体,两者的性能会有区别。

图 8-21 是用于某通信设备解码模块的锁相环电路。

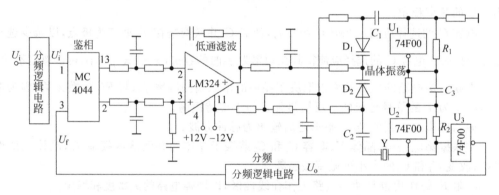

图 8-21　压控振荡器解码电路实例

压控振荡电路以集成电路 U_1 和 U_2(74F00)为核心,变容二极管 D_1、D_2、电容 C_1、C_2 和晶体 Y 共同组成串联谐振回路,电容 C_3 为级间反馈元件。变容二极管反向偏置工作,受控电压由环路中的低通滤波电路提供。电容串联之后,总容量取决于最小容量的电容。石英晶体在串联谐振时,容量最小。因此,决定电路振荡频率主要由石英晶体的串联谐振频率(f_s)决定。

比较两种压控振荡电路,相同之处较多,唯一区别在于谐振回路。

编码电路的谐振回路是 LC,Q 值不如石英晶体的高,这种做法是为了适应系统的要求。编码电路需要对前端输入信号 U_i 频率变化有足够的容忍度,Q 值太高,尽管选择性好,但一旦前端输入信号 U_i 频率偏离太多,容易造成失谐。

解码电路的谐振回路是石英晶体,输出给后级电路的信号需要稳定,Q 值越高,输出信号 U_o 频率的变化越小,对后级电路的危害越小。

上述两例都是利用外来信号,经过锁相环的处理,抽取信号中的频率分量,但正弦振荡在电路中起了关键作用。

小结

正弦振荡电路以有源器件为核心,配合谐振网络,形成正反馈电路,在满足幅度和相位条件之后,能产生符合频率要求的正弦波。正弦振荡电路本质上还是能量转换电路,产生正弦波的诱因可以是电源的扰动,逐步起振,也可以从外来信号中提取特定的频率分量。

正弦振荡电路中普遍存在正反馈和负反馈两种技术,两者的属性和作用完全不同。前者是使电路能够产生正弦波,后者是使电路产生的正弦波输出稳定。相辅相成,缺一不可。

正弦振荡电路中,谐振网络的品质因数 Q 值的高低,决定了谐振电路的选择性和稳定性,高 Q 值电路不是万能的。

习题八

8-1　选择题

(1) 自激振荡是指在(　　)时,电路产生了(　　)和(　　)输出波形的现象,输出波形的变化规律取决于(　　)。

　　A. 有输入信号　　　B. 没有输入信号　　C. 有规则的

　　D. 无规则的　　　　E. 持续存在的　　　F. 瞬间消失的

　　G. 外界干扰源　　　H. 元器件噪声　　　I. 电路自身参数

(2) 自激振荡电路实质上是外加信号为零时的(　　)。

　　A. 基本放大电路　　B. 负反馈放大电路　C. 正反馈选频放大电路

(3) 正弦振荡电路幅度平衡条件是(　　),相位平衡条件是(　　),起振的幅度条件是(　　)。

　　A. $1<|\dot{A}\dot{F}|$　　　　B. $|\dot{A}\dot{F}|=1$　　　C. $|\dot{A}\dot{F}|<1$

　　D. $2n\pi$　　　　　　E. $(2n+1)\pi$　　　　F. $n\pi$

(4) 正弦振荡电路的基本组成包括(　　)。

　　A. 基本放大电路和正反馈网络

　　B. 基本放大电路和选频网络

　　C. 基本放大电路和负反馈网络

　　D. 基本放大电路、正反馈网络和选频网络

(5) 正弦振荡电路中正反馈网络的作用是(　　)。

　　A. 保证电路满足相位平衡条件　　　　B. 提高放大电路的电压放大倍数

　　C. 使电路产生单一频率的正弦波　　　D. 保证电路满足幅度平衡条件

(6) 正弦振荡电路中放大电路的主要作用是(　　)。

　　A. 保证电路满足振荡条件,持续输出正弦信号

　　B. 保证电路满足相位平衡条件

　　C. 减小外界影响

　　D. 同时具备上述 3 种作用

(7) 为满足振荡的相位平衡条件,反馈信号与输入信号的相位差应等于(　　)。

    A. 90°　　　　　　B. 180°　　　　　　C. 270°　　　　　　D. 360°

(8) 为满足振荡的相位平衡条件,在 RC 文氏电桥组成的放大电路中,反馈信号与输入信号的相位差合适的值是(　　)。

    A. 90°　　　　　　B. 180°　　　　　　C. 270°　　　　　　D. 360°

(9) 一个振荡电路的正反馈网络的反馈系数为 0.02,为保证电路起振且获得较好的输出波形,放大电路的电压放大倍数取值(　　)最合适。

    A. 1　　　　　　B. 5　　　　　　C. 20　　　　　　D. 50

(10) 如果依靠振荡管本身来稳幅,则从起振到输出幅度稳定,管子的工作状态是(　　)。

    A. 一直在线性区　　　　　　　　　　B. 从线性区过渡到非线性区

    C. 一直在非线性区　　　　　　　　　D. 从非线性区过渡到线性区

(11) 对于 RC 桥氏振荡,为减轻放大电路对 RC 串并联网络的影响,引入的负反馈类型是(　　)。

    A. 电压串联　　　B. 电压并联　　　C. 电流串联　　　D. 电流并联

(12) 在并联型石英晶体振荡电路中,对于振荡信号,石英晶体相当于一个(　　)。

    A. 阻值极小的电阻　　　　　　　　　B. 阻值极大的电阻

    C. 电感　　　　　　　　　　　　　　D. 电容

(13) 在串联型石英晶体振荡电路中,对于振荡信号,石英晶体相当于一个(　　)。

    A. 阻值极小的电阻　　　　　　　　　B. 阻值极大的电阻

    C. 电感　　　　　　　　　　　　　　D. 电容

(14) RC 振荡、LC 振荡和晶体振荡分别适合于(　　)、(　　)和(　　)场合。

    A. 低频　　　　　　B. 高频　　　　　　C. 频率稳定度要求高的

(15) 在三点式振荡电路的 3 个电抗中,与(　　)相连的是两个相同性质的电抗。如果这种电抗是容性,则电路为(　　)三点式振荡电路;如果这种电抗是感性,则电路为(　　)三点式振荡电路。

    A. 基极　　　　　　B. 发射极　　　　　　C. 集电极

    D. 电容　　　　　　E. 电感　　　　　　　F. 晶体

8-2　判断题

(1) 在 LC 正弦振荡电路中,振荡幅度的稳定,是利用三极管的非线性来实现的。(　　)

(2) RC 振荡电路的振荡管一直工作在线性放大区。(　　)

(3) 在正反馈电路中,如果有 LC 谐振回路,电路就一定能产生正弦振荡。(　　)

(4) 正弦振荡电路中的放大管仍然需要一个合适的静态工作点。(　　)

(5) RC 相移正弦振荡电路,至少需要 3 节 RC 相移网络,才能正常振荡。(　　)

(6) 放大电路的输出信号与输入信号频率相同,振荡电路一般不需要输入信号。(　　)

(7) 石英晶体在并联应用时,是一个 Q 值很高的电感。(　　)

(8) 正弦振荡电路中如果没有选频网络,就不能引起自激振荡。(　　)

8-3　图 8-22 所示两种测试并联谐振回路的方法,信号源是电流源,调整电容 C 使回路产生谐振。下列两种说法是否正确? 为什么?

图 8-22(a)把高频电流表串联在回路里面,电流表指示最大即表示谐振了。

图 8-22(b)把高频电流表串联在回路外面,电流表指示最小即表示谐振了。

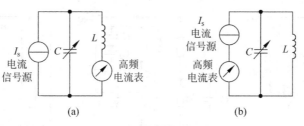

图 8-22

8-4 试标出图 8-23 中各个变压器的同名端,使之满足产生振荡的条件。

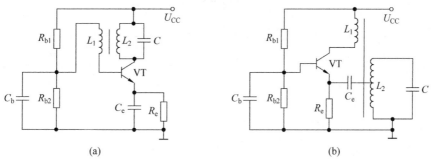

图 8-23

8-5 分析、改正图 8-24 所示各电路中的错误。

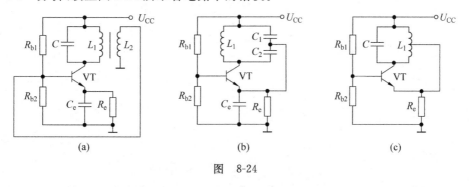

图 8-24

8-6 试判断图 8-25 所示各电路能否满足相位平衡条件。

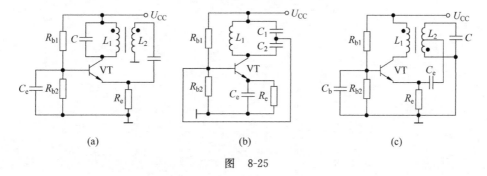

图 8-25

8-7 试判断图 8-26 所示各电路能否产生振荡，如果能够，是串联型还是并联型，石英晶体从中起何种作用。

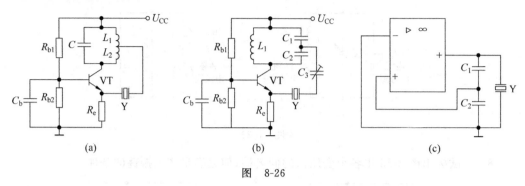

图 8-26

CHAPTER 9 第9章

高频小信号放大电路

9.1 电路特点与性能指标

本节在电磁波频段划分的基础上,以中波调幅广播系统为例,介绍发送和接收各个电路的名称、属性和功能,突出低频和高频电路的不同作用。

谐振回路和高频器件是高频电路中的核心,谐振回路的选频特性已在第 8 章有过描述,还需要增加阻抗变换特性,以便用于高频小信号电路分析;三极管的高频特性与低频特性相比,差别较大。由于电抗元件的原因,表达式中难免出现复数形式。

与低频电路相比较,高频电路的性能指标更加严格,需要引起注意。

9.1.1 电磁波的波段划分

常规的声音信号或图像信号如果只依靠金属,很难传递到远方。根据麦克斯韦(J. C. Maxwell)的预言和后人的实践,证明电磁波可以不凭借导体的联系,在空间传播信息和能量,这就为无线电和高频技术的广泛应用创造了条件。借助于电磁波的传播,人类可使通信距离达到光年。

电磁波的波段划分及典型应用如表 9-1 所示。

表 9-1　电磁波的波段划分及典型应用

名称	频率范围	波　长	典 型 应 用
长波	3~300kHz	$10^3 \sim 10^5$ m	导航、声纳、电话、电报、频标、航标
中波	0.3~3MHz	$10^2 \sim 10^3$ m	广播、业余通信、海事通信
短波	3~1000MHz	$0.3 \sim 10^2$ m	广播、点到点通信、LAN
微波	1~300GHz	1nm~0.3m	广播、雷达、卫星通信、移动通信

由于波长与频率的乘积为光速:

$$C = f\lambda = 3 \times 10^8 (\text{m/s}) \tag{9-1}$$

习惯称谓长波段为低频,中波段为中频,短波及微波段为高频。

9.1.2 调幅广播系统方框图

图 9-1 是调幅广播的系统方框图。

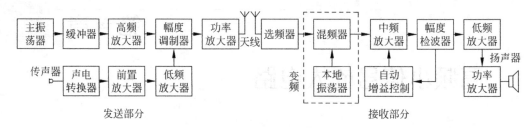

图 9-1　调幅广播系统方框图

调幅广播系统从功能上主要分为发送部分和接收部分。

发送部分将声音信号经过各种处理由发射天线送到天空中；空中的电磁波传递声音信号，按无线电波段划分，有微波、短波、中波和长波等；接收部分通过天线回路选择电台，再经过后续电路的处理，用扬声器还原出声音。

声音传播经历了有线—无线—有线的过程，电子线路也包括了低频和高频的各种电路形式。

为说明系统中低频电路和高频电路的作用，表 9-2 以中波广播为例，按类别进行了比较。

表 9-2　中波调幅广播系统发送和接收电路功能比较

系统组成	电路名称	电路属性	电路功能
发送部分	主振荡器	高频小信号放大	产生需要发往空中的各种频率（载波）
	缓冲器	高频小信号放大	将载波信号继续放大或缓冲
	高频放大器	高频小信号放大	将载波信号放大到足以能够进行调制
	幅度调制器	高频小信号放大	将声音信号调制到载波上
	功率放大器	高频功率放大	将调幅信号放大到足以驱动发送天线
	声电转换器	低频小信号转换	将语音信号转换成电信号，如话筒
	前置放大器	低频小信号放大	将微弱电信号进行放大
	低频放大器	低频小信号放大	将语音信号放大到足以参与调制
	天线	高频大功率传输	使调幅信号有足够的覆盖面
接收部分	天线	高频小功率传输	能感应到微弱的调幅信号
	选频器	高频小信号放大	对微弱调幅信号选台
	本地振荡器	高频小信号放大	产生本地振荡频率，比接收频率高出 465kHz
	混频器	高频小信号放大	将本地频率与外来频率差拍产生 465kHz 中频信号
	中频放大器	中频小信号放大	将 465kHz 中频信号放大
	幅度检波器	中频—低频转换	对调幅信号进行幅度检波，得到原始信号
	自动增益控制	直流—中频控制	将直流信号放大后，反馈控制中频放大
	低频放大器	低频小信号放大	将检波后的低频信号继续放大
	功率放大器	低频功率放大	将低频信号进行功率放大，以推动扬声器工作

9.1.3　谐振回路

1. 谐振回路的选频特性

选频是指从输入各种频率分量中选出有用信号,抑制无用信号和噪声。

LC 谐振回路分为**串联谐振**和**并联谐振**两种,后者应用更广。二者具有对偶关系,只要理解一种,则另一种可用对偶方式获得。

LC 谐振回路的选频特性详见第 8 章中的表 8-1。

2. 谐振回路的阻抗变换特性

串联电路和并联电路是高频电路中的基本电路。电抗元件加入之后,经常会遇到将串联电路变换为并联电路,或者把并联电路变换为串联电路。两种电路的等效阻抗指在相同工作频率的条件下,电路两端的阻抗相等。

表 9-3 反映了这种变换规律。

表 9-3　串并联阻抗的等效互换

比较内容	串联电路	并联电路
电路形式	X_1 r_1	X_2 R_2
阻抗	$Z_1 = r_1 + \mathrm{j}X_1$	$Z_2 = R_2\mathrm{j}X_2/(R_2 + \mathrm{j}X_2)$
阻抗互换	$Z = Z_1 = Z_2$ $r_1 = R_2\,X_2^2/(R_2^2 + X_2^2),\quad X_1 = R_2^2\,X_2/(R_2^2 + X_2^2)$	
品质因数	$Q_1 = X_1/r_1$	$Q_2 = R_2/X_2$
等 Q 原则	$Q = Q_1 = Q_2$	
互换结论	$r_1 = R_2/(Q^2 + 1)$ $X_1 = X_2/(1 + 1/Q^2)$	$R_2 = (Q^2 + 1)r_1$ $X_2 = (1 + 1/Q^2)X_1$
高 Q 结论	Q 值高时, $R_2 \approx Q^2 r_1$, $X_2 \approx X_1$ 串联电路转换为等效并联电路之后, R_2 为 r_1 的 Q^2 倍, X_2 与 X_1 相同	

3. 并联谐振回路的接入

将并联选择回路作为放大电路的负载时,连接方式会直接影响电路性能。

如果将三极管的集电极以及负载都直接接入谐振回路,则本级三极管的输出电阻 R_{o1}、输出电容 C_{o1}、下一级三极管的输入电阻 R_{i2} 和输入电容 C_{i2} 都与谐振回路并联,影响谐振回路的品质因数 Q 值,使放大电路的电压增益下降,选择性变差。下一级作为上一级的负载,直接接入也会使 Q 值下降。功率放大时,还要求三极管的输出阻抗与谐振回路阻抗相等,直接接入无法做到。

图 9-2 说明了这种现象。其中,图 9-2(a)表示假定 LC 回路直接接入集电极,图 9-2(b)反映受影响情况,图 9-2(c)关注与负载匹配情况。

为解决并联谐振回路的接入问题,通常采用变压器耦合、自耦变压器耦合和双电容耦合级联 3 种方式进行部分接入,引入接入系数 p 的概念。

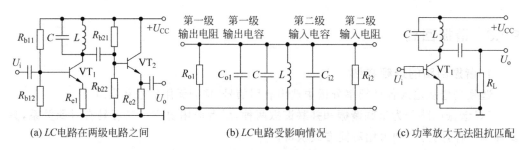

(a) LC电路在两级电路之间　　　　　(b) LC电路受影响情况　　　　　(c) 功率放大无法阻抗匹配

图 9-2　并联谐振回路不能直接接入的情况

表 9-4 比较了这 3 种情况。

表 9-4　并联谐振回路 3 种接入方式比较

比较内容	变压器耦合	自耦变压器耦合	双电容耦合
变换以前 电路形式			
变换以后 电路形式			
变换关系	$R'_L = \left(\dfrac{N_1}{N_2}\right)^2 R_L$	$R'_L = \left(\dfrac{N_1+N_2}{N_2}\right)^2 R_L$	$R'_L = \left(\dfrac{C_1+C_2}{C_1}\right)^2 R_L$
接入系数	$p = N_2/N_1$	$p = N_2/(N_1+N_2)$	$p = C_1/(C_1+C_2)$
通式	$R'_L = \dfrac{1}{p^2} R_L$		

4. 示例

部分接入方式的并联谐振电路如图 9-3 所示,图 9-3(a)为原电路,图 9-3(b)为变换之后的电路。

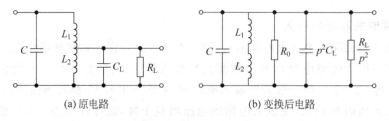

(a) 原电路　　　　　　　　　　(b) 变换后电路

图 9-3　并联谐振电路示例

假设电路元件参数 $L_1 = L_2 = 4\mu\text{H}$,两者之间的互感忽略,$C = 500\text{pF}$,空载品质因数 $Q_0 = 100$,负载电阻 $R_L = 1\text{k}\Omega$,负载电容 $C_L = 10\text{pF}$。

图 9-3 中,R_0 为回路的谐振电阻,根据图 9-3(b)求解接入系数为

$$p = N_2/(N_1 + N_2) = L_2/(L_1 + L_2) = 1/2$$

回路两端总电感为

$$L_{\Sigma} = L_1 + L_2 = 8(\mu\text{H})$$

C_L 等效之后在回路两端形成的电容为

$$C'_L = p^2 C_L = \left(\frac{1}{2}\right)^2 \times 10 = 2.5(\text{pF})$$

回路两端总电容为

$$C_{\Sigma} = C + C'_L = 500 + 2.5 = 502.5(\text{pF})$$

回路的谐振频率为

$$f_0 = \frac{1}{2\pi\sqrt{LC_{\Sigma}}} = \frac{1}{2\pi\sqrt{8 \times 10^{-6} \times 502.5 \times 10^{-12}}} \approx 2.51(\text{MHz})$$

回路的谐振电阻为

$$R_0 = Q_0 \omega_0 L = 100 \times 2\pi \times 2.51 \times 10^6 \times 8 \times 10^{-6} \approx 12.6(\text{k}\Omega)$$

回路两端等效负载电阻和两端总电阻分别为

$$R'_L = \frac{1}{p^2} R_L = 4 \times 1000\Omega = 4\text{k}\Omega, \quad R_{\Sigma} = R'_L // R_0 \approx 3(\text{k}\Omega)$$

回路的带载品质因数为

$$Q_L = \frac{R_{\Sigma}}{\omega_0 L} = \frac{R'_L // R_0}{\omega_0 L} = \frac{R_0}{\omega_0 L} \times \frac{R'_L}{R'_L + R_0} = Q_0 \times \frac{R'_L}{R'_L + R_0} = 100 \times \frac{4}{4 + 12.6} \approx 24.1$$

谐振电路的通频带为

$$f_{\text{BW}} = f_0 / Q_L \approx 104.3(\text{kHz})$$

9.1.4　三极管高频特性

1. 高频参数

三极管在高频工作时,内部性能随着频率发生很大变化。高频参数主要包括**截止频率** f_{β}、**特征频率** f_T 和**最高振荡频率** f_{MAX},以共发射极放大电路低频短路电流放大倍数 β_0 为参照的依据。

截止频率 f_{β} 定义为频率增大到为 $0.707\beta_0$ 时的频率。

特征频率 f_T 定义为电流放大倍数下降到 1 时的频率,也称单位增益频率。

最高振荡频率 f_{MAX} 定义为功率增益为 1 时的频率。

上述 3 个频率大小的顺序是截止频率 f_{β} 最低,特征频率 f_T 次之,最高振荡频率 f_{MAX} 最高。

图 9-4 是三极管内部影响高频工作的各种参数及前两种频率的示意图。

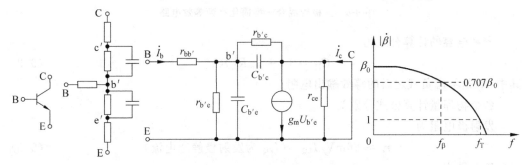

图 9-4　三极管高频参数示意图

图 9-4 中各参数的称谓及数量级如下。

基区体电阻 $r_{bb'}$：$15\sim50\Omega$，b' 称为有效基极。

基极回路电阻 $r_{b'e}$：发射结电阻 r_e 折合到基极回路之后的等效电阻，为几十欧姆至几千欧姆。

集电结电阻 $r_{b'c}$：$10k\Omega\sim10M\Omega$。

集射之间电阻 r_{ce}：几十千欧姆。

发射结电容 $C_{b'e}$：10 皮法至几百皮法。

集电结电容 $C_{b'c}$：几皮法。

跨导 g_m：几十毫西。

2. 小信号微变等效电路

三极管用于高频放大电路之后，也需要采用微变等效电路分析方法。常见高频小信号微变等效电路有混合 π 型和 Y 参数两种。

将图 9-4 略作变换，就形成混合 π 型等效电路，如图 9-5 所示。

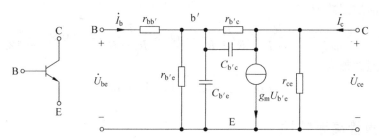

图 9-5　三极管混合 π 型高频等效电路

由于集电结电容 $C_{b'c}$ 跨接在输入和输出之间，为简化电路，把 $C_{b'c}$ 折合到输入端 b'、e 之间，与发射结电容 $C_{b'e}$ 并联，折合过来的电容称为密勒电容 C_M。集电结电阻 $r_{b'c}$ 和集射之间的电阻 r_{ce} 较大，一般可以将其开路，简化之后的混合 π 型等效电路如图 9-6 所示。

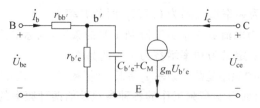

图 9-6　三极管混合 π 型简化高频等效电路

密勒电容的计算公式为

$$C_M = (1 + g_m R'_L)C_{b'c} \tag{9-2}$$

其中，R'_L 是考虑负载之后的等效输出电阻。

各个物理量计算公式分别为

发射极电阻为

$$r_e \approx 26mV/I_{EQ} \quad (I_{EQ}\ 为发射极静态电流) \tag{9-3}$$

三极管跨导为

$$g_m = \frac{1}{r_e} \tag{9-4}$$

基极回路电阻为

$$r_{b'e} = (1 + \beta_0) r_e \quad (\beta_0 \text{ 为低频短路电流放大倍数}) \tag{9-5}$$

结电容为

$$C_{b'e} + C_{b'c} = \frac{1}{2\pi f_T r_e} \quad (f_T \text{ 为三极管特征频率}) \tag{9-6}$$

混合 π 型等效电路用集中参数元件 RC 表示,物理过程明显,多用来分析电路原理。

Y 参数等效电路的具体做法是,用参数 Y 来关联三极管的 4 个物理量:基极电流、输入电压、集电极电流和输出电压。由于电抗元件与频率有关,各种参数均为复数。

三极管工作在共发射极放大方式时,Y 参数等效电路如图 9-7 所示。

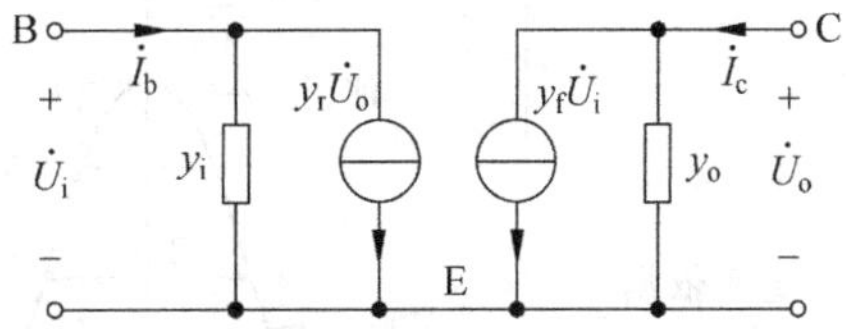

图 9-7　三极管 Y 参数高频等效电路

等效电路中,4 个 Y 参数定义如表 9-5 所示,符号采用小写字母,以区别用于电路之后的外部 Y 参数。

表 9-5　三极管高频等效电路 Y 参数定义

符　号	名　　称	定 义 条 件	定 义 形 式
y_i	输入导纳	输出短路　$\dot{U}_o = 0$	$y_i = \dot{I}_b / \dot{U}_i$
y_r	反向传输导纳	输入短路　$\dot{U}_i = 0$	$y_r = \dot{I}_b / \dot{U}_o$
y_f	正向传输导纳	输出短路　$\dot{U}_o = 0$	$y_f = \dot{I}_c / \dot{U}_i$
y_o	输出导纳	输入短路　$\dot{U}_i = 0$	$y_o = \dot{I}_c / \dot{U}_o$

设计高频电路时,把输入输出电压作为自变量,则可以建立输入输出电流的联立方程。

$$\begin{cases} \dot{I}_i = y_i \dot{U}_i + y_r \dot{U}_o & (9-7) \\ \dot{I}_o = y_f \dot{U}_i + y_o \dot{U}_o & (9-8) \end{cases}$$

9.1.5　高频电路性能指标

高频小信号放大有谐振放大和宽带放大两种电路形式,性能指标主要包括如下几项。

1. 增益
高频电路与低频电路一样,有电压增益和功率增益的指标。

对于谐振放大电路,是指在谐振频率 f_0 处,对于宽带放大电路,是指在一段频率范围。

2. 通频带
与低频电路概念相似,对于谐振放大电路,通频带是指相对于谐振频率 f_0,归一化幅度下降到 0.707 的两个对应频率之差;对于宽带放大电路,则是相对于一段频率的相应定义。

3. 选择性

选择性主要针对谐振放大电路,表征电路选择有用信号抑制无用信号的能力,通常用矩形系数和抑制比来衡量,都是基于电路的谐振特性曲线,表 9-6 比较了两种方式。

表 9-6 谐振放大电路选择性指标

比较内容	矩 形 系 数	抑 制 比
定义依据		
定义形式	$K_r = \dfrac{2\Delta f_{0.1}}{2\Delta f_{0.7}}$	$D = \dfrac{A_{u0}}{A_u}$
理想情况	$K_r = 1$	$D = \infty$

4. 噪声系数

放大电路工作时,由于种种原因会产生载流子的不规则运动,在电路内部形成噪声,使信号质量受到影响。这种影响通常用信号功率 P_s 与噪声功率 P_n 之比(简称信噪比)来描述。

噪声系数定义为输入信噪比与输出信噪比之比,最好情况为 1(无噪声)。

$$NF = \frac{P_{si}/P_{ni}}{P_{so}/P_{no}} \tag{9-9}$$

多级放大电路的总噪声系数主要取决于第一级的噪声系数。

5. 稳定性

高频放大电路的稳定性是指工作状态或条件发生变化时,其主要性能的稳定程度。例如,环境温度的改变或电源电压的波动,会影响放大电路的直流工作状态;电路元件参数也会改变,导致放大电路增益发生变化,中心频率偏移,谐振曲线畸变,甚至产生自激而完全不能工作。

上述要求相互之间既有联系又有矛盾,例如增益和稳定性,通频带和选择性等,需要根据要求分清主次,进行合理的设计和调整。

小结

人类利用电磁波促进了高频电路的发展,一般以 $2 \sim 3\text{MHz}$ 作为低频与高频的分界线。

高频电路由于需要更加关注电抗元件,使各种符号及公式变成复数形式。

谐振网络在高频电路的应用中,需要关心其谐振特性及阻抗变换方式。

三极管工作在高频时,本身的等效电路增加了很多参数,比低频电路复杂得多。

在三极管的两种高频小信号微变等效电路中,混合 π 型比较直观,便于物理分析;Y 参数等效电路采用导纳参数,4 种导纳也有规律,主要用于电路设计。

高频电路的性能指标有一些与低频电路类似,但选择性、稳定性和噪声特性都较为复杂。

9.2　高频谐振放大

高频小信号放大分为窄带放大和宽带放大。

窄带放大主要是高频谐振放大,电路有 3 种形式:单级单调谐、多级单调谐和单级双调谐。

本节重点介绍单调谐放大电路的分析方法,在高频等效电路的基础上,先求出电路的输入导纳和输出导纳,然后得出电路的性能指标。

多级单调谐和双调谐电路的分析方法比照单级单调谐电路,为比较各种电路的选择性能,引入了缩减因子和矩形系数的概念。

9.2.1　单调谐电路

单调谐存在于单级电路或多级电路,每级一个调谐回路,通常情况下,回路在集电极通路中。

图 9-8 所示是工作在共发射极方式下的单调谐放大电路。

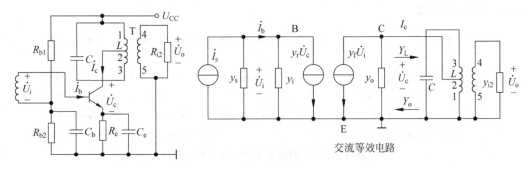

交流等效电路

图 9-8　共发射极单调谐放大电路

电路中,三极管的基极偏置电阻和发射极电阻与低频电路概念相同。

不同的是,基极通过前级变压器的次级获得信号,仍然保留"$\dot{U}_i$"符号,基极电容 C_b 使电阻 R_{b2} 上端为交流地电位。变压器 T 是集电极负载,初级线圈 L 与电容 C 构成谐振回路,电路工作在小信号单调谐放大方式。电路输出通过变压器的次级耦合,下一级电路只画出了等效输入电阻。

单调谐电路不是正弦振荡电路,电路不能形成正反馈。

由于三极管已经进入实际使用状态,与前述三极管 Y 参数电路形式相比,左边加入了信号源,右边加入了负载,交流等效电路中已经展现出来。

影响三极管输入端的参数出现了电流信号源 $\dot{I}$ 及其导纳 y_s。

三极管自身的输入导纳 y_i 未变,基极电流 $\dot{I}_\text{b}$ 和集电极电流 $\dot{I}_\text{c}$ 也未变。

输出电压符号 $\dot{U}_\text{o}$ 右移到负载上,三极管自身的输出改用符号 $\dot{U}_\text{c}$。

由于外电路的加入,输出导纳改用大写字母 Y_o,还增加了一个等效负载导纳 Y'_L。

1. 输入导纳

根据式(9-7)和式(9-8),加上外电路负载的等效导纳参数

$$\dot{I}_\text{i} = y_\text{i}\dot{U}_\text{i} + y_\text{r}\dot{U}_\text{c}, \qquad \dot{I}_\text{c} = y_\text{r}\dot{U}_\text{i} + y_\text{o}\dot{U}_\text{c}, \qquad \dot{I}_\text{c} = -Y'_\text{L}\dot{U}_\text{c}$$

将以上三式化简后,电路的输入导纳为

$$Y_\text{i} = \frac{\dot{I}_\text{b}}{\dot{U}_\text{i}} = y_\text{i} - \frac{y_\text{f}y_\text{r}}{y_\text{o} + Y'_\text{L}} \tag{9-10}$$

2. 输出导纳

还是根据式(9-7)和式(9-8),将输入端电流源置零,留下其等效导纳参数

$$\dot{I}_\text{i} = y_\text{i}\dot{U}_\text{i} + y_\text{r}\dot{U}_\text{c}, \qquad \dot{I}_\text{c} = y_\text{f}\dot{U}_\text{i} + y_\text{o}\dot{U}_\text{c}, \qquad \dot{I}_\text{b} = -y'_\text{s}\dot{U}_\text{i}$$

化简之后,电路的输出导纳为

$$Y_\text{o} = \frac{\dot{I}_\text{c}}{\dot{U}_\text{c}} = y_\text{o} - \frac{y_\text{f}y_\text{r}}{y_\text{i} + y_\text{s}} \tag{9-11}$$

式(9-11)中反映了信号源导纳的影响。为使问题简化,假设三极管反向传输导纳 $y_\text{r} = 0$,则电路形式和计算公式会简单很多,再把具有实际意义的接入系数加进去,得到如图 9-9 所示的情况。

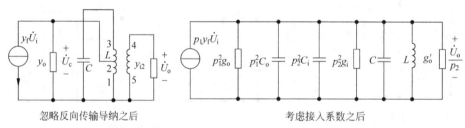

忽略反向传输导纳之后　　　　　　　　考虑接入系数之后

图 9-9　共发射极单调谐简化等效电路

3. 电压增益

电路简化之后,可以把电导和电容再次归并为

$$g_\Sigma = g_\text{i} + g_\text{o} + g'_\text{o}, \qquad C_\Sigma = C_\text{i} + C_\text{o} + C'$$

电压增益的一般形式为

$$\dot{A}_\text{u} = \frac{\dot{U}_\text{o}}{\dot{U}_\text{i}} = \frac{-p_1 p_2 y_\text{f}}{g_\Sigma + \text{j}\omega C_\Sigma + \dfrac{1}{\text{j}\omega L}} \tag{9-12}$$

谐振频率及对应的电压增益分别为

$$\omega_0 = \frac{1}{\sqrt{LC_{\sum}}}, \quad \dot{A}_{u0} = \frac{-p_1 p_2 y_f}{g_{\sum}} \tag{9-13}$$

4. 谐振特性

把上述两个电压增益量进行比较,就是放大电路的谐振特性。

$$\frac{\dot{A}_u}{\dot{A}_{u0}} = \frac{1}{1 + jQ_L\left(\dfrac{\omega}{\omega_0} - \dfrac{\omega_0}{\omega}\right)} = \frac{1}{1 + jQ_L\left(\dfrac{f}{f_0} - \dfrac{f_0}{f}\right)} \tag{9-14}$$

其中,Q_L 为带载品质因数:

$$Q_L = \frac{1}{g_{\sum}\omega_0 L} = \frac{\omega_0 C}{g_{\sum}} \tag{9-15}$$

谐振放大电路在频率 f_0 附近可以认为是微失谐。

定义 $\Delta f = f - f_0$ 为一般失谐,$\xi = Q_L \dfrac{\Delta f}{f_0}$ 为广义失谐,得到谐振特性的简洁表达式为

$$\frac{\dot{A}_u}{\dot{A}_{u0}} = \frac{1}{1 + j\xi}$$

取模之后为:

$$\frac{A_u}{A_{u0}} = \frac{1}{\sqrt{1 + \xi^2}} \tag{9-16}$$

此时,表达式中全为实数,通过模量关系 $A_u/A_{u0} = 0.707$,求得 $\xi = Q_L\dfrac{2\Delta f_{0.7}}{f_0} = 1$。

电路的通频带表达式和矩形系数表达式分别为

$$f_{BW} = 2\Delta f_{0.7} = \frac{f_0}{Q_L}, \quad k_r = \frac{2\Delta f_{0.1}}{2\Delta f_{0.7}} \tag{9-17}$$

由于 $2\Delta f_{0.1}$ 是 $A_u/A_{u0} = 0.1$ 时所对应的带宽,根据式(9-16)求得 $\xi = \sqrt{99} = K_r$,矩形系数远远大于 1,说明单调谐放大电路的选择性很差。

5. 示例

图 9-10 画出了高频小信号单调谐原始电路及等效变换之后的电路。

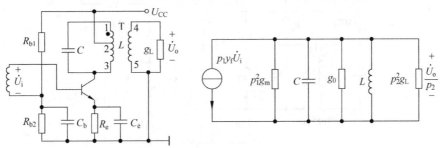

图 9-10　共发射极单调谐示例电路

假设谐振频率 $f_0 = 30\text{MHz}$,三极管静态电流 $I_{EQ} = 2\text{mA}$,回路电感 $L_{13} = 1.4\mu H$,匝数比 $N_{13}/N_{23} = 2$,$N_{13}/N_{45} = 3.5$,回路空载品质因数 $Q_0 = 100$,负载电导 $g_L = 1.2\text{mS}$。

三极管跨导 $g_m = 0.4\text{mS}$,基区体电阻 $r_{b'b} \approx 0$。

先计算接入系数:

$$p_1 = N_{23}/N_{13} = 1/2, \quad p_2 = N_{45}/N_{13} = 1/3.5$$

再通过回路空载品质因数 Q_0 值与谐振电阻 R_0 的关系,求出谐振电导 g_0。

$$Q_0 = \frac{R_0}{\omega_0 L}, \quad g_0 = \frac{1}{Q\omega_0 L} = \frac{1}{100 \times 2\pi \times 1.4 \times 10^{-6}} = 38 \times 10^{-6}(\text{S})$$

再求出总电导为

$$g_\Sigma = g_0 + p_1^2 g_m + p_2^2 g_L = 38 \times 10^{-6} + \left(\frac{1}{2}\right)^2 \times 0.4 \times 10^{-3} + \left(\frac{1}{3.5}\right)^2 \times 1.2 \times 10^{-3}$$
$$= 236 \times 10^{-6}(\text{S})$$

由于 $r_{b'b} = 0$,求出三极管正向传输导纳为

$$y_f \approx I_{EQ}/U_T = 2\text{mA}/6\text{mV} = 1/13\text{S}$$

根据图 9-10 中电流方向得知:

$$-\frac{p_1 y_f \dot{U}_i}{g_\Sigma} = \frac{\dot{U}_o}{p_2}$$

电路的谐振电压放大倍数为

$$\dot{A}_{uo} = \frac{\dot{U}_o}{\dot{U}_i} = -\frac{p_1 p_2 y_f}{g_\Sigma} = -\frac{1}{2 \times 3.5 \times 13 \times 236 \times 10^{-6}} \approx -46.6$$

谐振回路带载品质因数为

$$Q_L = \frac{1}{g_\Sigma \omega_0 L} = \frac{1}{236 \times 10^{-6} \times 2\pi \times 30 \times 10^6 \times 1.4 \times 10^{-6}} = 16$$

放大电路的通频带为

$$f_{BW} = \frac{f_0}{Q_L} = \frac{30 \times 10^6}{16} = 1.88(\text{MHz})$$

9.2.2 多级单调谐电路

三级单调谐电路如图 9-11 所示。

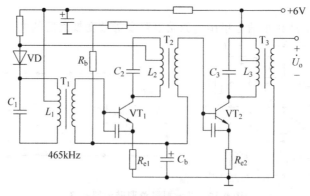

图 9-11 三级单调谐放大电路

图 9-11 中电路是硅管收音机混频电路(见图 8-14)的延续,三级单调谐均采用中频变压器,各自通过 LC 回路谐振,各自有不同的接入系数,对 465kHz 中频信号级联放大。

三级单调谐放大电路使总电压增益得到提高,概念与多级低频放大电路类似;重要的是,电路的选择性能得到了改善。

n 级相同单调谐放大电路的通频带定义为

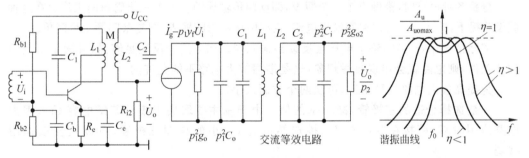

$$f_{\mathrm{BW}} = \frac{f_0}{Q_{\mathrm{L}}}\sqrt{2^{1/n}-1} \tag{9-18}$$

其中，$\sqrt{2^{1/n}-1}$ 也称为**缩减因子**。

n 级相同单调谐放大电路的矩形系数定义为

$$K_{\mathrm{r}} = \frac{\sqrt{100^{1/n}-1}}{\sqrt{2^{1/n}-1}} \tag{9-19}$$

级联越多，改善越明显，如表 9-7 所示。

表 9-7　多级单调谐电路选择性能的改善

级数	1	2	3	∞
缩减因子	1	0.64	0.51	0
矩形系数	9.95	4.46	3.74	2.59

9.2.3　双调谐电路

为克服单调谐放大电路选择性差的缺点，把两个互相耦合的谐振回路作为负载，以改善矩形系数。两个回路同时对一个频率谐振，也称这种电路为双调谐放大电路，如图 9-12 所示。

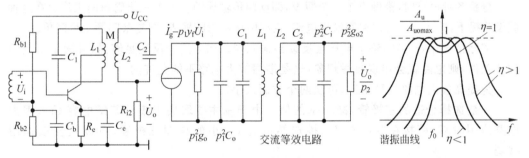

图 9-12　双调谐放大电路

分析双调谐放大电路时，互感量 M 引出了**耦合系数** k 和**耦合因数** η 的概念。

$$k = \frac{M}{\sqrt{L_1 L_2}}, \quad \eta = kQ_{\mathrm{L}} \tag{9-20}$$

1. 电压增益

沿用单级单调谐概念，谐振时 $\xi=0$，多出一个与 η 有关的因子，电压增益为

$$\dot{A}_{\mathrm{uo}} = \frac{-p_1 p_2 y_{\mathrm{f}}}{g_\Sigma}\frac{\eta}{\sqrt{1+\eta^2}} \tag{9-21}$$

当耦合因数 $\eta=1$ 时，最大电压增益取模之后，是单调谐电路的一半。

$$A_{\mathrm{uomax}} = \frac{-p_1 p_2 y_{\mathrm{f}}}{2g_\Sigma} \tag{9-22}$$

因此，双调谐放大电路付出了增益的代价。

2. 谐振特性

采用类似单调谐电路的概念，取相对量。

$$\frac{A_u}{A_{uomax}} = \frac{2\eta}{\sqrt{(1-\xi^2+\eta^2)^2+4\xi^2}} \tag{9-23}$$

当 $\eta < 1$ 时称为弱耦合,谐振曲线为单峰,通频带窄,性能与单调谐电路接近。

当 $\eta > 1$ 时称为强耦合,谐振曲线出现双峰,在中心频率处出现谷点,η 越大,双峰离得越远,谷点下限越深。

当 $\eta = 1$ 时称为临界耦合,谐振曲线仍为单峰,且与强耦合的峰值相等,顶部较为平坦,通频带较宽,曲线下降较快,选择性较好。

双调谐放大电路的通频带比单调谐电路提高 40%。

$$f_{BW} = 2\Delta f_{0.7} = 1.414 f_0/Q_r \tag{9-24}$$

双调谐放大电路的矩形系数也大为改善:

$$k_r = \frac{2\Delta f_{0.1}}{2\Delta f_{0.7}} = 3.16 \tag{9-25}$$

这种改善是以牺牲电压增益为代价的。

9.2.4 调谐电路的稳定性

上述各种调谐放大电路都是共发射极方式,电压增益和电流增益都较大。

分析各种电路时,都做出了一个假设,即反向传输导纳 $y_r = 0$,三极管单向工作。在这种假设前提下,输入电压可以控制输出电流,输出电压不影响输入,把复杂问题变得简单。

实际情况中,$y_r \neq 0$,输出电压会反馈到输入端。如果这个反馈足够强,且满足正反馈相位条件,则电路就会出现自激现象,这是谐振放大电路不能允许的。

为提高放大电路的稳定性,可从两个方面入手。

一是选择合适的三极管,减小 y_r 的值。由于 y_r 主要取决于集一基结电容 $C_{b'c}$,因为电路应用时 $C_{b'c}$ 跨接在 $b'c$ 之间。挑选结电容 $C_{b'c}$ 小的高频三极管,可以使反馈作用减弱。

二是采用中和法或适配法。

提高谐振电路稳定性的两种方法见表 9-8。

表 9-8 提高谐振电路稳定性的两种方法

比较内容	中 和 法	失 配 法
电路形式		
电路原理	由于 y_r 的实部(反馈电导)很小,常用中和电容 C_N 抵消 y_r 的虚部,流过 C_N 的电流与流过 C_{bc} 的电流反相,相互抵消	使信号源内阻与三极管输入电阻失配,形成共射—共基级联,降低放大倍数,也可改变接入系数或并联阻尼电阻
电路效果	只能对单个频率完全中和	稳定性很高

　　另一种中和法如图 9-13 所示。

　　与表 9-8 中的中和法不同之处是,中和元件 C_N 没有取自变压器的二次侧,而是二次侧的反相端 D。流过中和电容 C_N 的电流与流过 C_{bc} 的电流仍然相互抵消,能达到防止自激的效果。

　　把变压器的两个绕组、中和电容和三极管结电容的连接单独画出来,就是电桥结构。

　　根据电桥平衡条件,可以得到中和电容取值的经验公式。

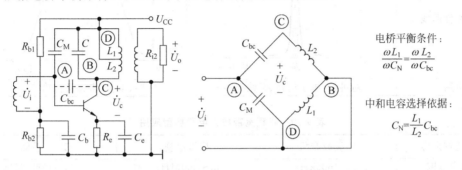

图 9-13　另一种抵消结电容的中和法

小结

　　高频小信号放大分窄带和宽带两种。

　　窄带放大主要是选频放大,一般用分立元件和谐振网络组成。三极管高频小信号放大等效电路有两种形式,混合 π 型容易从物理意义上理解,Y 参数型便于电路设计。多级选频放大获得较好的选择性,是以牺牲增益为代价的。

　　选频放大电路需要保证增益足够、选择性好、通频带内增益平坦、性能稳定和兼顾成本。这些指标相互之间是有矛盾的,需要统筹考虑。

9.3　高频宽带放大

　　高频宽带放大电路面对的信号是中心频率高、频带宽的宽带信号。

　　宽带放大电路通常处于通信与电子系统发送的末端,或系统接收的前端,用来放大已经调制的信号(频带信号)。电路的下限截止频率一般都较高(在 MHz 数量级),无法顾及未受调制的基带信号,前述的调谐回路在宽带放大电路中也不能发挥作用。

　　本节首先从区分窄带和宽带信号入手,逐个介绍宽带放大系统的部件,包括传输线、集中选频器件和高频放大集成电路等部件特性,最后列举了两例高频宽带放大实际电路。

9.3.1　窄带信号与宽带信号

　　为建立高频宽带放大电路的初步印象,表 9-9 首先比较了窄带信号与宽带信号的基本特性,然后在表 9-10 中,再把高频宽带放大具体化。

表 9-9　窄带信号与宽带信号

比较内容	窄 带 信 号	宽 带 信 号
频率特性	以 f_0 为中心,通频带很窄	以 f_0 为中心,通频带很宽
选频网络	LC 谐振回路	宽频带变压器、集中选频网络
特性曲线	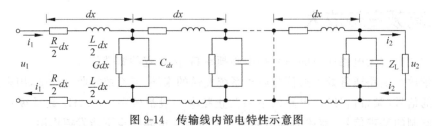	
应用	对讲机、电子门铃、无线遥控	广播、电视、多频道传输

表 9-10　高频宽带放大电路典型应用

比较内容	中波收音机	模拟电视	GSM 手机
频率范围	$535 \sim 1605$kHz	$45 \sim 550$MHz	$1805 \sim 1880$MHz
总带宽	1070kHz	505MHz	75MHz
中心频率	1070kHz	256.5MHz	1842.5MHz
每信道带宽	9kHz	8MHz	25kHz

为完成高频宽带放大的功能,需要借助于一些不同于以往的特殊部件。

9.3.2　宽带放大系统部件

1. 传输线

传输线是传输宽带信号的基本部件,可以是对称的平行导线,或是扭在一起的双绞线,也可以是同轴电缆。

图 9-14 是均匀传输线内部电特性示意图。

图 9-14　传输线内部电特性示意图

从图 9-14 中看出,均匀传输线由无穷小尺寸的单元电路组成,每个单元电路长度为 dx,内含电容、电感、串联电阻和并联电导等,称为分布参数。在高频状态下,传输线的电参数沿线分布。在某一特定频率下,参数的作用相对较小以至于被忽略时,分布参数成为集中参数。两种参数描述和分析高频宽带放大电路,各有用场。

传输线的**特性阻抗**定义为

$$Z_0 = \sqrt{\frac{R + \mathrm{j}\omega L}{G + \mathrm{j}\omega C}}　\qquad (9\text{-}26)$$

对于均匀无损耗传输线，$R=G=0$，特性阻抗公式简化为 $Z_0=\sqrt{L/C}$。常用的同轴电缆特性阻抗有 50Ω 和 75Ω 两种。

传输线与终端不匹配时，线上各点电压和电流由**入射波**和**反射波**叠加而成，形成**驻波**。

为反映入射波与反射波的关系，借助于反射系数来定义驻波比：

$$\rho=\frac{1+|r|}{1-|r|} \tag{9-27}$$

当反射系数 $|r|=0$ 时，传输线上无反射，驻波比 $\rho=1$；当反射系数 $|r|=1$ 时，传输线上全反射，驻波比 $\rho=\infty$。

如果被传输的信号波长为 λ，特定情况下，传输线长度 $L=\lambda/4$ 时，还可以用作阻抗转换：

$$Z_i=Z_0^2/Z_L \tag{9-28}$$

2. 传输线变压器

传输线变压器是将传输线和变压器有机结合的新元件，既有传输线的特性，又具备变压器的功能。

图 9-15 展示了传输线变压器作为倒相和阻抗变换的应用电路。

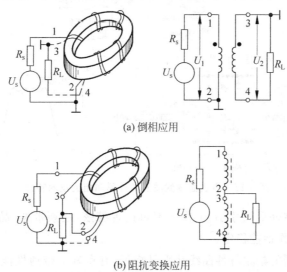

(a) 倒相应用

(b) 阻抗变换应用

图 9-15　传输线变压器应用

传输线变压器使放大电路的最高工作频率扩展至上千兆赫兹，并能同时覆盖几个倍频程的频带宽度，实现了在很宽的范围内改变工作频率时，放大器不用重新调谐的目的。传输线变压器的作用在高频宽带功率放大时，更加明显。

3. 集中选频器件 SAW

集中选频器件的作用可用图 9-16 所示的方框图来说明。

图 9-16 中，高频宽带放大电路可用分立元器件组成，也可直接采用宽带放大集成电路。

图 9-16   高频小信号宽带放大功能方框图

方框图中的关键部件是集中选频器件,要求其特性具有带通滤波性能,相当于许多个谐振电路的总和。无论采用无源电路还是有源电路构建,都很难保证部件性能的一致性。

声表面波滤波器是近代集中选频器件的突出代表。声表面波的英文缩写为 SAW(Surface Acoustic Wave)。

声表面波滤波器是一种典型的无源器件,采用特殊材料和工艺,利用压电技术,在器件内部进行电—机械—电转换,对特定频率做出响应,本质上还是基于 LC 谐振原理。

图 9-17 列出了声表面波滤波器的外形和相关技术特性。

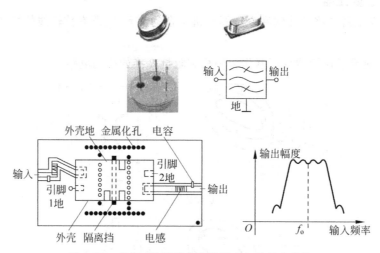

图 9-17   声表面波滤波器的外形和相关技术特性

声表面波滤波器外形尺寸小,工作频率可达吉赫兹,通频带宽,品质因数 Q 值高,受温度影响小,长期工作性能稳定。

声表面波滤波器的幅频特性曲线几乎是矩形,有良好的带通性能。相频特性表现为群时延小,对不同频率信号的相位几乎一致。因此,在电子类产品中应用十分广泛,如电视机、雷达、通信设备等。声表面波滤波器的突出缺点是插入损耗较大(15~24dB),使用时要求输入信号足够大,后级电路还需要继续放大。

4. 高频放大集成电路

一般的集成电路运算放大器如 $\mu A741$ 和 LM324 等,虽然有很好的线性运算能力,但由于单位增益带宽积不高,都无法胜任高频宽带放大的任务。

表 9-11 列举了两种较有特色的宽带放大集成电路,可用作高频宽带小信号放大。

表 9-11　集成电路 L1590 和 LM733

外形、内部电路及性能特点

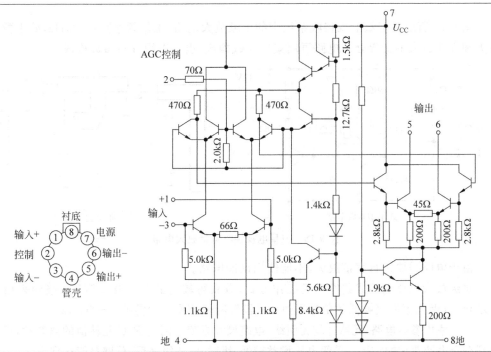

最高工作频率可达 150MHz,最高电压增益可达 50dB

具有自动增益控制(AGC)功能,控制端 2 脚电压越高,电路增益越低

单电源供电

外形、内部电路及性能特点

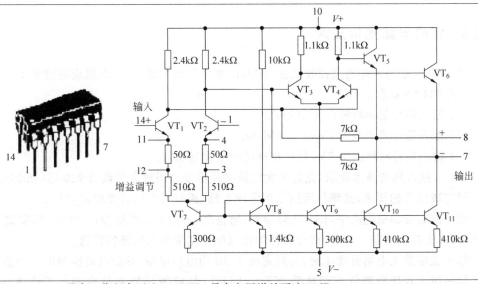

最高工作频率可达 120MHz,最高电压增益可达 45dB

引脚 12 与引脚 3 或引脚 11 与引脚 4 外接电位器可调节增益

双电源供电

9.3.3　使用分立元器件进行宽带放大

图 9-18 所示是卫星电视接收系统中的中频放大电路,工作频率高达 1GHz,处于微波放大和高频放大的交界处。电路可用集中参数构成,也可以用分布参数构成。

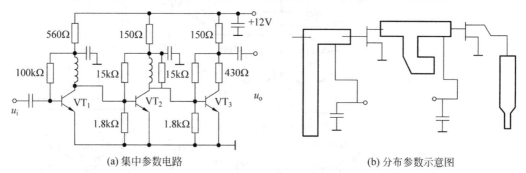

(a) 集中参数电路　　　　　　　　　　(b) 分布参数示意图

图 9-18　卫星电视接收宽带放大电路

由于电路需要进行宽带放大,不能使用调谐电路。

每级放大电路均接成共发射极工作方式,以获得较高的电压放大倍数;级间采用直接耦合,以保证频率足够低的信号通过;三极管特征频率至少需要 7～8GHz。

对于集中参数电路,元器件均无引线,电路尺寸紧凑。因为 R、C 元件值的离散性,很难得到符合设计要求的结果。单级电压增益较低,级联 3～4 级之后,总增益能达到 20dB。

对于分布参数电路,采用微带(传输线)措施完成。先测量出三极管的高频参数,然后定出微带线匹配原则,构成电路。电路一致性较好,容易达到单级电路的最佳性能。通常情况下,2～3 级即可完成。

9.3.4　集成电路宽带放大

图 9-19 所示是光纤通信接收系统 50MHz 宽带放大电路,主要由集成电路承担。

电路的技术要求如下:

(1) 输入信号最小峰峰值为 10mV。

(2) 输入信号频率范围 1kHz～50MHz。

(3) 输出信号峰峰值为 2V,并具有自动增益控制功能。

(4) 根据电路的技术要求,宽带放大电路必须保证电压放大倍数为 200 倍(46dB)。

要完成这样的要求,必须尽可能采用集成电路,最好具有增益受控的特性。

前述的宽带集成电路中,L1590 频带宽、增益高、增益可自动受控;LM733 频带宽、增益高、可人工控制增益。因此,两种器件均可以作为宽带放大电路的首选。

整个宽带放大电路分成 4 级,共同完成 46dB 的电压增益,并能自动控制电压增益。

第一级为双栅极场效应晶体管 VT_1(4DO01)组成的压控衰减电路。工作电压为 +8V,工作方式为共源极放大。一个栅极用于信号接入,一个栅极用于控制衰减。控制特性为正向控制,即控制电压越大,输出信号越大。

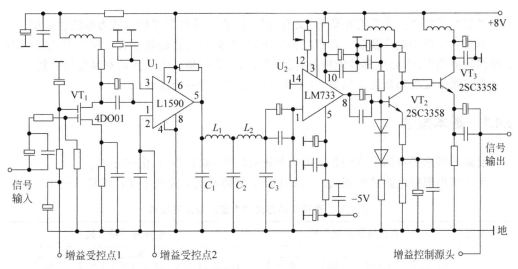

图 9-19　光纤通信接收系统 50MHz 宽带放大电路

第二级为集成电路 U_1（L1590）组成的可变增益放大电路。工作电压为＋8V，器件内部为集电极开路输出，通过外接负载决定其增益及频率特性。控制特性为反向控制，控制电压越大，输出信号越小。电压增益可控范围为 25 倍。

第三级为集成电路 U_2（LM733）组成的固定增益放大电路。工作电压为＋8V 和－5V，外接电位器可人工调节增益。电压增益为 4 倍。

第四级为两只三极管 VT_2、VT_3（2SC3358）组成的固定增益放大电路。VT_2 接成共发射极工作方式，VT_3 为射极跟随器。两管联合电压增益为 2 倍。

为保证低端和高端频率成分的信号顺利通过放大电路，级间的信号耦合均采用两只电容：极性电容有利于低频信号，无极性电容有利于高频信号。

整个电路的带通滤波性能由无源滤波电路 C_1、L_1、C_2、L_2 和 C_3 保证。

图 9-19 中没有将电路的增益受控部分展开，需要到本书第 12 章介绍 AGC 内容时再做补充。

小结

高频宽带放大电路需要兼顾中心频率和信号带宽两个方面的要求。

与低频放大电路和高频谐振放大电路相比较，高频宽带放大技术要求高出很多。

高频宽带放大系统引出了许多新部件，如传输线、传输线变压器、声表面波滤波器和集成电路等，为高频宽带放大电路奠定了基础。这些新部件的物理特性，不但解决了高频宽带小信号放大问题，还能延续到高频宽带功率放大。

9.4　混频与变频

电子线路在产生、加工、处理和传输信号的各个环节，不只是要忠实于原始信号，使之不失真地得到放大，有时候还会遇到将外来信号频率进行变换的问题。混频与变频就是这样的一种应用，是信号加工和处理过程中的又一种技术。

混频与变频电路中既有小信号,又有大信号,有源器件的工作方式为非线性运用。

本节主要以中波广播超外差接收为实例,介绍混频电路的物理意义和作用,然后举出各种混频电路形式,分析其性能特点,三极管、二极管和集成电路都具有混频与变频功能。

本节频率变换的概念是向第 10 章更宽范围概念的一个过渡。

9.4.1　基本概念

混频的概念是将两个不同频率的信号进行混合,取其差值,俗称差拍。

为了突出混频电路的作用,表 9-12 比较了两种不同方式的中波广播接收技术。

表 9-12　两种不同方式的中波广播接收技术

比较内容	直接选频式接收机	超外差式接收机
方框图	选频器→高频放大器→幅度检波器→低频放大器→扬声器；自动增益控制；功率放大器	选频器→混频器→高频放大器→幅度检波器→低频放大器→扬声器；本地振荡器→自动增益控制；功率放大器
工作原理	高频放大器对每个电台选频及对高频小信号放大,535～1605kHz	混频器将 535～1605kHz 差拍成 465kHz 信号,中频放大器对 465kHz 信号放大
电路优点	电路结构简单	选择性好,接收灵敏度高,性能稳定
电路缺点	选择性差,接收灵敏度低,性能不稳定	电路结构复杂

表中说到的超外差式电路结构复杂问题,实际应用中采用一只高频三极管,已经能把中频之前的全部问题解决。因此,中波收音机普遍采用混频技术。

具体实施时,差拍产生 465kHz 的中频信号有两种方式。如果定义本地振荡信号频率为 f_L,外来信号频率为 f_s,中频信号频率为 f_I,则超外差方式为

$$f_L - f_s = f_I = 465(\text{kHz}) \tag{9-29}$$

9.4.2　三极管混频

1. 电路实例

图 9-20 所示是三极管混频电路的实例。

此图已在第 8 章出现过(见图 8-14),当时主要关注高频放大和正弦振荡原理。现在需要在此基础上,进一步说明混频原理。

电路的 3 个选频网络如下:

(1) **天线回路**由 L_1、C_2 和 C_3 组成,对外来信号频率 f_s 谐振,频率范围为 535～1605kHz。

(2) **本振回路**由 $C_6 \sim C_8$ 和 L_3 组成,产生本地振荡频率 f_L,频率范围为 1000～2070kHz;电路除完成放大和本地振荡之外,还利用三极管非线性特性完成差拍功能,输出中频信号 f_I(465kHz)。

(3) **中频选频网络**由 C_9 和 L_5 组成,使中频信号通过。

本振信号与外来信号在电路中是串联关系(基极—外来信号—地—本振信号—发射

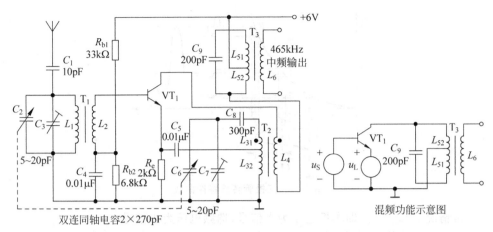

图 9-20 三极管混频电路实例

极),接收到的外来信号从基极**输入**,本振信号从发射极**注入**。三极管工作时使两个信号时域相乘,由中频选频网络取出差频,便可获得中频电流分量。

三极管的静态工作点由 R_{b1}、R_{b2} 和 R_e 决定,中频回路对本振频率严重失谐,近似短路,它基本上不会影响本机振荡器部分的工作;电感线圈 L_{32} 对中频呈现的感抗很小,也不会影响集电极输出混频后的中频信号。

电容 C_2 和 C_6 俗称双连,为机械式同轴同步调节,保证接收每个台差频的准确性,电容 C_3、C_7 和 C_8 用于兼顾覆盖整个中波范围的统调。

2. 理论基础

(1) 电路组态

按照信号进入三极管的方式分类,混频电路有 4 种组态,详情列于表 9-13。

表 9-13 混频电路组态及性能

称谓	基极注入 基极输入	射极注入 基极输入	射极注入 射极输入	基极注入 射极输入
电路形式				
电路特性	共发射极,外来信号从基极入,增益高		共基极,外来信号从射极入,频率特性好	
	信号相互影响大	信号相互影响小	信号相互影响大	信号相互影响小
电路共性	外来信号 u_S 与本地信号 u_L 串联之后,一起加到发射结上			

(2) 线性时变

图 9-21 所示是三极管的转移特性曲线,用来解释线性时变概念。

转移特性实际上是把输入特性和输出特性综合起来,更加直接地描述三极管的入出关系。

用三极管来完成混频,发射结是核心。发射结上加有 3 个电压:静态工作电压 U_{BB},输入选频网络感应的外来信号电压 u_S,本地振荡产生的电压 u_L。两个交流电压串联起来,与静态直流电压一起,共同对三极管起作用。

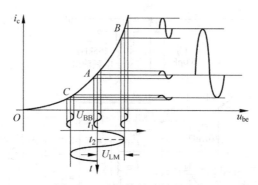

图 9-21　三极管转移特性曲线

通常情况下，$u_L \gg u_S$，即本振电压为大信号，选频电压为小信号。

两个强度悬殊的信号同时作用于三极管时，可以近似地认为，三极管组成的混频电路是线性时变电路，工作点随本振电压 u_L 变化；对于选频电压 u_S，混频电路可以看成是谐振放大电路。

在 t_1 时刻，U_{BB} 和 u_L 共同作用，使工作点位于 A 点；由于 u_S 较小，将三极管看成线性运用。

在 t_2 时刻，U_{BB} 和 u_L 共同作用，使工作点位于 B 点，对 u_S 而言，将三极管仍然可以看成线性运用。

对于选频信号电压 u_S，三极管虽然都是在线性区，但工作点改变了。工作点的改变就意味着线性参数要发生变化。例如，三极管的跨导就会随着工作点的变化而变化。

线性时变的概念由此而来：对小信号 u_S 是线性的，对大信号 u_L 是时变的。

（3）中频获取

加在三极管发射结上的电压表达式为

$$u_{be}(t) = U_{BB} + u_S(t) + u_L(t) \tag{9-30}$$

集电极电流 i_c 是 u_{be} 的函数：

$$i_c(t) = f(u_{be}) = f[U_{BB} + u_S(t) + u_L(t)] \tag{9-31}$$

关联输出量 i_c 和输入量 u_{be} 的是三极管的跨导，反映转移特性曲线的斜率：

$$g(t) = \mathrm{d}i_c / \mathrm{d}u_{be} \tag{9-32}$$

由于本振电压为大信号，且工作于非线性状态，集电极电流 $i_c(t) = f[U_{BB} + u_L(t)]$ 和跨导均随着 $u_L(t)$ 呈非线性变化。

$$i_c(t) = f[U_{BB} + u_L(t)] + f'[U_{BB} + u_L(t)]u_S$$
$$i_c(t) = i_c(u_L) + [g(u_L)]u_S \tag{9-33}$$

式(9-33)中，前一项为时变静态电流；后一项中含有时变跨导 $g(u_L)$。

在时变偏压作用下，把时变跨导 $g(u_L)$ 进行傅里叶级数展开：

$$[g(u_L)]u_S = g_0 u_S + g_1(\cos\omega_L t)u_S + g_2(\cos\omega_L t)u_S + \cdots \tag{9-34}$$

再把基波与外来信号相乘展开：

$$g_1(\cos\omega_L t)u_S = (g_1\cos\omega_L t)(U_s\cos\omega_s t)$$
$$= \frac{1}{2}g_1 U_s[\cos(\omega_L + \omega_s)t + \cos(\omega_L - \omega_s)t] \tag{9-35}$$

提取中频电流分量：

$$i_1 = \frac{1}{2}g_1 U_s[\cos(\omega_L - \omega_s)t] \tag{9-36}$$

把式(9-36)中 $\frac{1}{2}g_1$ 取名**变频跨导** g_c，通常有经验式可循：

$$g_c = \frac{I_{eQ}/26}{\sqrt{1+(\omega_s r_{b'b} I_{eQ}/26\omega_L)^2}} \tag{9-37}$$

式(9-37)中，基区体电阻 $r_{b'b}$、集电极静态电流 I_{eQ} 的概念与低频电路相同。

3. 混频干扰与失真

(1) 干扰

在超外差式接收机中，混频电路使整机性能得到很大的改善，但也会带来一些特有的**干扰**，这些干扰都是由于混频电路的非线性引起的。

在实际电路中，能否形成干扰，一是看是否满足一定的频率关系，二是看满足频率关系之后的强度。

表 9-14 将这些干扰作了分类说明。

表 9-14　各种混频干扰分类说明

干 扰 名 称		原 因、危 害 及 防 范
组合干扰		混频电路本身的组合频率中无用频率分量引起的。 $$f_k = \|\pm p\,f_L \pm q\,f_S\| \quad (p,q=0,1,2,\cdots)$$ 公式中，p 和 q 为谐波次数。以 $f_I=f_L-f_S=465(\text{kHz})$ 为例，有可能存在 $pf_L-qf_S=f_I$ 或 $qf_S-pf_L=f_I$ 的情况，结果都是 465kHz。这些信号都是无用的，但落在中频放大电路的通频带中，影响后续电路的性能。 合理选择中频、合理选择有源器件工作点及本振电压大小、合理选择电路形式
副波道 干扰	干扰现象	外来干扰信号造成的，一些无关电台的信号通过混频电路的某个寄生通道，产生假中频信号，后续电路处理之后，表现为串台或啸叫
	中频干扰	干扰频率为中频，中频放大电路会误传在接收前端加陷波电路予以抑制
	镜像干扰	干扰频率比本振频率高出 f_I，混频电路无法抑制。提高前端电路的选择性、选高中频等方式予以防止
交叉调制干扰		与本振无关，也与有用信号和干扰信号的频率无关，有用信号和干扰信号强度足够大时，干扰结果中频电路无法滤除；但两种信号频率如果相差很远，则干扰信号在前端选频时被抑制。提高前端电路选择性，三极管采用电流负反馈，减弱三极管非线性特性
互相调制干扰		前端电路选择性不好时，两个或两个以上的干扰信号进入输入端，混频之后，产生一个与有用信号频率类似的干扰信号，伴随中频信号一起进入检波电路，出现差拍检波。 例如，2.4MHz 为有用信号，两个干扰台频率分别为 0.9MHz 和 1.5MHz，和频率为 2.4MHz，中频电路无法滤除；两个干扰台还会产生其他干扰频率(3.9MHz、3.3MHz、2.1MHz、0.3MHz)，危害其他有用信号。 提高前端电路选择性，选择合适的工作点，减弱三极管非线性特性
阻塞干扰		一个强干扰信号使混频电路的三极管处于极度的非线性区，有用信号幅度减小，严重时无法工作。根据叠加原理，强干扰信号与弱有用信号叠加时，合成信号的频率以干扰信号的频率为中心，幅度服从有用信号的包络。强干扰信号使三极管进入饱和、截止区时，有用信号的包络被压缩。 幅度强的干扰信号如果频率与有用信号相差较远，则阻塞危害小，提高选择性能可以防范阻塞干扰

（2）失真

干扰和**失真**是观察混频电路的两个不同角度，干扰是诱因，失真是结果，上述各种干扰都会产生失真。混频电路的输出信号频率为中频，幅度服从有用信号的变化规律（包络）。不失真的含义包括中频信号频率和幅度的准确性。一个设计合理的混频电路，能准确地选择电台、差出中频信号、后续检波电路得到不失真的有用信号包络后，能还原不失真的有用信号。

图 9-22 给出了 3 种信号的波形。

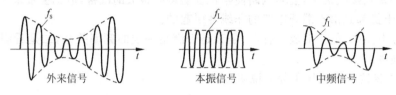

外来信号　　　　　本振信号　　　　　中频信号

图 9-22　混频前后的信号波形

4. 技术指标

（1）混频增益

定义为中频信号功率与高频输入信号功率之比：

$$G_P = 10\lg(P_1/P_s) \tag{9-38}$$

在超外差式接收机中，混频增益 G_P 大则可以提高接收灵敏度，但过大会产生失真。

（2）选择性

只有保证混频电路的 3 个选频回路都有很好的带通性能，才能从许多频率分量中选取有用信号的频率，并完成差拍，送出中频信号。

（3）噪声系数

噪声系数定义为输入信噪比与输出信噪比之比，曾在式（9-8）出现过。

混频电路的噪声系数对整机影响很大，其大小与电路组态有关，还与本振注入信号的大小和三极管的工作状态有关。

（4）阻抗匹配

混频电路的前级为高频谐振放大，后级为中频谐振放大。输入阻抗和输出阻抗都要匹配，使有用信号获得最大的能量。

（5）干扰与噪声

混频电路会产生幅度失真和非线性失真，还会受到各种组合频率的干扰。不但要求谐振回路的幅频特性好，还需要采用其他方式，改进电路，避免产生无用的频率分量。

9.4.3　二极管混频

表 9-15 列举了两种二极管混频电路。

表 9-15　两种二极管混频电路

比较内容	二极管平衡混频	二极管环形混频
电路形式	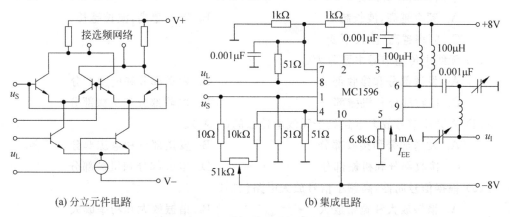 1:1×2　　1×2:1　　$+\ u_L\ -$	1:1×2　　2×1:1　　$+\ u_L\ -$
中频电流	$i_I = \dfrac{2}{\pi} g_D U_s \cos(\omega_L - \omega_C)t$	$i_I = \dfrac{4}{\pi} g_D U_s \cos(\omega_L - \omega_C)t$
组合频率分量	ω_C 和 $|\pm(2n-1)\omega_L \pm \omega_C|$	$|\pm(2n-1)\omega_L \pm \omega_C|$
性能特点	与三极管混频相比,组合频率分量少,增益低,工作频率高	

二极管平衡与环形电路除完成混频功能之外,还可以用来调幅和检波。

9.4.4　模拟乘法器混频

模拟乘法器可以实现两个信号的乘积,完成混频功能。图 9-23 列举了采用分立元器件和集成电路组成的混频电路,两种电路均需要接选频网络输出中频信号。

图 9-23(a)的电路可用分立元器件搭建,集中体现在信号 u_S 与 u_L 的乘法关系上,完成两个信号的混频功能,也是图 9-23(b)集成电路 MC1596 内部的核心电路。

(a) 分立元件电路　　　　　　　(b) 集成电路

图 9-23　模拟乘法器混频电路

图 9-23(b)集成电路 MC1596 采用双电源供电,静态参考电流由外接电阻(6.8kΩ)提供,只有 1mA。

本振信号电压加在 8 脚,外来信号电压加在 1 脚;6、9 两脚分别经过 $100\mu H$ 电感接电源,对于 9MHz 中频,等效电阻为 5.6kΩ。

输入信号最大振幅 U_{SM} 为 15mV,本振电压 U_{LM} 为 100mV。

电路可以工作在 200MHz 频率,混频增益为 9dB,接收灵敏度为 $14\mu V$。

与三极管混频电路相比,模拟乘法器混频电路的组合频率分量少,干扰小,对本振电压幅度要求不严格,与外来信号的隔离性能好。

小结

混频是将本地振荡的信号与外来信号差拍,产生出中频信号,有利于提高接收灵敏度。

混频电路存在 3 种谐振回路,谐振频率分别对应外来、本振和中频。

三极管混频电路只需要一只三极管,外来信号与本振信号有 4 种接入方式。无论哪种接入方式,外来信号和本振信号都是串联在一起,共同对三极管发射结起作用。

利用三极管的转移特性曲线可以帮助理解混频原理,主要围绕曲线的非线性部分进行分析。对于外来信号是线性运行,对于本振信号是时变运行。三极管的变频跨导可以通过经验公式估算,从而得到中频电流的定量值。

三极管、二极管和集成电路都可以用来作混频电路,模拟乘法器性能更好。

习题九

9-1 选择题

(1) 电磁波的波长 λ、频率 f 与光速 C 三者之间的关系式为(   )。

    A. $C=\lambda f$ B. $\lambda = Cf$ C. $f=\lambda C$

(2) 下面说法正确的是(   )。

    A. 频率越高,波长越短   B. 频率越高,波长越长

    C. 频率越高,波长不变

(3) 无线电传输信号主要分为(   )。

    A. 发送部分和接收部分   B. 发送部分和电源部分

    C. 接收部分和机械部分   D. 电源部分和机械部分

(4) 高频小信号放大电路处于无线电传输的(   )。

    A. 发送部分和接收部分   B. 发送部分和电源部分

    C. 接收部分和机械部分   D. 电源部分和机械部分

(5) 根据信号属性,高频小信号放大电路包括(   )。

    A. 谐振放大和宽带放大   B. 谐振放大和功率放大

    C. 功率放大和宽带放大   D. 功率放大和负反馈放大

(6) 谐振回路的选频特性包括(   )。

    A. 幅频特性和相频特性   B. 抗干扰和失真特性

    C. 电路效率和失真特性   D. 阻抗特性和电路效率

(7) LC 谐振回路的电路形式分为(   )。

    A. 并联谐振和纯电阻性谐振   B. 电抗型谐振和纯电阻性谐振

    C. 串联谐振和纯电阻性谐振   D. 串联谐振和并联谐振

(8) *LC* 并联谐振回路通常包括(　　)、(　　)和(　　)3 种接入方式。

    A. 变压器耦合　　　　　　　　　　B. 自耦变压器耦合

    C. 双电容耦合　　　　　　　　　　D. 纯电阻耦合

(9) *LC* 并联谐振回路作为负载接入放大电路,如果直接接入三极管的集电极,将会影响(　　)。

    A. 电源电压的稳定性

    B. 回路品质因数、输出电压和输出功率

    C. 电路的抗干扰性能

    D. 输入信号电压和输出功率

(10) 三极管的高频小信号参数与低频相比,增加了(　　)。

    A. 特征频率　　　　　　　　　　　B. 结电容、极间电阻和跨导

    C. 饱和压降　　　　　　　　　　　D. 基区体电阻

(11) 三极管小信号微变等效电路主要分为(　　)。

    A. 低频型和高频型　　　　　　　　B. 饱和型和截止型

    C. 直流型和交流型　　　　　　　　D. 混合 π 型和 Y 参数型

(12) 表征谐振放大电路选择有用信号和无用信号的能力,通常采用(　　)来衡量。

    A. 矩形系数和抑制比　　　　　　　B. 放大倍数和电路效率

    C. 失真度和电路效率　　　　　　　D. 信噪比和失真度

(13) 提高谐振放大电路稳定性除选择适当的高频管之外,外部电路还可以采用(　　)。

    A. 加法和减法　　　　　　　　　　B. 中和法和失配法

    C. 乘法和除法　　　　　　　　　　D. 指数和对数法

(14) 传输线是传输宽带信号的基本部件,可以是(　　)。

    A. 平行线、双绞线或同轴电缆　　　B. 声波或同轴电缆

    C. 电磁波或双绞线　　　　　　　　D. 声波或双绞线

(15) 均匀传输线包含(　　)等参数。

    A. 电阻、电导、电感和电容　　　　B. 电阻、电容和电压

    C. 电感、电容和电压　　　　　　　D. 电阻、电导和电流

(16) 传输线上各点电压和电流由(　　)叠加而成。

    A. 入射波和反射波　　　　　　　　B. 入射波和正弦波

    C. 正弦波和反射波　　　　　　　　D. 正弦波和余弦波

(17) 驻波比 $\rho=1$ 时,说明入射波与反射波的关系为(　　)。

    A. 入射波等于反射波　　　　　　　B. 只有入射波没有反射波

    C. 入射波小于反射波　　　　　　　D. 入射波和反射波不定

(18) 集中选频器件 SAW 的突出优点是(　　),但也有(　　)的缺点。

    A. 对电源要求高

    B. 体积小、价格低廉

    C. 插入损耗大

    D. 频带宽、*Q* 值高、带内特性平坦、长期稳定性好

9-2　判断题

(1) 高频小信号放大电路只存在于通信与电子系统的发送端。　　　　　（　　）

(2) 高频小信号放大电路只有选频放大一种工作模式。　　　　　　　　（　　）

(3) 三极管的集电极可以直接接并联调谐回路。　　　　　　　　　　　（　　）

(4) 高频调谐放大电路的带载品质因数比空载品质因数小。　　　　　　（　　）

(5) 多级单调谐放大电路的带宽比单级单调谐放大电路的带宽小。　　　（　　）

(6) 收音机中的前端三极管混频电路中共有 3 个选频回路。　　　　　　（　　）

(7) 混频得到的中频信号与混频前的信号频率不是一个数量级。　　　　（　　）

9-3　根据图 9-24 中所给条件,计算阻抗变换之后的等效电阻 R_L'。

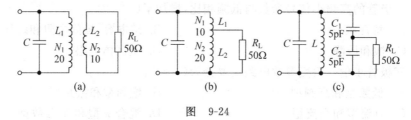

图　9-24

9-4　根据图 9-25 中提供的电路,从物理意义上说明,为什么 LC 谐振回路不能直接接入三极管集电极,并尽可能用数学描述。

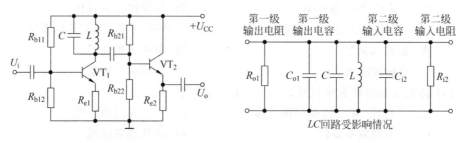

图　9-25

9-5　单级调谐和三级单调谐电路如图 9-26 所示,试估算通频带和矩形系数的改变情况。

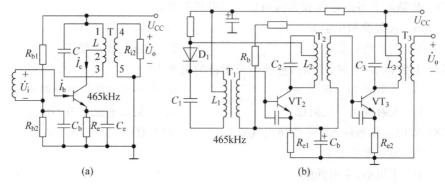

图　9-26

9-6 图 9-27 所示锗管收音机混频电路,试从物理意义上说明该电路的工作原理。

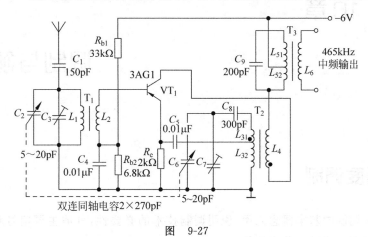

图 9-27

第 10 章

调制与解调

10.1　幅度调制

本节先从调制的基本概念入手,说明调制技术的必要性,分清主调信号和被调信号,然后对各种调制方式进行分类比较。

幅度调制在调制技术中最为常见,也最为适用。后续内容包括幅度调制的原理、分类、电路形式及分析方法。

由于调制功能本质上是频谱搬移,有时候会对比信号调制前后的频域特性,以便理解其物理意义。一些表达公式,在混频电路中出现过,尽量不再重复,可作类似的理解。

10.1.1　基本概念

调制部件和功能曾在第 9 章图 9-1 和表 9-2 简单提到过。

常规的音频信号通过传输介质送到接收端,最廉价的介质是空气。由于空气造成的损耗很大,使音频信号的能量迅速变弱,传输距离很短。视频信号如果通过空气传输,距离更短。

为解决信号长距离传输的问题,人们利用了有线和无线两种传输介质。有线传输介质包括导线和光纤,无线传输介质就是电磁波,这是当代通信技术赖以生存和发展的主要传输介质。

为了适应传输介质的物理特性,信号进入介质之前,必须进行一定的处理。

这种为适应传输介质物理特性而必须进行的处理过程称为**调制**。调制之前的信号称为**基带信号**,调制之后的信号称为**频带信号**。

调制过程把原始信号作为主调信号,被调制的信号可以是连续的正弦波,也可以是脉冲方波,用原始信号的变化规律,去控制被调信号的某一个参数(幅度、频率、相位、高度、宽度、位置等)或多个参数。

表 10-1 将各种调制方式进行了比较。

表 10-1   各种调制方式比较

调 制 方 式			用　　途
连续波 调制	线性调制	常规双边带调幅 AM	广播
		抑制载波双边带调幅 DSB	立体声广播
		单边带调幅 SSB	载波通信、无线电台、数传
		残留边带调幅 VSB	电视广播、数传、传真
	非线性调制	频率调制 FM	微波中继、卫星通信、广播
		相位调制 PM	中间调制方式
	数字调制	幅度键控 ASK	数据传输
		频率键控 FSK	数据传输
		相位键控 PSK、DPSK、QPSK 等	数据传输、数字微波、空间通信
		其他高效数字调制 QAM、MSK 等	数字微波、空间通信
脉冲调制	脉冲模拟 调制	脉幅调制 PAM	中间调制方式、遥测
		脉宽调制 PDM(PWM)	中间调制方式
		脉位调制 PPM	遥测、光纤通信
	脉冲数字 调制	脉码调制 PCM	市话、卫星、空间通信
		增量调制 DM、CVSD 等	军用、民用电话
		差分脉码调制 DPCM	电视电话、图像编码
		其他语音编码方式 ADPCM、APC、LPC 等	中、低速数字电话

　　由于被调信号能装载原始信号,再通过传输介质运送出去,又把被调信号称为**载波**,受调之后的信号称为**已调波**。调制过程本质上是频率搬移过程。

　　各种调制方式中,连续波幅度调制最简单。图 10-1 以时间域上的两种低频信号$u_S(t)$为例,按照控制连续正弦波 $u_C(t)$ 幅度的规定,画出了调制前后的时间域波形及频率域特性。

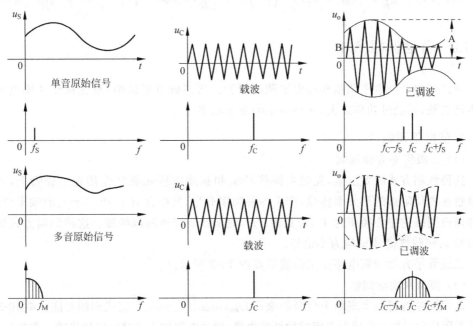

图 10-1　两种信号的幅度调制

两种调制的不同点是,主调信号一种是单音,频率为 f_s,另一种是多音,截止频率为 f_M。

两种调制的相同点是,主调信号的频谱从原点被搬移到载频 f_c,两边形成边带。

载频越高,承载的信号容量越多,带宽越宽。移动通信的载频为 $1.8\mathrm{GHz}$ 或 $1.9\mathrm{GHz}$,波长为 $1.55\mu\mathrm{m}$ 的光纤载频高达 $2\times10^{14}\mathrm{Hz}$。常规语音信号频率范围为 $300\sim3400\mathrm{Hz}$,光纤通信传输的话路容量比移动通信无线传输的话路容量高出很多个数量级。铜线传输因为带宽有限,不能作为主干通路,但在接近用户终端的传输(电话线、五类线)仍然普遍采用。

假设低频主调信号和高频载波信号表达式分别为

$$u_s(t) = U_{sm}\cos\omega_s t \tag{10-1}$$

$$u_c(t) = U_{cm}\cos\omega_c t \tag{10-2}$$

则已调幅波信号表达式为

$$u_o(t) = U_{cm}(1 + M_a\cos\omega_s t)\cos\omega_c t \tag{10-3}$$

定义调制系数为

$$M_a = \frac{\Delta U_c}{\Delta U_{cm}} = \frac{U_{max} - U_{min}}{U_{max} + U_{min}} \tag{10-4}$$

其中,U_{max} 表示包络最大值;U_{min} 表示包络最小值。$M_a=1$ 时,上包络的凹处与下包络的凸处粘连;$M_a<1$ 时,上下包络远离横坐标。图 10-1 中的幅度调制系数 $M_a=(A-B)/(A+B)<1$。

如果调制电路的负载为 R,调制信号 $u_s(t)$ 为单频信号,则载波功率 P_C、每个边频功率 P_S 及输出总平均功率 P_{av} 分别为

$$P_C = \frac{U_{cm}^2}{2R}, \quad P_{S1} = P_{S2} = \left(\frac{M_a U_{cm}}{2}\right)^2 \frac{1}{2R}, \quad P_{av} = \left(1 + \frac{1}{2}M_a^2\right)^2 \frac{U_{cm}^2}{2R} \tag{10-5}$$

10.1.2 普通调幅(AM)

普通调幅分低电平调幅和高电平调幅两种。所谓低电平调幅,是先在低功率电平上产生已调波,再经过功率放大,达到一定的发射功率。

1. 低电平调幅

(1) 二极管平方律调幅

这种调制方式的做法是,先把主调信号 u_s 和载波信号 u_c 叠加作用在二极管上,利用二极管在阈值附近的平方率特性,产生各种频率分量,其中含有 f_c 和 $f_c\pm f_s$ 的频率分量;选择谐振网络的中心频率为 f_c,带宽为 $2f_s$,输出就是普通的调幅波。这种调制方式的主调信号 u_s 和载波信号 u_c 均为小信号。

二极管平方律调幅电路及工作波形如图 10-2 所示。

(2) 模拟乘法器调幅

模拟乘法器可以实现两个信号的乘积 $U_{cm}\cos\omega_c t U_{sm}\cos\omega_s t$,完成调幅功能。图 10-3 列举了采用分立元件和集成电路组成的调幅电路,两种电路均需要接选频网络输出调幅信号。

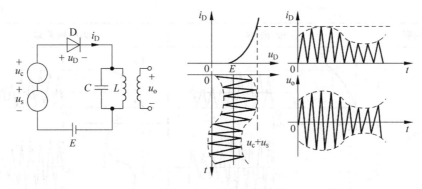

图 10-2　二极管平方律调幅

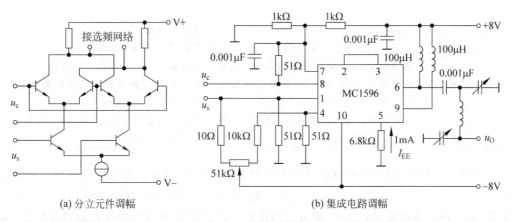

(a) 分立元件调幅　　　　　　　　(b) 集成电路调幅

图 10-3　模拟乘法器调幅

从电路形式上看,模拟乘法器调幅与图 9-23 模拟乘法器混频完全相同,但调幅要求输出选频网络的中心频率高、频带宽,而混频电路输出是单频窄带信号。

2. 高电平调幅

所谓高电平调幅,是将调制和功率放大合二而一,调制后的信号已经符合发射功率要求。

高电平调幅时,三极管工作在丙类功率放大状态。根据低频主调信号进入三极管电极的不同,分为基极调幅、集电极调幅和双重调幅 3 种,表 10-2 比较了前两种方式的情况。

表 10-2　基极调幅与集电极调幅

比较内容	基 极 调 幅	集电极调幅
电路形式		

续表

比较内容	基 极 调 幅	集电极调幅
调制波形	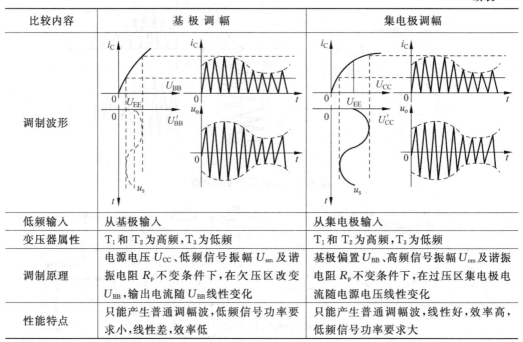	
低频输入	从基极输入	从集电极输入
变压器属性	T_1 和 T_2 为高频，T_3 为低频	T_1 和 T_2 为高频，T_3 为低频
调制原理	电源电压 U_{CC}、低频信号振幅 U_{sm} 及谐振电阻 R_p 不变条件下，在欠压区改变 U_{BB}，输出电流随 U_{BB} 线性变化	基极偏置 U_{BB}、高频信号振幅 U_{cm} 及谐振电阻 R_p 不变条件下，在过压区集电极电流随电源电压线性变化
性能特点	只能产生普通调幅波，低频信号功率要求小，线性差，效率低	只能产生普通调幅波，线性好，效率高，低频信号功率要求大

所谓双重调幅，就是用调制信号既去控制集电极电压，又去控制发射结电压。在调制信号正半周，U_{CC} 上升，同时使 U_{BB} 向正方向变，防止进入欠压区；在调制信号负半周，U_{CC} 下降，防止进入强过压区。这样，放大电路在整个调制过程中始终保持在弱过压状态，既保证了调制的线性，又保证了较高的效率。

10.1.3 抑制载波双边带调幅(DSB)

低频信号经过调制之后，载波是不含有用信息的。当调制度 $M_a = 0.3$ 时，边带功率和载波功率各占总平均功率的 4% 和 96%，普通调幅信号浪费了很大的功率，而**抑制载波双边带**可以节约功率。

把低电平二极管调幅电路略作改进，可以组成平衡调幅和环形调幅电路，两种电路的共同之处是，调制完成之后都要用滤波器滤除无用的频率分量。

表 10-3 对两种调幅方式进行了比较。

表 10-3 两种抑制载波双边带调幅

比较内容	平 衡 调 幅	环 形 调 幅
电路形式		

续表

比较内容	平 衡 调 幅	环 形 调 幅
电流关系	$i_1 = g_D u_{D1} K(\omega_c t)$ $i_2 = g_D u_{D2} K(\omega_c t)$ $i = i_1 - i_2 = 2g_D u_s K(\omega_c t)$	$i_I = g_D u_{D1} K(\omega_c t)$ $i_{II} = g_D u_{D2} K(\omega_c t)$ $i = i_I - i_{II} = 2g_D u_s K'(\omega_c t)$
开关函数	$K(\omega_c t) = \dfrac{1}{2} + \dfrac{2}{\pi}\cos\omega_c t - \dfrac{2}{3\pi}\cos 3\omega_c t + \cdots$	$K'(\omega_c t) = \dfrac{4}{\pi}\cos\omega_c t - \dfrac{4}{3\pi}\cos 3\omega_c t + \cdots$
输出电流	$i = 2g_D U_{sm}\cos\omega_s t\left(\dfrac{1}{2} + \dfrac{2}{\pi}\cos\omega_c t - \cdots\right)$	$i = 2g_D U_{sm}\cos\omega_s t\left(\dfrac{4}{\pi}\cos\omega_c t - \dfrac{4}{3\pi}\cos 3\omega_c t - \cdots\right)$
调幅效果	输出电流中无载频分量,含 $\omega_c \pm \omega_s$ 分量,高次谐波采用带通滤波器滤除	输出电流中无载频分量和低频分量,含有 $\omega_c \pm \omega_s$ 分量,且振幅提高一倍
调制波形		
开关函数波形		
斩波后波形		
已调波波形		
波形特点	包络正比于调制信号的绝对值,载波相位在调制电压零点处突变 180°	

10.1.4 单边带调幅(SSB)

低频信号经过调制之后,载波信号已不含有用信息,两个边带信号携带的信息相同。**单边带调幅**因为只保留了一个边带,不但电路效率最高,而且节约了一半频带。对于短波频道(3~30MHz),意味着可以多容纳一些传输通道,但电路变得复杂。

单边带调幅通常采用滤波法和移相法来实现。

1. 滤波法

滤波法把电路的难度转移到滤波器上,滤波法的原理方框如图 10-4 所示。

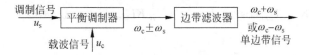

图 10-4 滤波法单边带调制方框图

由于两个边带靠得很近,要完全滤掉一个边带,保留另一个边带,滤波器的带通特性较难做到。载波频率越高,两个边带的相对距离越近。因此,单边带调制时,载波频率不能太高。

如果不得不要把载波频率提高到所需要的工作频率,必须经过多次平衡调幅和滤波,造成设备造价昂贵。但这种方式性能稳定可靠,仍然应用于干线通信。

采用滤波法组成单边带发射机时,一般先在低频载波上产生单边带信号,然后逐次提高载波频率,经过多次调制和滤波,得到单边带信号,最后再经过功率放大送入天线。

单边带发射机原理方框图实例如图 10-5 所示。

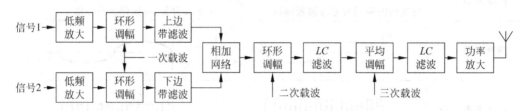

图 10-5　单边带发射机原理方框图实例

从方框图中可以看到,两路信号由于采用了单边带调幅,占用带宽相当于一路双边带信号的带宽,节约了无线通信的传输带宽。

2. 移相法

移相法避开了依靠滤波器来分开两个靠得很近的边带问题,不需要多次调制。

移相法把难度转移到了移相网络上。具体做法是,先把调制信号和载波信号分别移相 $90°$,各自产生正弦和余弦两个信号;然后将未移相的和移相的分别进行调制,得到正弦和余弦信号的已调波,最后经过减法网络输出单边带信号,图 10-6 是移相法的原理方框图。

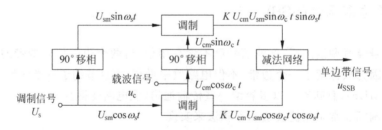

图 10-6　移相法原理方框图

单边带输出信号为

$$U_{SSB}(t) = \frac{1}{2}KU_{cm}U_{sm}\cos(\omega_c + \omega_s)t = \frac{1}{2}KU_{cm}U_{sm}(\cos\omega_c t\cos\omega_s t - \sin\omega_c t\sin\omega_s t)$$

$$(10\text{-}6)$$

从单边带输出信号表达式中可以看出,电路输出波形为等幅波,频率为上边频或下边频。

单边带调幅广泛用于短波通信和频率资源紧张的传输系统中。

10.1.5　残留边带调幅(VSB)

残留边带调幅的特点是调幅波中包含一个完整的边带、载波和另一个边带的一部分。比普通调幅节约了频带,比双边带和单边带调幅容易解调信号。在普通调幅接收之后,再用带通滤波器取出信号,降低了接收成本。残留边带调幅广泛用于电视传送系统中。

小结

调制是适应传输介质物理特性必须采取的一项具体措施,否则,信号难以传得很远。

调制的本质是将低频信号的频谱搬移到高频段,被调制的信号俗称载波,可以是连续正弦波,也可以是方波,载波频率有越来越高的发展趋势。

各种调制方式难度不同,用途也不尽相同。幅度调制最为简单,全调制方式保留了载波和双边带,浪费带宽资源,单边带调制最节约频带。

各种幅度调制方式普遍利用了有源器件的非线性,完成乘法功能,变压器和选频网络的辅助作用也不能轻视。

10.2　幅度解调

解调是调制的反过程,目的是要从已调波中还原出原始信号。

幅度解调俗称检波,幅度解调过程也是一种频率搬移,把载波附近的信号频谱再搬下来。

信号解调包括非相干和相干两种方式,各有利弊和用场。

本节先从幅度解调的基本概念入手,从简单到复杂,逐步引出幅度解调的各种方法及性能特点。

RC 滤波电路、PN 结导通与非线性特性和模拟乘法器特性,在幅度解调中都会得到应用。

10.2.1　包络检波

把信号从已调波中还原出来,有非同步解调和同步解调两种方式。

非同步解调电路简单,可利用 RC 滤波电路对已调波进行包络检波,也可以利用 PN 结的**平方律特性检波**,适合于普通调幅波的解调。

同步解调电路复杂,需要产生本地载波信号,与已调波的载波同频同相,通过相干方式取出原始信号,适合于各种调幅波的解调。

对于普通调幅的已调波,原始信号的变换规律直接反映在包络上。只要高频电压有效值在 0.5V 以上,就可以利用二极管的单向导电性,配合 RC 低通网络,完成包络检波功能。

1. 工作原理

图 10-7 展示了二极管包络检波基本电路及包络恢复情况。

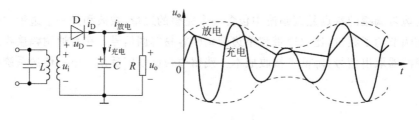

图 10-7 二极管包络检波

假设二极管为理想状态,单向导电。当普通调幅波为正半周升高时,二极管导通,视为短路,电容 C 被充电,时常数很小,很快达到输入电压值。

当普通调幅波载波的电位下降到低于被充电的电容 C 上的电位时,二极管截止,视为开路,电容 C 通过电阻 R 放电,时常数很大。

电容 C 上的电压还来不及放掉,新一轮的充电过程又开始。

在电阻 R 上的电压波形几乎与已调波的包络形状相同,再经过低通滤波器就可较为理想地恢复原始信号。

2. 性能指标

(1) 二极管导通角

包络检波属于大信号幅度解调。当电压信号很大时,二极管伏安特性曲线可以近似成折线,斜率为 g_d,与二极管特性有关。**导通角**表达式为

$$\theta = \sqrt[3]{\frac{3\pi}{g_d R_L}} \qquad (10\text{-}7)$$

折线斜率和负载越大,导通角越小。导通角越小,输出电压越接近已调波的包络,失真越小。

(2) 电压传输系数

电压传输系数也称**检波效率**,反映输出电压与输入高频电压幅度的关系:

$$K_d = \frac{U_{sm}}{M_a U_{cm}} \approx \cos\theta \qquad (10\text{-}8)$$

式(10-8)中,分子为输出低频电压的振幅,分母为输入已调波包络变化的振幅,M_a 为调制系数。

检波效率受到发送和接收两方面的影响:发送端调制系数不宜太大,接收端导通角不宜太小。检波效率最大值为 1,希望检波电路的效率能达到或接近于 1。

(3) 等效输入电阻

检波电路的前级是高频谐振网络,作为前级的负载,会使谐振网络的损耗加大,Q 值降低。用检波电路的等效输入电阻来衡量这种影响:

$$R_i = \frac{U_{im}}{I_{im}} = \frac{1}{2}R_L \qquad (10\text{-}9)$$

式(10-9)说明,大信号包络检波时,负载电阻越大,检波电路的等效输入电阻越大。对前级谐振放大电路而言,谐振回路特性基本由自身决定,检波电路对其影响很小。

(4) 失真

大信号包络检波有可能出现**惰性失真**和**底部失真**两种现象,必须注意防止。

惰性失真是由于储能元件电容引起的,图 10-8 比较了理想情况和失真情况的波形。

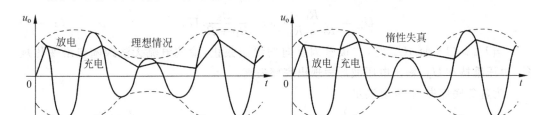

图 10-8　理想情况与惰性失真

储能元件电容 C 上的电压不能突变。大信号包络检波时,负载过大,造成放电时常数很大,电容上储存的电压不能立即释放,充放电来不及跟上普通调幅波下降的变化,造成还原的包络信号不准确。

为防止惰性失真,必须对检波负载电容 C 和负载电阻 R_L 适当选择,使放电速度不低于包络下降的速度。

放电时常数 $\tau = R_L C$,R_L 太小不利于前述各种性能指标,而减小电容 C 的容量又不利于滤除高频分量。

设定低频信号的角频率为 ω_s,载波频率为 ω_c,满足不产生惰性失真的放电时常数为

$$\frac{5 \sim 10}{\omega_c} \leqslant R_L C \leqslant \frac{\sqrt{1-M_a^2}}{M_a \omega_{smax}} = 0.001(\text{s}) \tag{10-10}$$

例如,调制系数 $M_a = 0.3$,低频信号频率范围 $100 \sim 500\text{Hz}$,$R_L = 5.1\text{k}\Omega$,代入式(10-10),求得 $C = 0.2\mu\text{F}$。

底部失真也称**切割失真**,是由于检波电路的负载特性引起的,可借助图 10-9 分析原因。

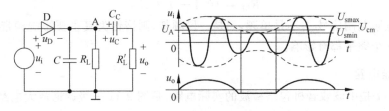

图 10-9　底部失真原因分析

幅度检波与后级电路一般采用交流耦合方式。图 10-9 中 C_C 是信号耦合电容,检波电路的负载分为直流负载和交流负载,根据直流通路和交流通路,可以看出直流负载为 R_L,交流负载为 $R_L // R_L'$。

输入信号的直流成分在电容 C_C 上产生电压 U_C,对二极管相当于负偏压,而且与载波振幅 U_{cm} 近似相等。

$$U_C \approx U_{cm} \tag{10-11}$$

U_C 通过 R_L 和 R_L',在 R_L 上产生分压,得到 A 点对地电压

$$U_A = \frac{R_L}{R_L + R_L'} U_C \approx \frac{R_L}{R_L + R_L'} U_{cm} \tag{10-12}$$

当 $U_A > (1 - M_a) U_{cm}$ 时,二极管因反向偏置而截止,检波电流无法跟随包络变化规律,电压维持在 U_A,输出电压波形表现出底部失真。

为避免底部失真,需要满足

$$U_{cm}(1 - M_a) > \frac{R_L}{R_L + R_L'} U_{cm} \quad 或 \quad M_a < \frac{R_L'}{R_L + R_L'} = \frac{R_L' // R_L}{R_L} \tag{10-13}$$

从上述分析可以看出,造成切割失真的原因是检波电路的交直流负载不相等。因此,应当尽量使其交直流负载越接近,具体做法有两种方式,如图 10-10 所示。

(a)图采用射极跟随器作为交流负载,由于其输入电阻很大,与检波电路的直流负载并联之后,等效交流负载几乎就是直流负载 R_L。

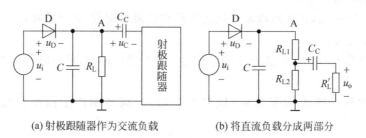

(a) 射极跟随器作为交流负载   (b) 将直流负载分成两部分

图 10-10   使检波电路交直流负载接近的两种方式

(b)图将直流负载电阻 R_L 分成两部分,交流负载电阻为 $R_{L1} + R_{L2} // R_L'$。当 R_L 一定时,从电压传输系数的角度考虑,希望 R_{L2} 大;而从交直流负载的接近程度考虑,希望 R_{L1} 大,以便并联电阻的分量轻。这样,就需要对 R_{L1} 和 R_{L2} 进行一定的制约,经验式如式(10-14)所示。

$$R_{L1} = (0.1 - 0.2) R_{L2} \tag{10-14}$$

如果低频调制信号 f_S 不是单频,而是一段频带,则惰性失真主要影响频带的高端,底部失真对整个频带都有影响。

3. 实际电路

图 10-11 是中波收音机包络检波的实际电路,是图 9-11 三级调谐放大电路的延续。D_2 为高频检波二极管、直流负载电阻分成 R_1 和 R_2。

电阻 R_1 和 R_2 的比例为 0.04,比式(10-14)要求的还小,权衡了检波效率和负载底部失真两个因素。A 点取出的平滑直流电压用来作为三极管 VT_2 和 VT_3 的自动增益控制(AGC)。

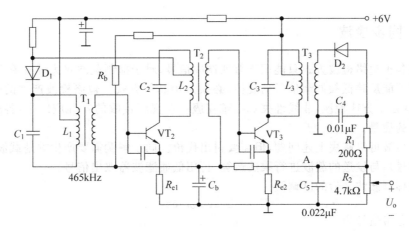

图 10-11　包络检波实际电路

10.2.2　平方律检波

平方律检波与包络检波的情况相反,输入信号必须是小信号,幅度不大于 0.2V。

利用二极管伏安特性在阈值附件的平方律规律来实现检波,图 10-12 展示了二极管平方律检波基本电路及包络恢复情况。

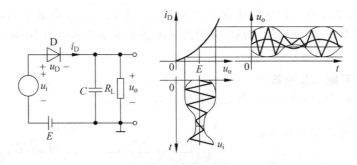

图 10-12　二极管平方律检波

二极管在平方律检波时,总是处于导通状态。正偏压 E 用来保证二极管工作点移到阈值附近,当加入高频信号之后,流过二极管的电流上下不对称,平均电流反映的就是包络变化。平均电流中既有直流分量,也有低频调制分量。后接低通滤波器,就可恢复原始信号。

二极管平方律检波的非线性失真较大,原因在于,输出电流中除含有低频基波 f_s 之外,还含有 $2f_s$ 等谐波,这类谐波与基波靠得很近,一般不易被 RC 组成的低通滤波器完全滤除。

此外,小信号检波的输出电压幅度与输入电压幅度和调制系数还有关,使输出电压幅度较小,检波效率不高。调幅收音机和电视接收机都很少采用,但由于输出电流增量与输入高频电压振幅的平方成正比,测量功率很方便,多用于测量仪表和微波检测。

10.2.3　同步检波

前述各种包络检波方式只能用于普通调幅信号,对于抑制载波双边带或单边带调制,包络形状不能反映低频调制信号的规律,必须采用其他方式。包络检波产生的失真也较严重,尤其是平方律检波,非线性失真很难克服。在视频接收的各种应用中,各种失真会影响图像的质量。

同步检波可以解决上述问题,但需要付出代价。同步解调需要产生本地载波信号(也称参考信号),与发送的载波进行乘法运算,再用低通滤波器取出信号。

假设抑制载波之后的已调波为

$$U_s = U_{sm}\cos\omega_s t\cos\omega_c t \tag{10-15}$$

本地参考信号为

$$U_r = U_{rm}\cos\omega_c t \tag{10-16}$$

乘法运算之后

$$
\begin{aligned}
U_s U_r &= U_{sm}U_{rm}\cos\omega_s t\cos^2\omega_c t\\
&= \frac{1}{2}U_{sm}U_{rm}\cos\omega_s t + \frac{1}{4}U_{sm}U_{rm}\cos(2\omega_c + \omega_s)t\\
&\quad + \frac{1}{4}U_{sm}U_{rm}\cos(2\omega_c - \omega_s)t
\end{aligned} \tag{10-17}
$$

式(10-17)中第一项就是需要恢复的低频调制信号,可由低通滤波器取出;后两项是高频载波的两个边频,可由低通滤波器滤除。

同步检波的难度在于产生本地载波,要求频率和相位与发送载波相同,否则,效果很差。因此,为降低成本,当前的调幅广播仍然采用普通调幅方式,而同步检波用于要求较高的通信系统。

1. 二极管平衡同步检波

二极管平衡同步检波基本电路及波形如图 10-13 所示。

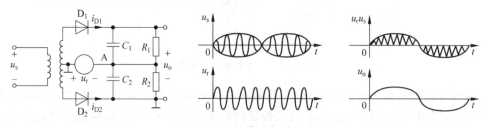

图 10-13　二极管平衡同步检波

电路中,已调信号 u_s 由高频变压器初级输入,次级中心抽头接地,次级获得大小相等、相位相反的两个信号。参考信号 u_r 接在 A 点与地之间,与已调信号串联后接入同步检波电路,通过串联峰值取样,获得调制信号。电路中,两只二极管等效为开关,其导通与截止受 u_r 控制,要求 u_r 幅度远远大于 u_s 幅度。

二极管平衡同步检波电路与表 10-3 中的二极管平衡调幅电路基本相同,本质上是完成乘法功能。二极管平衡同步检波电路多用于彩色电视机中从已调色差信号中解调出色度信号。

2. 集成电路同步检波

集成电路同步检波基本电路如图 10-14 所示。

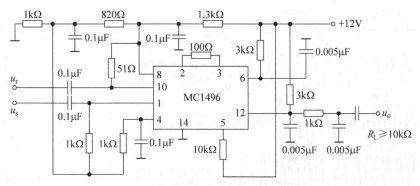

图 10-14　集成电路同步检波电路

集成电路 MC1496 本质上是模拟乘法器,同步检波电路与图 10-3 调幅电路基本相同。

10 脚与 8 脚为参考信号输入端,电路为单端输入,电压有效值为 100mV。

1 脚与 4 脚为已调信号输入端,电路为单端输入,电压有效值为 100～500mV。

12 脚与 6 脚为输出端,通过外接电阻接电源。电路为单端输出,外接 π 型低通滤波器输出。

5 脚为内部三极管偏置控制端。

小结

幅度解调的目的是从已调波中恢复原始信号。

由于幅度调制方案的多样性,幅度解调有不同的应对方式。

非同步解调适合普通已调波,电路简单。具体方式包括包络检波和平方律检波,利用 PN 结的正向导通特性和在阈值附近的平方律特性。性能指标主要包括检波效率和失真度。

同步检波适合于抑制载波双边带或单边带已调波,电路复杂。必须产生本地载波,与已调波进行乘法运算,恢复低频信号。

10.3　调频与鉴频

表征连续正弦波的特性,除了幅度之外,还有频率和相位。按照调幅的概念,同样可以进行调频和调相,也称**角度调制**。

本节采用对比的方法,首先从波形图上区分 3 种调制方式的特点,利用数学表达式对调频和调相进行描述,然后主要对调频和鉴频原理及电路进行分析。

变容二极管反向运用时,可以改变电容量,在调频电路中作用很大。变压器和乘法器也是调频电路中的重要部件。

与调幅相比,调频和调相的频谱搬移是非线性搬移,频带变宽,电路复杂,但能得到很多性能的改善,应用范围很广。

10.3.1　基本概念

图 10-15 从时域和频域上比较了 3 种调制方式。

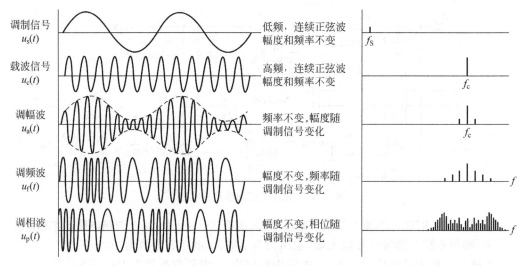

图 10-15　3 种调制方式

图 10-15 中,调制信号是单频正弦信号,3 种已调波的电压表示符号分别加了小写字母 a、f 和 p 作下标,以区分调幅、调频和调相。

各种已调波的特点如下:

(1) 调幅波载频不变,包络按正弦波规律起伏变化。

(2) 调频波幅度不变,受调频率的疏密变化规律与正弦波规律一致,正弦波幅度高时,受调频率高(波形密)。

(3) 调相波幅度不变,与调频波的疏密变化规律相近,但相位上不一致。

如果调制信号不是单频,而是一段频带,则时域上调频波和调相波的变化规律更难看出来,频域上的频带也要展宽很多。

与调幅相比,调频和调相变得复杂,数学描述及性能特点如表 10-4 所示。

表 10-4　调频波与调相波参数比较

调制信号 $u_s(t)=U_{sm}\cos\omega_s t$,载波信号 $u_c(t)=U_{cm}\cos\omega_c t$		
角度调制	调　频　波	调　相　波
调制灵敏度	K_f 为电路决定的比例常数	K_p 为电路决定的比例常数
输出电压	$u(t)=U_{cm}\cos\left[\omega_c t+K_f\int u_s(t)\mathrm{d}t\right]$	$u(t)=U_{cm}\cos\left[\omega_c t+K_p u_s(t)\right]$
瞬时角频率	$\omega(t)=\omega_c+K_f u_s(t)$	$\omega(t)=\omega_c+K_p \mathrm{d}u_s(t)/\mathrm{d}t$
瞬时相位	$\theta(t)=\omega_c t+K_f\int u_s(t)\mathrm{d}t$	$\theta(t)=\omega_c t+K_p u_s(t)$
调制系数	$M_f=K_f U_{sm}/\omega_s=\Delta\omega/\omega_s=\Delta f/f_S$	$M_p=K_p U_{sm}=\Delta\varphi$
中心	中心角频率 ω_c	中心相位 $\omega_c t$
最大频偏	$\Delta\omega=M_f\omega_s=K_f U_{sm}$	$\Delta\omega=M_p\omega_s=K_p U_{sm}\omega_s$
最大相移	$\Delta\varphi=M_f$	$\Delta\varphi=M_p$
信号带宽	$f_{BW}=2(1+M_f)f_S$	$f_{BW}=2(1+M_p)f_S$
缺点	频带占用宽	
优点	抗干扰能力强、功率利用率高、失真度小	

续表

	调制信号频率 $f_s=1\text{kHz}$	
示例一	调制系数 $M_f=12$	调制系数 $M_p=12$
	最大频偏 $\Delta f=12\times1=12(\text{kHz})$	最大频偏 $\Delta f=12\times1=12(\text{kHz})$
	带宽 $f_{BW}=2\times(1+12)=26(\text{kHz})$	带宽 $f_{BW}=2\times(1+12)=26(\text{kHz})$
	当调制频率和调制系数相同时,两种调制的最大偏移和带宽完全相同	
	调制信号频率 $f_s=2\text{kHz}$,幅度维持不变	
示例二	最大频偏与调制频率无关, $\Delta f=12\times1=12(\text{kHz})$	最大频偏与调制频率成正比, $\Delta f=12\times2=24(\text{kHz})$
	调制系数与调制频率有关, $M_f=\Delta f/f_s=6$	调制系数与调制频率无关, $M_p=12$
	信号带宽受到较小影响, $f_{BW}=2\times(1+6)\times2=28(\text{kHz})$	信号带宽受到较大影响, $f_{BW}=2\times(1+12)\times2=52(\text{kHz})$
	调制幅度不变、频率成倍增加时,调频信号最大频偏不变,频带宽度增加有限;而调相信号最大频偏和带宽成倍增加,频率利用率差	
	调制信号频率 $f_s=1\text{kHz}$,幅度减半	
示例三	最大频偏与调制幅度成正比, $\Delta f=12/2=6(\text{kHz})$	
	调制系数与调制幅度成正比, $M_f=M_p=\Delta f/f_s=6$	
	信号带宽 $f_{BW}=2\times(1+6)\times1=14(\text{kHz})$	
	两种调制信号对调制幅度的变化规律相同	

10.3.2　调频原理及电路

1. 调频的实现方法

调频信号中包含许多新的频率分量,必须利用非线性元件进行频率变换。

具体做法分为**直接调频**和**间接调频**,表 10-5 比较了两种做法。

表 10-5　直接调频与间接调频

比较内容	直接调频	间接调频
方框图		
基本原理	利用调制信号直接线性地改变载波振荡的瞬时频率	先对调制信号积分,再对载波信号调相
电路优点	容易获得较大频偏	中心频率稳定度高

2. 变容二极管

变容二极管是一个电压控制可变电容元件。

改变二极管的反向电压,使 PN 结空间电荷区的宽窄相应变化,从而结电容会随之变化。

变容二极管的结电容及调制特性如图 10-16 所示。

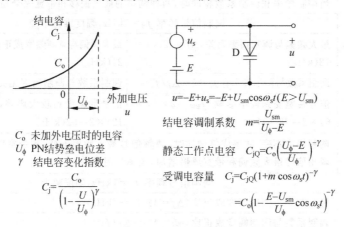

$$u=-E+u_s=-E+U_{sm}\cos\omega_s t\,(E>U_{sm})$$

结电容调制系数　　$m=\dfrac{U_{sm}}{U_\phi-E}$

静态工作点电容　　$C_{jQ}=C_o\left(\dfrac{U_\phi-E}{U_\phi}\right)^{-\gamma}$

受调电容量　　$C_j=C_{jQ}(1+m\cos\omega_s t)^{-\gamma}$

$$=C_o\left(1-\dfrac{E-U_{sm}}{U_\phi}\cos\omega_s t\right)^{-\gamma}$$

C_o　未加外电压时的电容
U_ϕ　PN结势垒电位差
γ　结电容变化指数

$$C_j=\dfrac{C_o}{\left(1-\dfrac{U}{U_\phi}\right)^{\gamma}}$$

图 10-16　变容二极管的结电容及调制特性

图 10-16 中,PN 结势垒电位差锗管为 0.2V,硅管为 0.6V。外加反向电压越大,结容越小。二极管未受调制时,结电容主要受偏置电压 E 的影响;受调制时,主要受调制信号电压 U_s 的影响。都以静态电容 C_o 为基础,势垒电位差 U_ϕ、结电容变化指数 γ 和偏置电压 E 看作常量。

变容二极管调频的主要优点是电路简单,工作频率高,固有损耗小,几乎不消耗能量,能够获得较大的频偏。

3. 直接调频

直接调频有 3 种方式:二极管全接入、二极管部分接入和晶体振荡器直接调频,3 种方式都需要用到变容二极管。

(1) 变容二极管全接入

变容二极管全接入直接调频电路如图 10-17 所示。

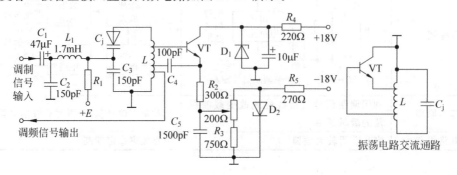

图 10-17　变容二极管全接入调频电路

图 10-17 中,变容二极管 C_j 与电感 L 一起完成谐振功能,负偏压由 $+E$ 提供。电容 C_4 和 C_5 对高频视同短路,振荡管为电感三点式工作方式,由 ± 18V 经过稳压后提供工作电源,发射级接可调电阻下地,改变三极管工作电流,以控制振荡电压的大小。

调制信号经电容 C_1 耦合,再经过由 C_2、L_1 和 C_3 组成的低通滤波器,加到变容二极管两端。

调频信号从 LC 回路取出,中心频率为 70MHz,最大频偏为 6MHz。

全接入直接调频最大频偏较大,但由于结电容受环境条件的影响,中心频率稳定度不高。

(2) 变容二极管部分接入

由于变容二极管全接入直接调频方式对变容二极管依赖性太大,可以采用部分接入方式。

变容二极管部分接入直接调频电路如图 10-18 所示。

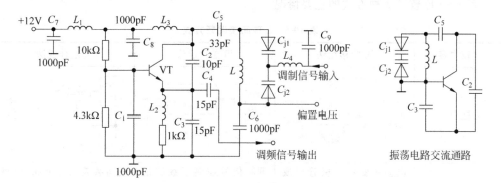

图 10-18　变容二极管部分接入直接调频

图 10-18 中,4 个高频扼流圈 $L_1 \sim L_4$ 阻碍高频信号通过,对低频视为短路,对高频信号有影响的电容包括 C_2、C_3 和 C_5,画出交流通路之后,振荡电路属于电容三点式。两个变容二极管背靠背工作,以减小高频振荡电压对二极管总电容的影响,每个承受一半。对调制电压而言,L_4 视同短路,加在每个二极管上的调制电压相等。

电路中心频率在 $50 \sim 100$MHz,频率稳定度比全接入的高,最大偏移比全接入的小。

(3) 晶体振荡器直接调频

晶体振荡器直接调频还是会用到变容二极管,多采用二极管与晶体串联方式,频率稳定度比不采用晶体的高。

二极管与晶体串联直接调频电路如图 10-19 所示。

晶体的标称频率为 17.5MHz,三极管集电极回路 C_3、C_4 和 L_2 调谐在 52.5MHz 上,电路本身还兼有三倍频功能。晶体本身的串联谐振频率 f_S 和并联谐振 f_P 离得很近,变容二极管与晶体串联之后,电路振荡频率只能在 $f_S \sim f_P$ 变化,偏移较小。

4. 间接调频

间接调频是通过调相方式来实现的,具体有 3 种方式:可变移相法、可变时延法和矢量合成法。

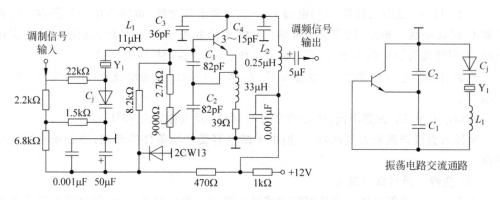

图 10-19   晶体振荡器直接调频

假设调制信号和载波信号分别为 $U_s(t)=U_{sm}\cos\omega_s t$ 和 $U_c(t)=U_{cm}\cos\omega_c t$。

表 10-6 比较了 3 种方式的主要情况。

表 10-6   3 种间接调频方式

比较内容	可变移相法	可变时延法	矢量合成法
方框图	载波信号 → 单回路变容二极管调相电路 → 调频信号,调制信号	晶体振荡器 → 可控时延网络 → 调频信号,调制信号	移相90° → 乘法 → 加法 → 调频信号;载波信号 调制信号
基本原理	电感和变容二极管组成谐振网络,调制信号通过结电容改变频率	调制信号控制了载波信号的时延,时延意味着改变相位	先将载波信号分相,再将相位相差90°的两个信号相加
输出电压	$U_O(t)=I_{cm}Z(\omega_c)\cos(\omega_c t+m_p\cos\omega_s t)$	$U_O(t)=U_{om}\cos[\omega_c(t-\tau)]$	$U_O(t)=U_{om}\cos[\omega_c t+K_P u_c(t)]$

10.3.3   鉴频原理及电路

调频信号的解调称为频率检波,也称**鉴频**,调相信号的解调称为相位检波,也称**鉴相**。

1. 鉴频特性曲线

鉴频电路的输出电压 u_o 与输入调频信号频率 f_S 之间的关系曲线称为 S 鉴频特性曲线。图 10-20 展示了 S 鉴频特性曲线及 4 种鉴频电路的方框图。

在调频信号中心频率 f_0 处,输出电压 $u_o=0$,当信号频率偏离 f_0 时,输出电压分别向正负极性方向变化;在 f_0 附近,u_o 与 f_S 近似线性关系。

定义在中心频率 f_0 处的斜率为**鉴频灵敏度**:

$$S_f = \Delta u_o / \Delta f \tag{10-18}$$

为不失真解调,要求鉴频特性在 f_0 附近有足够宽的线性范围,用 $2\Delta f_{max}$ 表示,应大于调频信号最大频偏的两倍,即 $2\Delta f_{max} \geqslant 2\Delta f_m$,也称为**鉴频电路的带宽**。

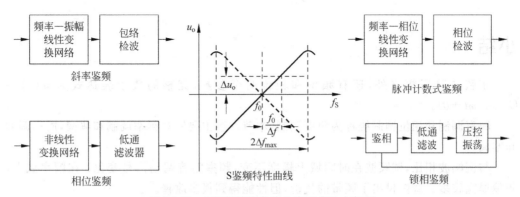

图 10-20　S 鉴频特性曲线及实现方法方框图

2. 斜率鉴频

斜率鉴频电路最简单的是单回路失谐方式,将高频信号电流加到 LC 并联谐振回路上,具体电路及波形图如图 10-21 所示。

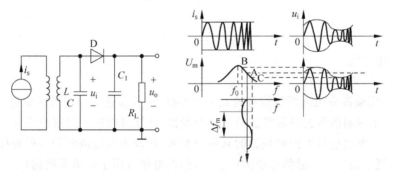

图 10-21　单失谐回路鉴频

图 10-21 中,LC 并联谐振回路调谐于中心频率 f_0 附近,将调频信号变成调幅—调频信号,鉴频特性曲线工作在 B、A 和 C 一段,二极管幅度检波电路将低频信号还原出来,完成鉴频功能。由于谐振回路特性曲线线性较差,输出波形失真度较大。

复杂一点的斜率鉴频电路还有双失谐回路鉴频和集成电路鉴频。

3. 相位鉴频

相位鉴频既可用模拟电路构成也可用数字电路构成,具体做法又分叠加型和乘积型两种,表 10-7 比较了两种方式。

表 10-7　叠加型相位鉴频与乘积型相位鉴频

比较内容	叠　加　型	乘　积　型
方框图	频率—相位变换网络 → 加法电路 → 包络检波	频率—相位变换网络 → 乘法电路 → 低通滤波
工作原理	相位检波由两个包络检波电路叠加组成,根据叠加原理,在中心频率 f_0 附近,输出电压产生正、零和负 3 种值	乘法电路完成相位检波功能,两路都是大信号时,呈三角波鉴相特性,否则呈正弦波鉴相特性

小结

正弦波除振幅之外,还有频率和相位两个参数,完整的数学表达式为 $u(t) = U_m\cos(\omega t + \theta)$。

频率调制和相位调制统称为角度调制,本节内容主要针对频率调制和解调,简称调频和鉴频。

与调幅波相比,调频波在时间域上幅度不变,频率随着调制信号变化;在频率域上,频偏展宽较多。调频付出了频带的代价,但性能得到很多改善。

各种调频方式中,普遍用到变容二极管,在反向偏置条件下,通过电压—结电容特性,导致频率变化。直接调频、间接调频和晶体振荡器调频都有应用,后者稳定度最高。

鉴频电路方式很多,最简单的是先把等幅调频波变成调幅调频波,再做幅度检波,各种方式均希望 S 鉴频特性曲线是线性的。

习题十

10-1 选择题

(1) 调制是指( )。

    A. 用载波去控制调制信号的某一个参数,使该参数按一定规律变化

    B. 用调制信号去控制载波的某一个参数,使该参数按一定规律变化

    C. 用调制信号去控制载波的某一个参数,使该参数按调制信号的规律变化

(2) 调制电路应用于通信系统的( ),解调电路应用于通信系统的( )。

    A. 发送端   B. 接收端   C. 收发两端

(3) 在 AM 调幅波中,要传送的信息包含在( )中,如果载波的幅度为 U_{cm},则每个边频的幅度最大不超过( )。

    A. 载波   B. 边频   C. $\frac{1}{2}M_a U_{cm}$ D. $M_a U_{cm}$

(4) 如果调幅电路的负载为 R,调制信号 $u_s(t)$ 为单频,载波信号为 $u_c(t)$,调制度为 M_a,则普通调幅波的载波功率为( ),每个边频的功率为( ),总平均功率为( )。

    A. $\dfrac{U_{cm}^2}{2R}$ B. $\dfrac{\left(\dfrac{M_a U_{cm}}{2}\right)^2}{2R}$

    C. $\dfrac{\left(1+\dfrac{1}{2}M_a^2\right)U_{cm}^2}{2R}$ D. $\dfrac{\dfrac{1}{2}M_a^2 U_{cm}^2}{2R}$

(5) 中波广播、调频广播和电视广播的调制方式分别为( )、( )和( )。

    A. AM   B. DSB   C. SSB   D. VSB

    E. FM

(6) DSB 调幅波的特点是( )。

    A. 包络与 AM 调幅一致,载波相位在调制电压零点处突变

B. 包络正比于调制信号的绝对值,载波相位在调制电压零点处突变

C. 包络正比于调制信号的绝对值,载波相位在调制电压零点处突变 180°

(7) SSB 调幅波的特点是( )。

A. 包络与 AM 调幅一致,频率为上边频或下边频

B. 包络与 DSB 调幅一致,频率为载频

C. 包络为等幅波,频率为上边频或下边频

(8) VSB 调幅的优点是( )。

A. 节约频带、节约能量、抗干扰能力强

B. 节约频带、节约能量、抗干扰能力强、容易解调

C. 节约频带、节约能量、抗干扰能力强、解调困难

(9) 某中波广播电台载波频率为 1000kHz,收音机选台时本地振荡频率为( )。

A. 465kHz　　　　B. 1465kHz　　　　C. 900kHz　　　　D. 300kHz

(10) 平衡调幅器的平衡作用是( )。

A. 对载波和一个边带进行抑制　　　　B. 对载波进行抑制

C. 抑制一个边带　　　　　　　　　　D. 抑制一个边带的一部分

(11) 检波的实质是( )。

A. 将载波从高频移到低频的频谱搬移过程

B. 将边带信号从高频移到低频的频谱搬移过程

C. 将边带信号不失真地从载频附近移到低频的频谱搬移过程

(12) 幅度解调从原理上包括( )、( )和( ),从器件使用上包括( )、( )和( )。

A. 包络检波　　　B. 平方律检波　　　C. 同步检波

D. 二极管检波　　E. 三极管检波　　　F. 集成电路检波

(13) 同步检波可以对( )调幅信号进行解调。

A. AM　　　　　B. DSB　　　　　C. SSB　　　　　D. VSB

E. 任何

(14) 模拟乘法器可以用于( )。

A. 混频、调幅、检波、调频、鉴频　　　B. 混频、调幅、防止自激

C. 调频、鉴频、提高电路效率　　　　　D. 调幅、调频、提高电路增益

(15) 调频信号的频偏与( )。

A. 调制信号的频率无关

B. 调制信号的振幅成正比

C. 调制信号的相位有关

(16) 关于直接调频和间接调频,下列说法正确的是( )。

A. 直接调频是用调制信号去控制振荡器的工作状态

B. 间接调频的频偏小,但中心频率比较稳定

C. 间接调频的频偏大,但中心频率稳定性好

D. 直接调频的频偏大,但中心频率稳定性好

(17) 调幅系数（　　），调频系数（　　）。

A. 大于1　　　　　　　　　　B. 小于1

C. 0～1　　　　　　　　　　D. 大于1、小于1均可

(18) 调频波的调频系数与调制信号的（　　）成正比,与调制信号的（　　）成反比。

A. 频率　　　　B. 相位　　　　C. 振幅　　　　D. 初始相位

(19) 鉴频是指（　　）。

A. 调幅波的解调　　　　　　　B. 调频波的解调

C. 调相波的解调

(20) 调频、调幅和调相的信息分别改变了载波的（　　）、（　　）和（　　）。

A. 幅度　　　　B. 频率　　　　C. 相位

(21) 调幅波的带宽与调幅指数（　　）,调频波的带宽与调频指数（　　）,调幅波的频率成分与调幅指数（　　）,调频波的频率成分与调频指数（　　）。

A. 有关　　　　B. 无关

10-2　判断题

(1) 未调制前的信号称为基带信号,截止频率一般都不高,受调制后的信号称为频带信号。　　　　　　　　　　　　　　　　　　　　　　　　　　（　　）

(2) 信号受调制的目的是适应信道,使信号能在一定的信道中传输。　（　　）

(3) 调幅、调频和调相性能越来越好,技术越来越难。　　　　　　　（　　）

(4) 普通调幅、抑制载波双边带、单边带和残留边带4种调幅方式各有用场。（　　）

(5) 非相干解调电路简单,有一定的应用场合;相干解调适合各种调制,难度较大。　　　　　　　　　　　　　　　　　　　　　　　　　　　　（　　）

(6) 模拟乘法器能完成混频、调制和解调等多种功能,其内部主要是差动放大电路。　　　　　　　　　　　　　　　　　　　　　　　　　　　　　（　　）

(7) 二极管的非线性运用和线性运用在频率变换中都有贡献。　　　（　　）

(8) 反向运用的变容二极管由于其电容量的可变特性,在频率变换中也有贡献。

（　　）

10-3　如图 10-22 所示,若调制信号为单频信号,画出输出 SSB 单边带调幅信号波形。

10-4　如图 10-23 所示,从物理意义上说明双重调制电路工作原理。

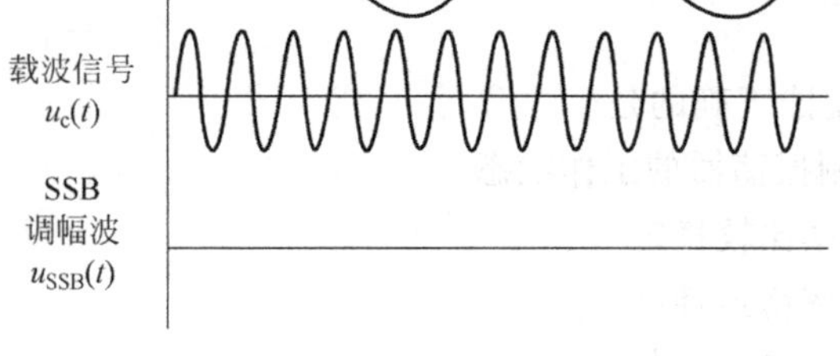

图　10-22 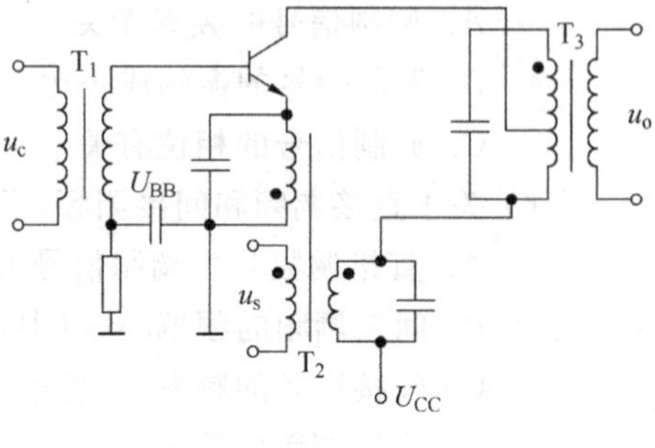　　　　　　　　　　　　图　10-23

10-5　根据图 10-24 中脉冲计数式鉴频原理方框图及各点波形,试说明其鉴频原理。

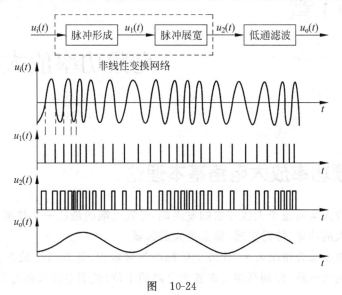

图　10-24

第 11 章

高频功率放大电路

11.1 高频功率放大电路基本理论

高频功率放大电路位于无线传输的发送端,是发送端的最后一个技术环节,使信号放大之后有足够大的功率,传得更远,覆盖更大的区域。

本节先从电路综合情况入手,比较了低频小信号放大、低频功率放大、高频小信号放大和高频功率放大电路,找到高频功率放大电路的定位,说明电路效率与失真度之间的制约关系。

在上述预备知识之后,着重对谐振高频功率放大电路的原理进行说明。

高频功率放大的很多概念,与低频功率放大和高频小信号放大有很强的可比性,需要加以注意。

11.1.1 基本概念

1. 电路定位

表 11-1 对放大电路综合情况进行了比较。

表 11-1 放大电路综合情况比较

信号属性	比较内容	低 频 放 大	高 频 放 大
小信号放大	电路分类	直流放大、低频放大	谐振放大、宽带放大
	三极管微变等效电路内含	等效输入电阻 r_{be}、电流源 βi_b $r_{be} = r_{b'b} + \dfrac{26(\text{mV})}{I_B(\text{mA})}$	基区体电阻 $r_{b'b}$、发射结电阻 $r_{b'e}$、集射电阻 r_{ce}、发射结电容 $C_{b'e}$、集电结电容 $C_{b'c}$、跨导 g_m、电流源 $g_m U_{be}$
	电路形式	共发射极、共集电极、共基极	共发射极、共集电极、共基极
	静态分析	合理设置静态工作点,甲类	合理设置静态工作点,甲类
	动态分析	由交流通路,画出低频微变等效电路	由交流通路,画出高频微变等效电路
	等效电路	忽略结电容的影响	混 π、Y 参数
	负反馈	稳定工作点、改变交流特性	稳定工作点、改变交流特性
	关注点	电压增益、失真度、通频带	电压增益、失真度、通频带
	应用	直流控制、放大、谐振	谐振、混频、调制、解调

续表

信号属性	比较内容	低　频　放　大	高　频　放　大
功率放大	电路分类	低频小信号功率放大	谐振功率放大、宽带功率放大
	静态分析	乙类、甲乙类	丙类、丁类
	动态分析	图解法	折线近似法
	关注点	失真度、管耗、输出功率、电路效率	失真度、管耗、输出功率、电路效率
	应用	音响或其他大功率负载	无线发射机

从表 11-1 中可以看出,高频功率放大电路面对的是高频大信号,有窄带和宽带两种放大方式,分析方法需要在图解法的基础上,进一步采用**折线近似**的方法,电路要求与低频功率放大电路完全相同。

因此,对高频功率放大电路的要求高、实现的难度大,最主要解决的是功率和效率问题。

2. 三极管工作状态

功率放大电路的效率与三极管工作状态直接有关,提高电路效率的主要途径,就是使集电极电流不为零的时间尽可能短。

在本书第 6 章低频功率放大电路中,曾对三极管工作状态做过描述,现简要归纳重现于图 11-1。

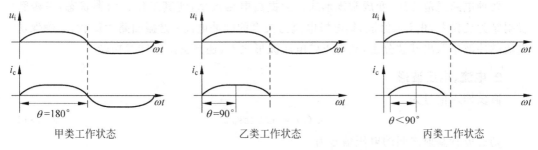

甲类工作状态　　　　　乙类工作状态　　　　　丙类工作状态

图 11-1　三极管 3 种工作状态波形图

甲、乙、丙 3 种做法的性能,依次是效率越来越高,非线性失真越来越严重。

在低频功率放大电路中,因信号频率覆盖范围很宽,不能采用谐振回路作负载,一般工作在甲类状态;采用推挽方式时,工作在偏乙类的甲乙类状态。

在高频谐振功率放大电路中,因信号频率覆盖范围很窄,常采用谐振回路作负载,工作在丙、丁类状态,电路效率比低频功率放大电路的高,但需要注意防范非线性失真。

3. 性能指标

高频谐振功率放大电路的性能指标包括以下几点。

(1) 输出功率,概念与低频功率放大电路相同。

(2) 电路效率,概念与低频功率放大电路相同。

(3) 谐波抑制度,因采用谐振回路作负载导致非线性失真,反映电路克服非线性失真的能力,在低频功率放大电路中不突出。

11.1.2　谐振高频功率放大原理

1. 基本电路

谐振高频功率放大电路主要用于发射机中,电路形式分为中间级和输出级,两种方式均可认为是并联谐振网络作为负载。

图 11-2 画出了中间级、输出级及常规形式的基本电路。

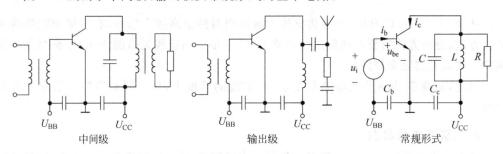

图 11-2　谐振高频功率放大电路形式

图 11-2 中,中间级的负载是下一级的输入阻抗经过变压器变换之后,折合到初级与 LC 谐振回路组成的等效负载,输出级的负载是天线。

两种电路规范之后,变成常规形式。为提高电路效率,使其工作在丙类状态,三极管发射结为负偏置,由 U_{BB} 保证,集电极电流为失真的脉冲电流;谐振回路为负载,除确保从电流脉冲波中取出基波分量,获得正弦电压波形之外,还具备阻抗转换功能。

2. 电流、电压波形

假设输入信号为

$$u_i(t) = U_{im}\cos\omega t \tag{11-1}$$

则三极管基射之间的电压信号为

$$u_{be}(t) = U_{BB} + U_{im}\cos\omega t \tag{11-2}$$

当 u_{be} 瞬时值大于三极管基射导通电压之后,产生基极电流 i_b,相应地得到放大的集电极电流 i_c。

集电极电流 i_c 经过傅立叶级数展开后,存在各次谐波

$$i_c = I_{co} + I_{c1m}\cos\omega t + I_{c2m}\cos2\omega t + I_{c3m}\cos3\omega t + \cdots \tag{11-3}$$

如果集电极回路调谐在输入信号频率 ω 上,则回路就与输入信号的基波谐振,回路等效为一个纯电阻;对其他各次谐波失谐,呈现很小的电抗,相当于短路;直流分量只能通过电感支路,因电感直流电阻很小,直流分量也视同短路。

这样,集电极电流只剩下基波分量,假设并联谐振回路的谐振电阻为 R_0,则集电极输出电压为

$$u_c(t) = -R_0 I_{c1m}\cos\omega t = -U_{cm}\cos\omega t \tag{11-4}$$

三极管集射之间的电压为

$$u_{ce}(t) = U_{CC} - U_{cm}\cos\omega t \tag{11-5}$$

丙类功率放大电路电流、电压波形如图 11-3 所示。

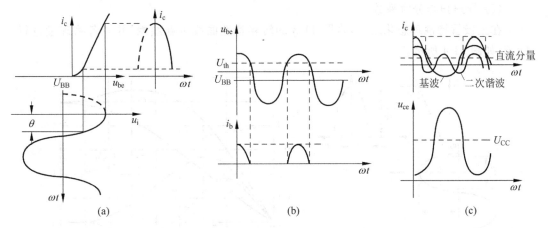

图 11-3　丙类功率放大电路电流、电压波形

波形图中需要说明几点。

图 11-3(a)反映三极管输入特性,由于 U_{BB} 反偏,造成 i_b 波形为脉动状态。

图 11-3(b)反映三极管转移特性,集电极电流 i_c 波形也为脉动状态,与发射结电压 u_{be} 波形同相。

图 11-3(c)反映三极管输出特性,体现集电极电流 i_c 与集射电压 u_{ce} 的关系。考虑发射极接地、谐振回路只对基波作出响应和 i_c 电流方向 3 个因素之后,集射之间电压 u_{ce} 就是输出电压 u_o,其动态波形是直流电压 U_{CC} 和交流电压 $-U_{cm}\cos\omega t$ 的叠加。

3. 余弦电流脉冲分解

由于高频功率放大电路工作在大信号非线性状态,三极管的小信号微变等效电路分析方法不能适用。为了研究电路的输出功率、管耗及效率,通常采用折线近似法。折线近似法把三极管的输入特性、转移特性、输出特性曲线理想化,即原来的弯曲部分被折线取代。

(1) 理想化特性曲线

理想化之后的三极管特性曲线及数学表达式如表 11-2 所示。特性曲线图中,g_b、g_c 和 g_{cr} 分别对应各条直线的斜率。

表 11-2　理想化之后三极管特性的数学表达式

输 入 特 性	转 移 特 性	输 出 特 性
$i_b = 0$,　$u_{be} < U_{th}$	$I_c = 0$,　　$u_{be} < U_{th}$	饱和区 $i_c = g_{cr} u_{ce}$
$i_b = g_b(u_{be} - U_{th})$,　　$u_{be} \geqslant U_{th}$	$I_c = g_c(u_{be} - U_{th})$,　　$u_{be} \geqslant U_{th}$	放大区 i_c 与 u_{ce} 无关
g_b 的物理概念是输入导纳	g_c 的物理概念是转移导纳	g_{cr} 的物理概念是输出导纳

折线近似会存在一定的误差,但可以把问题简化,指出变化规律,对电路参数进行估算。

(2) 导通角与分解系数

在三极管特性理想化之后,将图 11-3 的转移特性曲线重新绘制,并对各物理量进行标记,如图 11-4 所示。

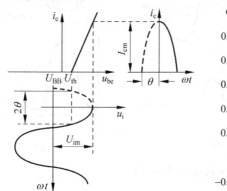 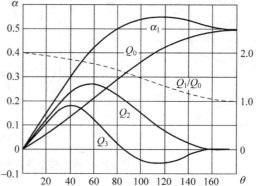

图 11-4 导通角与分解系数

经过折线近似之后,集电极电流简化为

$$i_c = g_c(U_{BB} + U_{im}\cos\omega t - U_{th})\tag{11-6}$$

由图 11-4 可知,$\omega t = \theta$,$i_c = 0$ 时,得到半导通角 θ 的表达式:

$$\cos\theta = (U_{th} - U_{BB})/U_{im}\tag{11-7}$$

式(11-7)表明,由 U_{th}、U_{BB} 和 U_{im} 可以确定高频功率放大电路的半导通角,实际工作时为全导通角 2θ。

引入导通角概念之后,得到集电极电流直流分量的表达式

$$I_{c0} = \frac{1}{2\pi}\int_{-\pi}^{\pi} i_c \mathrm{d}(\omega t) = \frac{1}{2\pi}\int_{-\theta}^{\theta} I_{cm}\frac{\cos\omega t - \cos\theta}{1 - \cos\theta}\mathrm{d}(\omega t)$$

$$= \frac{I_{cm}}{\pi}\left(\frac{\sin\theta - \theta\cos\theta}{1 - \cos\theta}\right) = \alpha_0(\theta)I_{cm}\tag{11-8}$$

同样的道理,基波分量的表达式为 $I_{c1} = \alpha_1(\theta)I_{cm}$,$n$ 次谐波分量为 $I_{cn} = \alpha_n(\theta)I_{cm}$。$\alpha$ 称为**余弦脉冲分解系数**,图 11-4 右图用图表方式说明了分解系数 α 与导通角 θ 的关系。实际工作中,不用进行积分运算,直接查表或查图 11-4 就可求解余弦脉冲分解系数。

4. 功率与效率

谐振高频功率放大电路的输出回路调谐在基波频率上,高次谐波处于失谐状态,涉及功率和效率只需考虑直流和基波分量。

放大电路的输出功率 P_o 等于集电极电流基波分量 I_{c1m} 在负载 R_0 上的平均功率。

$$P_o = \frac{1}{2}I_{c1m}U_{cm} = \frac{1}{2}I_{c1m}^2 R_0\tag{11-9}$$

直流电源提供的功率 P_u 等于集电极电流直流分量 I_{c0} 与电源电压 U_{cc} 的乘积。

$$P_u = I_{c0}U_{CC}\tag{11-10}$$

集电极消耗功率 P_T 等于电源供给功率 P_u 与基波输出功率 P_o 之差。

$$P_{\mathrm{T}} = P_{\mathrm{u}} - P_{\mathrm{o}} \tag{11-11}$$

电路效率为输出功率 P_{o} 与输入功率 P_{u} 之比。

$$\eta = \frac{P_{\mathrm{o}}}{P_{\mathrm{u}}} = \frac{I_{\mathrm{c1m}}U_{\mathrm{cm}}}{2I_{\mathrm{c0}}U_{\mathrm{CC}}} = \frac{\alpha_1(\theta)U_{\mathrm{cm}}}{2\alpha_0(\theta)U_{\mathrm{CC}}} = \frac{1}{2}g_1(\theta)\xi \tag{11-12}$$

其中,$g_1(\theta) = \alpha_1(\theta)/\alpha_0(\theta)$ 称为**波形系数**,是导通角的函数,可通过图 11-4 查表求得。θ 越小,$g_1(\theta)$ 越大,电路效率越高。

$\xi = U_{\mathrm{cm}}/U_{\mathrm{CC}}$ 称为**集电极电压利用系数**。当 $U_{\mathrm{cm}} = U_{\mathrm{CC}}$ 即 $\xi = 1$ 时,3 种工作状态的电路效率如下。

(1) 甲类工作状态:$\theta = 180°$,$g_1(\theta) = 1$,$\eta = 50\%$。

(2) 乙类工作状态:$\theta = 90°$,$g_1(\theta) = 1.57$,$\eta = 78.5\%$。

(3) 丙类工作状态:$\theta = 60°$,$g_1(\theta) = 1.8$,$\eta = 90\%$。

5. 示例

图 11-2 中的常规电路形式,假设工作电源 $U_{\mathrm{CC}} = 24\mathrm{V}$,电路输出功率 $P_{\mathrm{o}} = 5\mathrm{W}$,半导通角 $\theta = 70°$,集电极电压利用系数 $\xi = 0.9$。

由图表查得 $\alpha_0(70°) = 0.25$,$\alpha_1(70°) = 0.44$。

电路效率 $\eta = \dfrac{1}{2} \times \dfrac{0.44}{0.25} \times 0.9 = 79\%$。

电源提供的功率 $P_{\mathrm{u}} = P_{\mathrm{o}}/\eta = 5/0.79 = 6.3(\mathrm{W})$。

管耗 $P_{\mathrm{T}} = P_{\mathrm{u}} - P_{\mathrm{o}} = 1.3(\mathrm{W})$。

输出功率 $P_{\mathrm{o}} = \dfrac{1}{2}I_{\mathrm{c1m}}U_{\mathrm{cm}} = \dfrac{1}{2}\alpha_1(\theta)I_{\mathrm{cmax}}\xi U_{\mathrm{CC}} = 5(\mathrm{W})$。

集电极最大电流 $I_{\mathrm{cmax}} = 2\,P_{\mathrm{o}}/[\alpha_1(\theta)\xi U_{\mathrm{CC}}] = 2 \times 5/(0.44 \times 0.9 \times 24) = 1.05(\mathrm{A})$。

谐振回路的谐振电阻 $R_0 = U_{\mathrm{cm}}/I_{\mathrm{c1m}} = \xi U_{\mathrm{CC}}/[\alpha_1(\theta)I_{\mathrm{cmax}}] = 0.9 \times 24/(0.44 \times 1.05) = 46.5(\Omega)$。

6. 动态分析方法

三极管特性曲线折线近似方法及结果解决了静态工作问题,像低频放大电路一样,在静态正常工作的基础上,把负载考虑进去,得到动态分析的各种应用及结果。

重现丙类功率放大电路动态特性如图 11-5 所示。

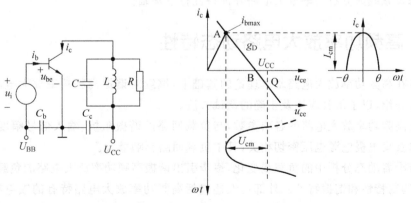

图 11-5 丙类功率放大电路动态特性

三极管静态集电极电流为

$$i_c = g_c(u_{be} - u_{th})$$ (11-13)

式(11-13)表明,不接负载时,集电极电流 i_c 主要受发射结电压 u_{be} 控制。

接上负载之后,由于负载上的电压降,必然引起集射之间电压 u_{ce} 的变化。通常把 u_{ce} 和 u_{be} 同时变化的关系称为动态特性曲线,也称**负载线**。

建立谐振电路外部关系的联立方程。

$$\begin{cases} u_{be} = U_{BB} + U_{im}\cos\omega t \\ u_{ce} = U_{CC} - U_{cm}\cos\omega t \end{cases}$$ (11-14)

求解方程,消去 ωt,得到发射结电压的关系式。

$$u_{be} = U_{BB} - \frac{U_{im}}{U_{cm}}(u_{ce} - U_{CC})$$ (11-15)

代回集电极电流关系式(11-13)中,发现集电极电流是一条斜率为 g_D,截距为 V 的直线方程。

$$i_c = -g_c\frac{U_{im}}{U_{cm}}u_{ce} + g_c\frac{U_{CC}U_{im} + U_{BB}U_{cm} - U_{th}U_{cm}}{U_{cm}} = g_D(u_{ce} - V)$$ (11-16)

图 11-15 中,直线 AB 就是放大区的动态特性曲线,找到静态工作点为

$$U_{ceQ} = U_{CC}, \quad I_{ceQ} = -g_c(U_{th} - U_{BB})$$ (11-17)

其中,U_{BB} 为负值,U_{th} 为正值,静态工作点位于横轴之下,这是丙类放大电路所特有的一种现象。

小结

功率放大电路最为关心的问题是输出功率和电路效率。

谐振高频功率放大电路虽然工作频率高,但电路的通频带是窄带的。

谐振网络在高频功率放大电路中作为三极管的集电极负载,为了获得较高的电路效率,三极管工作在丙类放大状态,使得集电极电流不为零的时间最短。

丙类功率放大电路需要把流过集电极的余弦脉冲电流进行分解,有较复杂的数学计算。将三极管的特性曲线折线近似之后,问题得到简化。

问题简化之后,余弦脉冲分解系数 α 可通过查表或查图得到与之有关的各项参数。

动态负载线为分析功率放大电路外部特性打下基础。

11.2 高频功率放大电路动态特性

本节在高频功率放大电路基本理论的基础上,继续对谐振高频功率放大电路的动态特性进行介绍,以了解其应用及正确的调试方法。

谐振高频功率放大电路的各项参数,与负载回路的谐振阻抗、输入信号幅度、基极偏置电压以及集电极电源电压密切相关,其中负载回路影响最大。

本节沿着动态分析中的负载线变化,逐步引出谐振高频功率放大电路的负载特性、振幅特性、调制特性和谐振特性。外部特性还包括高频功率放大电路特有的馈电电路和输出回路。

11.2.1　高频功率放大电路外部特性

1. 负载特性

丙类高频功率放大电路的动态特性与集电极负载有关,因为斜率关系式中有一个 U_{cm}。

$$g_D = - g_c \frac{U_{im}}{U_{cm}} = - g_c \frac{U_{im}}{I_{c1m}R_0} \tag{11-18}$$

如果直流电压 U_{BB} 和 U_{CC} 保持不变,激励电压 u_{im} 也保持不变,负载变化会引起谐振电阻 R_0 改变,动态线的斜率发生改变,使集电极电流 I_{c0}、I_{c1m}、回路电压 U_{cm}、输出功率 P_o、电路效率 η 都会改变。

负载特性成为高频功率放大电路的一个重要特性。

图 11-6 画出了 3 种不同负载时的动态特性曲线和电流、电压波形。

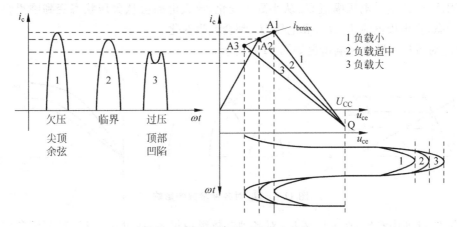

图 11-6　不同负载时的动态特性

负载电阻影响输出集电极直流电流 I_{c0}、集电极基波电流 I_{c1m}、电压幅度 U_{cm}、电路输出功率 P_o、直流电源功率 P_u、管耗 P_T 和电路效率 η 等诸多参数,情况如图 11-7 所示。

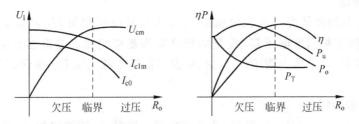

图 11-7　负载对各种参数的影响

3 种不同负载情况的特性如下:

(1) 动态线 1,负载小,U_{cm} 也小,放大电路动态范围全部在放大区,称为**欠压状态**,动态线与 i_{bmax} 的交点决定了集电极电流脉冲的高度,电流波形为**尖顶余弦脉冲**。

（2）动态线 2，负载适中，动态线与临界饱和线和 i_{bmax} 相交，称为**临界状态**，满足如下关系式

$$U_{ces} = U_{CC} - U_{cm}, \quad I_{cmax} = g_{cr}U_{ces}$$

式中，U_{ces} 为三极管临界饱和压降；g_{cr} 为三极管输出特性临界饱和线的斜率。

（3）动态线 3，负载大，放大电路有一部分进入饱和区，称为**过压状态**，当动态线穿过临界饱和线之后，集电极电流沿着饱和线下降，波形顶部出现凹陷。

2. 振幅特性

振幅特性是指电源电压 U_{cc}、基极偏置电压 U_{BB} 和负载电阻 R_o 一定时，输出电流、电压与输入信号电压幅值 U_{im} 的关系。

由于 $u_{be} = U_{BB} + U_{im}\cos\omega t$，$U_{im}$ 的增加会引起 I_{bmax} 的增加。

假设 I_{bmax2} 为临界状态，当 U_{im} 增加时，使基极电流最大值增加到 I_{bmax1}，工作状态变成过压状态；而 U_{im} 减小时，使基极电流最大值减小到 I_{bmax3}，工作状态变成欠压状态。

因此，输入信号电压幅值 U_{im} 从小到大变化，放大电路会从欠压状态变到临界再变到过压状态，集电极电流 I_{c0}、I_{c1m} 和电压 U_{cm} 都会发生变化。

U_{im} 对各种参数的影响情况如图 11-8 所示。

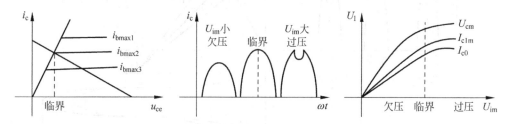

图 11-8　U_{im} 对各种参数的影响

从图 11-8 中看出，在欠压区 U_{im} 对各种参数影响很大，在过压区 U_{im} 对各种参数影响很小。

因此，如果要放大振幅变化的信号，为保持输出振幅与输入振幅的线性关系，功率放大电路必须工作在欠压区。

3. 调制特性

调制特性分两种情况。电源电压 U_{CC}、输入信号电压幅值 U_{im} 和负载电阻 R_o 一定时，电路性能随基极偏置电压 U_{BB} 变化的特性称为**基极调制**。基极偏置电压 U_{BB}、输入信号电压幅值 U_{im} 和负载电阻 R_o 一定时，电路性能随电源电压 U_{CC} 变化的特性称为**集电极调制**。

（1）基极调制特性

由于 $u_{be} = U_{BB} + U_{im}\cos\omega t$，当 U_{BB} 由负值变到正值时，u_{be} 逐渐增加，变化规律与 U_{im} 增大的规律相同。因此，U_{BB} 的变化对工作状态和电流、电压的影响同 U_{im} 的影响相同。

U_{BB} 对各种参数的影响如图 11-9 所示。

从图 11-9 中看出，在欠压区各种参数对 U_{BB} 近似呈线性关系，在过压区几乎不随 U_{BB} 变化。

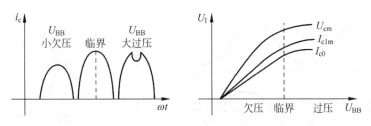

图 11-9　U_{BB} 对各种参数的影响

因此,如果需要 U_{BB} 对 U_{cm} 实现一定的控制,功率放大电路必须工作在欠压区。

(2) 集电极调制特性

如果 U_{BB}、U_{im}、R_o 保持不变,则负载线斜率以及 I_{bmax}、I_{CQ} 均不变。但 U_{CC} 变化时,负载线会发生平移。随着电源电压 U_{CC} 的增加,负载线从左向右平移,放大电路的工作状态从过压变到临界,再变到欠压状态。

U_{CC} 对各种参数的影响如图 11-10 所示。

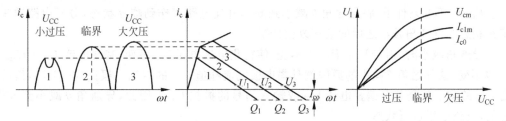

图 11-10　U_{CC} 对各种参数的影响

从图 11-10 中看出,在过压区各种参数对 U_{CC} 近似呈线性关系,在欠压区几乎不随 U_{CC} 变化。

因此,如果需要 U_{CC} 对 U_{cm} 实现一定的控制,功率放大电路必须工作在过压区。

4. 调谐特性

调谐是指把负载回路调谐到谐振频率。谐振功率放大电路能否谐振,对工作状态影响很大。原因在于,谐振时阻抗最大,呈纯电阻性;失谐时阻抗减小,呈容性或感性。

谐振功率放大电路的工作状态随着负载阻抗的变化而变化。如果电路工作在过压状态或临界状态,回路失谐之后,由于阻抗减小,电路向着欠压方向变化。同时,回路失谐会引起回路电压的相移,使 U_{cemin} 和 U_{bemax} 不同时出现,导致集电极损耗增大。

集电极损耗一旦超过额定值 P_{cm},三极管就会被损坏。为避免回路严重失谐导致三极管损坏,通常做法是,调谐先在过压状态下进行,并将 U_{CC} 降低到正常值的 $1/3 \sim 1/2$,调谐完毕再把 U_{CC} 升到正常值。

调谐指示一般用 I_{C0} 或 I_{B0} 表示,在过压状态下,I_{C0} 随着 R_o 的增大明显减小,谐振时 R_o 达到最大 I_{C0} 达到最小,I_{B0} 的变化规律正好相反。

图 11-11 反映了回路失谐对电路系数的影响以及调谐特性。

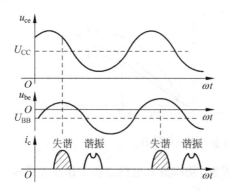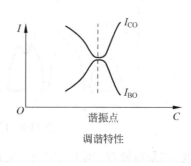

图 11-11   回路失谐对各种参数的影响

5. 示例

假设谐振功率放大电路电源电压 $U_{CC}=12V$，回路谐振电阻 $R_0=130\Omega$，电路效率 $\eta=74.5\%$，输出功率 $P_o=500mW$。分析工作状态并计算导通角；为了提高效率，在保持 U_{CC}、R_0、P_o 不变条件下，将导通角 θ 减小到 $60°$，并使电路工作到临界状态，分析电路原来工作状态及导通角减小之后的效率改变情况。

导通角减小时，由于 U_{CC}、R_0、P_o 不变，使得集电极电压 U_{cm} 不变，基波电流 $I_{c1m}=U_{cm}/R_0$ 也不变，使导通角 θ 减小的原因就是集电极电流峰值 i_{cmax} 的增加。根据式(11-7)，能改变 i_{cmax} 的剩下就是基极偏置电压 U_{BB} 或输入信号的振幅 U_{im}。因此，导通角 θ 减小到 $60°$ 之前，电路处于过压状态。

计算集电极电压峰值 $U_{cm}=\sqrt{2P_oR_0}=\sqrt{2\times0.5\times130}=11.4(V)$

集电极电压利用系数 $\xi=U_{cm}/U_{CC}=11.4/12=0.95$

波形系数 $g_1(\theta)=2\eta/\xi=2\times0.745/0.95=1.57$

通过查表得知，导通角 $\theta=90°$ 时，波形系数 $g_1(\theta)=1.57$，改变导通角 $\theta=60°$ 之后，波形系数 $g_1(\theta)=1.80$，电路效率变成 $\eta'=\frac{1}{2}\xi g_1(60°)=0.5\times0.95\times1.80=85.5\%$，导通角 θ 减小到 $60°$ 之后，电路效率绝对提高率为 11%，相对提高率为 15%。

11.2.2   馈电电路与输出回路

1. 馈电电路

馈电就是给三极管提供直流电压 U_{CC} 和 U_{BB}。在谐振高频功率放大电路中，馈电问题比低频放大电路复杂，原因在于集电极负载是谐振回路，直流信号通路、低频信号通路和高频信号通路各不相同，通常采用变压器和高频扼流圈来隔离这些信号。

（1）集电极馈电

流过集电极回路的余弦脉冲电流包含直流分量、基波分量和各次谐波分量，3 种情况的等效电路如图 11-12 所示。

根据直流电源、负载和三极管的连接方式，集电极分为串联和并联两种，如图 11-13 所示。

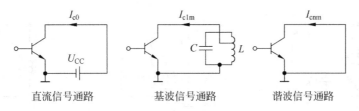

图 11-12 集电极对不同频率电流的通路

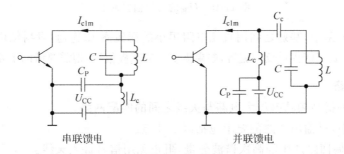

图 11-13 集电极馈电

图 11-13 中,高频扼流圈 L_c 对高次谐波信号视同开路,对直流信号视同短路,C_P 为高频旁路电容,C_c 为高频耦合电容。串联馈电的优点是,L_c、C_P 和 U_{CC} 处于高频地电位,分布电容影响小;并联馈电的优点是,谐振网络可以接地,调谐方便。

(2)基极馈电

基极馈电解决 U_{BB} 的加入问题,也有串联和并联两种方式,如图 11-14 所示。

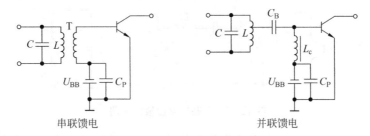

图 11-14 基极馈电

工作频率较低或频带较宽时,常采用变压器耦合方式的串联馈电;工作频率很高时,多采用电容耦合方式的并联馈电。

实际工作中,U_{BB} 的加入还可以利用基极电流或发射极电流的直流分量自给偏置,如图 11-15 所示。

在基极电阻自给偏置电路中,基极电流直流分量 I_{B0} 流过电阻 R_B 的方向向上,在电阻 R_B 上产生上负下正的电压。

在发射极电阻自给偏置电路中,发射极电流直流分量 I_{E0} 流过电阻 R_E 的方向向下,在电阻 R_E 上产生上正下负的电压。由于电阻 R_E 的负反馈作用,还可以自动维持放大电路稳定工作。

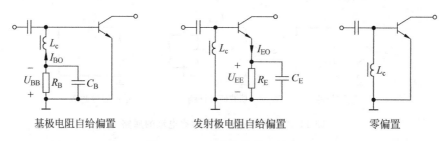

图 11-15 U_{BB} 的自给偏置馈电

在零偏置电路中,基射之间用直流电阻很小的扼流圈 L_c 连通,发射结电压为零。

自给偏压方式只能提供反向偏置,如果需要正向基极偏置,则需要借助于外部电源电压。

2. 输出回路

输出回路是指高频功率放大电路与天线之间的匹配网络。

实际应用中,对输出回路的要求包括以下几点。

① 滤除谐振回路产生的高次谐波分量,阻止无用信号进入天线。

② 与天线达到良好的匹配,使有用信号的输出功率最大。

③ 能适应波段工作的要求,频率调节方便。

（1）并联回路型

并联回路型的做法是,通过变压器或其他电抗元件将天线回路与集电极谐振回路耦合,集电极等效谐振回路为并联方式。

并联回路型基本电路及等效电路如图 11-16 所示。

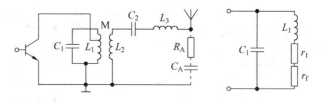

图 11-16   并联回路型输出回路

图 11-16 中,L_1 与 C_1 组成的并联谐振网络称为**中介回路**,L_2、C_2、L_3 组成的串联谐振网络称为**天线回路**,R_A 与 C_A 是天线的等效阻抗。中介回路与天线回路通过互感变压器耦合,实际调测时,改变 C_2 和 L_3,使输出功率最大。

等效电路中,把输出回路各项参数全部折合到并联回路中,r_1 为**回路损耗**,r_f 为**反射电阻**。

反射电阻 r_f 与角频率 ω、互感系数 M 和天线电阻 R_A 的关系为

$$r_f = (\omega M)^2 / R_A \tag{11-19}$$

等效并联谐振回路的谐振阻抗为

$$R'_0 = \frac{L_1}{C_1(r_1 + r_f)} = \frac{L_1}{C_1\left(r_1 + \dfrac{\omega^2 M^2}{R_A}\right)} \tag{11-20}$$

从式(11-20)中可以看出,调节互感系数 M 可以改变回路的带载等效电阻,达到阻抗匹配的目的；又由于双调谐方式,滤波效果比单调谐优越很多。

为衡量输出回路传输能力的好坏,定义中介回路传输效率为回路送给负载的功率与回路本身得到的功率之比。

$$\eta_k = r_f/(r_1 + r_f) \qquad (11\text{-}21)$$

回路空载和带载的谐振阻抗分别为

$$R_0 = \frac{L_1}{c_1 r_1}, \quad R_0' = \frac{L_1}{c_1(r_1 + r_f)} \qquad (11\text{-}22)$$

用空载品质因数 Q 和带载品质因数 Q' 重新表示中介回路传输效率

$$\eta_k = 1 - R_0'/R_0 = 1 - Q'/Q \qquad (11\text{-}23)$$

从传输效率角度,希望 Q' 小,从滤波性能角度,希望 Q' 大,两者需要兼顾。

(2)滤波器型

表 11-3 比较了 T 型和 π 型两种网络。

表 11-3 滤波器型匹配网络

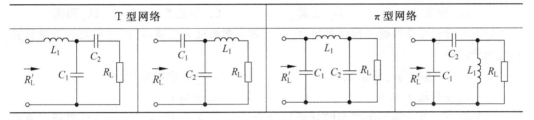

T 型网络		π 型网络	

小结

高频功率放大电路按照三极管是否进入饱和区,分成欠压、临界和过压 3 种状态。

当电路负载、输入信号幅度或电源电压发生变化时,集电极电流、电压、电路功率和效率都会受到影响。

不同的工作状态适应不同的应用场合,高频功率放大电路通常工作在临界状态,输出功率和效率都较高。

完整的功率放大电路包括功放管、馈电电路和匹配网络。馈电包括集电极馈电和基极馈电,基极馈电还可通过自给偏置获得,但只能是反向偏压。匹配网络完成选频、滤波和阻抗匹配等功能。

习题十一

11-1 选择题

(1)高频功率放大与低频功率放大相比,同样需要解决最为关心的( )问题。

    A. 失真度、管耗和输出功率

    B. 静态工作点、抗干扰和电源滤波

    C. 失真度与抗干扰

    D. 静态工作点与抗干扰

(2) 高频功率放大与高频小信号放大相比,同样面对的信号类型为(   )。

    A. 窄带谐振信号与宽带集中选频信号   B. 有用信号与干扰信号

    C. 自激信号与外来信号   D. 电源信号与输入信号

(3) 窄带和宽带高频功率放大电路的典型应用分别是(   )和(   )。

    A. 对讲机、电子门铃、无线遥控   B. 广播、电视、多频道传输

    C. 对讲机、电子门铃、电视   D. 广播、电视、电子门铃

(4) 谐振高频功率放大电路主要用于(   ),后接负载为(   )。

    A. 发射机   B. 天线   C. 接收机   D. 电源

(5) 三极管工作在高频功率放大电路时,分析方法采用(   )。

    A. Y 参数法   B. 折线近似法

    C. 混 π 法   D. 微变等效电路法

(6) 高频功率放大电路为了提高效率,通常使三极管工作在(   )状态。

    A. 甲类   B. 乙类   C. 甲乙类   D. 丙类

(7) 分析三极管丙类工作状态时,(   )两个参数极为重要,可以把复杂的数学计算简化为查图表。

    A. 导通角与分解系数   B. β 与输出电压

    C. β 与输出电流   D. β 与 I_{CBO}

(8) 甲、乙、丙三类工作状态的导通角分别为(   )、(   )、(   ),理想情况下电路效率分别为(   )、(   )、(   )。

    A. 360°   B. 180°<θ<360°   C. θ=180°   D. θ<180°

    E. 50%   F. >78.5%   G. 78.5%   H. 100%

(9) 丙类谐振功率放大电路的输出功率是指(   )。

    A. 直流信号输出功率   B. 信号总功率

    C. 二次谐波输出功率   D. 基波输出功率

(10) 保证谐振功率放大电路工作在丙类的电源是(   )。

    A. U_{BB} B. U_{CC}

(11) 输入单频信号时,丙类谐振功率放大电路原工作于临界状态,当输入信号 u_i 增大时,工作于(   )状态,I_{C0}、I_{C1} 变化趋势为(   ),集电极电流 i_C 波形(   )。

    A. 欠压   B. 过压   C. 临界   D. 增大

    E. 减小   F. 几乎不变   G. 凹陷   H. 余弦脉冲

(12) 输入单频信号时,丙类谐振功率放大电路原工作于临界状态,当基极偏置电压 U_{BB} 增大时,工作于(   )状态,I_{C0}、I_{C1} 变化趋势为(   ),集电极电流 i_C 波形(   )。

    A. 欠压   B. 过压   C. 临界   D. 增大

    E. 减小   F. 几乎不变   G. 凹陷   H. 余弦脉冲

(13) 输入单频信号时,丙类谐振功率放大电路原工作于临界状态,当电源电压 u_{CC} 增大时,工作于(   )状态,I_{C0}、I_{C1} 变化趋势为(   ),集电极电流 i_C 波形(   )。

    A. 欠压   B. 过压   C. 临界   D. 增大

    E. 减小   F. 几乎不变   G. 凹陷   H. 余弦脉冲

11-2 **判断题**

(1) 为提高高频功率放大电路的效率,使三极管工作在丙类状态,发射结反偏。( )

(2) 高频功率放大电路的三极管工作在丙类状态,集电极电流是失真状态的脉冲电流。 ( )

(3) 高频功率放大电路的负载为谐振回路,从脉冲电流中取出基波分量。 ( )

(4) 在高频功率放大电路中,三极管的静态工作点位于横轴之下。 ( )

(5) 完整的功率放大电路包括功放管、馈电电路和匹配网络。 ( )

(6) 在高频功率放大电路中,高频扼流圈对高次谐波信号视同开路,对直流信号视同短路。 ( )

11-3 已知谐振功率放大电路电源电压 $U_{CC} = 24\text{V}$,输出功率 $P_o = 5\text{W}$。当电路效率 $\eta = 70\%$ 时,计算管耗 P_T 和集电极直流电流 I_{C0}。如果电路效率提升到 $\eta = 80\%$,管耗 P_T 和集电极直流电流 I_{C0} 又如何变化?

11-4 如果谐振功率放大电路工作在过压状态,想把它调整到临界状态,可以改变哪些参数?

11-5 如果谐振功率放大电路工作在临界状态,想把它调整到过压状态,可以改变哪些参数?

11-6 实测某谐振功率放大电路输出功率 P_o,发现只有设计值的 40%,集电极直流电流 I_{C0} 却大于设计值,问该电路工作在什么状态? 如何调整才能使输出功率 P_o 和集电极直流电流 I_{C0} 接近设计值?

11-7 已知谐振功率放大电路电源电压 $U_{CC} = 24\text{V}$,输出功率 $P_o = 5\text{W}$。半导通角 $\theta = 70°$ 时,集电极电压利用系数 $\xi = 0.9$,波形系数 $g_1(\theta) = 0.44/0.25$,电路效率 $\eta = 79\%$,电源提供的功率 $P_u = 6.3\text{W}$,集电极最大电流 $i_{cmax} = 1.05\text{A}$,谐振回路电阻 $R_o = 46.5\Omega$。

分析半导通角 θ 增大和减小两种情况下,各个参数的变化趋势,并将计算结果填入表 11-4 中。

表 **11-4**

半导通角 θ	60°	70°	80°
输出功率 P_o		5W	
集电极电压利用系数 ξ		0.9	
波形系数 $g_1(\theta)$		0.44/0.25	
电路效率 η		79%	
电源提供的功率 P_u		6.3W	
集电极最大电流 i_{cmax}		1.05A	
谐振回路电阻 R_o		46.5Ω	

11-8 简要概括高频功率放大电路外部特性的概念及规律,填入表 11-5 中。

表 11-5

比较内容	电路属性	概念	规律
负载特性			
振幅特性			
调制特性	基极调制		
	集电极调制		
谐振特性			
馈电特性	基极馈电		
	集电极馈电		
输出回路	并联型		
	T 型网络		
	π 型网络		

11-9 图 11-17 所示为谐振高频功率放大电路实例,试理解其输出滤波匹配网络等效电路。

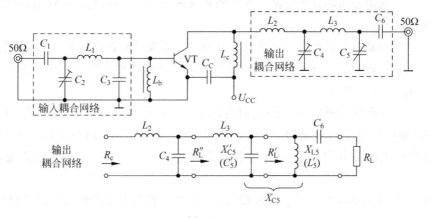

图 11-17

第 12 章

高频自动控制

12.1 自动增益控制与自动频率控制

借助于放大电路、振荡电路、调制和解调电路等功能模块,可以组成一个完整的通信系统或其他电子系统。这样的系统不一定完善,很难抵御外部环境的不良影响。因此,必须对信号的幅度、频率和相位进行自动控制。

本节先从反馈控制的一般原理入手,说明闭环控制电路中的检测、控制和受控 3 个功能部件的作用。然后,分别对自动增益控制和自动频率控制进行介绍。

两种自动控制电路都有实例帮助加深理解。

12.1.1 反馈控制基本原理

与本书第 4 章的负反馈放大电路相比较,反馈控制电路涉及的面更广,功能更强。负反馈放大电路一般在本级或两级电路之间实施,无论是直流负反馈,还是交流负反馈,对电路性能的改善都是局部的。反馈控制电路可以跨越多级电路,改善的结果是全局性的。

反馈控制电路的原理方框图如图 12-1 所示。

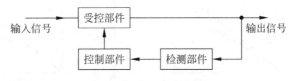

图 12-1 反馈控制电路原理方框图

从方框图可以看出,反馈控制系统一定要闭环工作,3 个部件缺一不可。

反馈控制原理可以这样简述,为稳定系统输出的某一个物理量,在输出端用检测部件取出信号,送到控制部件进行分析和处理,然后向受控部件发出指令,使其按指定的目标动作,从而保证了输出信号的稳定。

以空调为例,感温元件热敏电阻检测到温度变化之后,将电信号送给控制电路,控制电路发出指令,制冷部件调整运行,使环境温度达到指定的要求。整个系统是一个温度自动控制系统。

连续正弦波的振幅、频率和相位,都可以根据系统要求分别进行自动控制,其中振幅自动控制往往是通过控制电路增益来实现的,也称自动增益控制(Automatic Gain Control,AGC),相应的自动频率控制和自动相位控制的缩写分别为 AFC 和 APC。

12.1.2 自动增益控制

1. 基本原理

把图 12-1 的方框图具体化,就是电子线路自动增益控制电路的方框图,如图 12-2 所示。

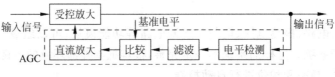

图 12-2 AGC 电路方框图

方框图中,受控放大电路的属性可以是单级或多级,直接耦合或交流耦合,低频或高频,谐振或宽带,分立元件或集成电路,核心受控器件一定是有源器件,要求受控范围大,控制线性好。

电平检测可以取出信号的平均值、峰值、峰峰值或有效值,作为自动增益控制的源头。

滤波、比较和直流放大是为了保证控制的精度,使直流输出电压合理控制有源器件增益。

AGC 电路分为简单 AGC 和延迟 AGC 两种,情况比较列于表 12-1。

表 12-1 两种 AGC 性能比较

比较内容	简单 AGC	延迟 AGC
控制特性曲线	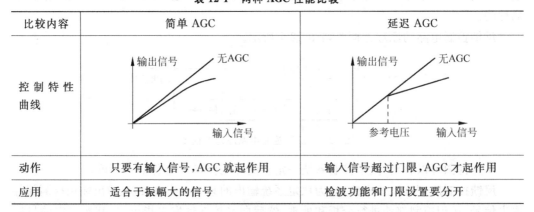	
动作	只要有输入信号,AGC 就起作用	输入信号超过门限,AGC 才起作用
应用	适合于振幅大的信号	检波功能和门限设置要分开

具体到电路实现时,可增加三极管基极受控方式,也可使用两个栅极的场效应管,差动放大电路还可以改变其电流源,表 12-2 比较了这 3 种方式。

表 12-2　有源器件增益受控方式

比较内容	三极管	双栅极场效应管	差分放大电路
电路形式			
动作	改变基极电流	改变控制栅极电压	改变差分放大电流源
应用	分立元件电路	分立元件电路	集成电路

2. 电路实例

（1）465kHz 中频 AGC 电路

图 12-3 是中波收音机中频自动增益控制电路。

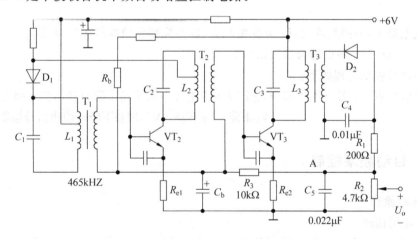

图 12-3　中波收音机中频自动增益控制电路

图 12-3 中，检波二极管 D_2、电阻 R_1 和 R_2、电容 C_4 和 C_5 完成包络检测和滤波功能。

AGC 属于简单控制方式，没有门限设置电压，由电阻 R_3 把直流电压直接传递，控制三极管 VT_2 和 VT_3 的电压增益，达到中频幅度输出稳定的目的。

控制过程如下：如果中频变压器 T_3 输出幅度上升→检测和滤波输出点 A 电压下降→三极管 VT_2 和 VT_3 基极电流下降→三极管 VT_2 和 VT_3 增益下降→中频变压器 T_3 输出幅度下降。

（2）50MHz 宽带放大 AGC 电路

图 12-4 为某 50MHz 宽带放大 AGC 电路原理图，其放大功能已在第 9 章做过介绍，现将自动增益控制功能补充说明。

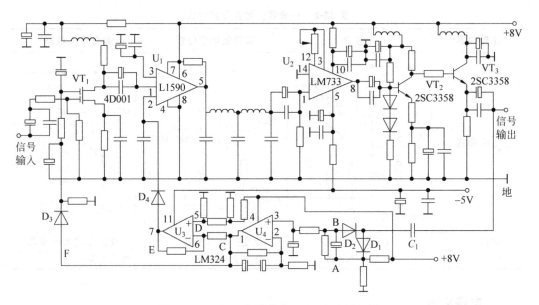

图 12-4　50MHz 宽带放大 AGC 电路原理图

　　输出信号幅度检测由电容 C_1 获取信号，二极管 D_1、D_2 及周边元件完成检波和滤波功能。

　　集成电路 U_4 为同相放大，U_3 为反相放大，以便控制受控器件 VT_1 和 U_1。

　　A、B、C、D、E、F 各点均为直流信号。

　　自动增益控制过程如下：

　　输出信号幅度上升→V_B 下降→V_C 下降→V_E 上升→U_1 增益下降→输出信号幅度下降。

　　　　　　　　　　　　V_C 下降→V_F 下降→VT_1 增益下降→输出信号幅度下降。

12.1.3　自动频率控制

1. 基本原理

（1）应用比较

　　自动频率控制与自动幅度控制的概念相同，但控制目的、对象和方法等还是有区别，表 12-3 将两者进行了比较。

表 12-3　AGC 与 AFC 情况比较

比较内容	AGC	AFC
控制目的	稳定输出信号的幅度	稳定输出信号的频率
控制对象	中频与高频各级电路	频率源头
控制方法	调整有源器件增益	调整振荡电路工作状态
应用场合	多用于接收系统	发送、接收、调幅、调频

从两种技术的应用场合看,AFC 的面更广。图 12-5 列出了 AFC 用于调幅接收、调频接收和调频发送的方框图。

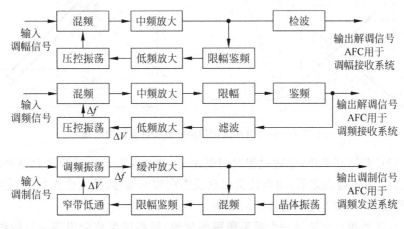

图 12-5　AFC 的各种应用方框图

（2）自动频率微调

回顾第 10 章调频与鉴频内容中,调频接收没有涉及 AFC 问题,采用 AFC 之后,可以实现自动频率微调,使电路性能得到改善。

在图 12-5 调频接收系统中,建立了闭环控制回路,控制者是鉴频输出信号,反映其性能的是鉴频特性,自变量是频率,因变量是电压;受控者是压控振荡电路,反映其性能的是压控特性,自变量是电压,因变量是频率。由于此时压控振荡电路用于调制,也称调制特性。

因此,有必要将 S **鉴频特性**与**调制特性**重现,如图 12-6 所示。

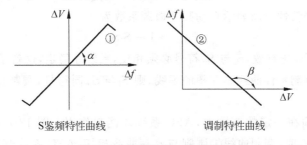

图 12-6　鉴频特性与调制特性

实现振荡频率微调,需要把两种特性结合在一起,找到电路工作的动态平衡点。因此,把压控特性曲线作一次旋转。这样,将两种特性曲线在同一个坐标系中,进行图解分析,并由此讨论电路的同步和捕捉情况。

图 12-7 画出了图解分析及性能讨论曲线。

两条特性曲线相交于 Q 点,左右的 Δf 称为失谐。

从初始失谐 Δf_1 开始,鉴频电路输出一个电压 ΔV_1,这个电压作用在压控元件上,力图使压控振荡的频率开始下降,假设频率下降了 $\Delta f'$,控制电压随之变成 ΔV_2,频率继续下降,控制电压继续变化。工作点沿着图中的阶梯,从 a' 变到 a'',逐步向 Q 点靠近。

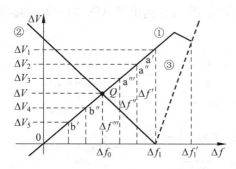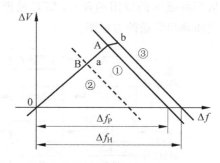

图 12-7　自动频率微调图解分析及性能讨论曲线

由于 AFC 是闭环系统,上述过程时间很短,调整过程不是沿着阶梯而是平滑地由 a′
点到达 Q 点。达到 Q 点之后,也可能会出现反方向频率偏移,使工作点处于 b′点,自动调
整的原理和过程,可按上述概念作相同理解。

实际上,自动频率微调是一个**频率跟踪**的过程,最终结果总会出现一定的误差,把这
个误差称为**剩余失谐** Δf_Q 或剩余频差。

为了减小剩余失谐 Δf_Q,必须加大鉴频曲线和压控曲线的斜率,使之更陡峭,动作时
间更短。

AFC 系统用剩余失谐 Δf_Q 和初始 Δf_1 来表示电路的工作效率或称**自动频率微调系数**

$$K_{AFC} = \Delta f_1 / \Delta f_Q = 1 - (\Delta f_Q - \Delta f_1)/\Delta f_Q \tag{12-1}$$

按此定义,对鉴频特性曲线的斜率要求为

$$S_f = \tan\alpha = \Delta V / \Delta f_Q \tag{12-2}$$

对调制特性曲线的斜率要求为

$$S_m = \tan\beta = -(\Delta f_1 - \Delta f_Q)/\Delta V \tag{12-3}$$

用鉴频特性和调制特性重新表示自动频率微调系数为

$$K_{AFC} = 1 - S_f S_m \tag{12-4}$$

K_{AFC} 越大,AFC 越有效,S_f 与 S_m 符号必须相反,系统才稳定,这就是图 12-7 中左图的
两条实线。如果调制特性曲线是左图的虚线,则 S_f 与 S_m 同符号,调制特性反而会增加失
谐,使 AFC 无效。

初始失谐必须在一定的范围内,AFC 系统才能起作用。图 12-7 显示,初始失谐很
大,逐步减小到 Δf_P 时,调制曲线①刚刚与鉴频曲线相切,AFC 系统开始起作用,把频率
捕捉回来,最终稳定工作在 B 点,Δf_P 称为**捕捉带**。

反之,初始失谐小于捕捉带,如图 12-7 右图中的虚线②,AFC 系统工作在 B 点,后来
出现失谐逐渐加大,有可能超过捕捉带,但只要不超过与鉴频曲线相切的 b 点,另一条调
制曲线③发挥作用,AFC 仍然有效,曲线③对应的失谐称为同步带。

2. 38MHz 中频载波 AFC 电路实例

在电视接收机里,信号进入高频头,与本地振荡频率混频之后变成 38MHz 中频,再
经过中频放大和视频检波,输出全电视信号。为保证图像和伴音的质量,要求本地振荡频
率能跟踪信号载频,通常都采用自动频率微调技术。

图 12-8 是采用集成电路 AN5132 进行 AFC 的电路，AN5132 内部电路已作展开。

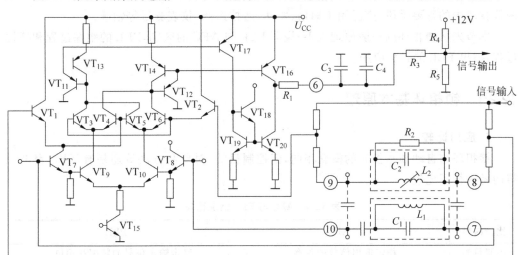

图 12-8　38MHz 中频载波 AFC 电路

图 12-8 中，由三极管 $VT_1 \sim VT_{14}$ 组成相位鉴频的模拟乘法器，中频放大电路的输出信号进入芯片之后一路进到 VT_1 和 VT_2 的基极，另一路经过外接端子⑧、⑨进到调谐回路（L_2、C_2）。对 38MHz 谐振，脚间分布电容将信号耦合到 90°相移网络（L_1、C_1）。再经过外接端子⑩、⑦进到 VT_7 和 VT_8 的基极。两路信号相乘，在 $VT_3 \sim VT_6$ 集电极上得到与频差对应的误差电压，经 VT_{16} 集电极成单端信号输出。外接电容 C_3、C_4 和与内部电阻 R_1 组成低通滤波器，最后经电阻 R_3、R_4 和 R_5 分压送出 AFC 控制信号，接到高频头内压控振荡电路的变容二极管，完成自动频率微调功能。

小结

反馈控制电路主要由检测部件、控制部件和受控部件组成，形成一个闭合环路，目的是使某一个物理量得到稳定，稳定之后，误差在可接受的范围之内，改善了通信与电子系统的性能。

自动增益控制的目的是稳定输出信号的幅度，受控部件分布在各级放大电路，不一定全部受控，控制方式分简单 AGC 和延迟 AGC，后者性能更好。AGC 应用场合限于接收系统。

自动频率控制的目的是稳定信号的频率，受控部件主要是压控振荡电路。控制方式比 AGC 复杂，需要权衡鉴频特性和压控特性，性能指标出现了捕捉带和同步带的概念。AFC 应用场合比 AGC 广，调幅接收、调频接收和调频发送都能应用。

12.2　自动相位控制

自动相位控制的习惯称谓不是 APC 而是锁相环 PLL(Phase Lock Loop)，原因在于电路能把输出信号与输入信号的相位差锁定为一个固定值，显得更加贴切。

锁相环的载波跟踪特性和调制跟踪特性,使其成为相干通信、稳频、位同步、跟踪与测距等技术中的重要手段,广泛用于通信、雷达、遥控遥测、仪表测量等领域。

本节先从锁相环的一般原理入手,说明 PLL 与 AFC 的区别,PLL 的跟踪过程和捕捉过程,举出 PLL 的各种应用。

12.2.1 锁相环基本原理

1. 应用比较

锁相环与自动频率控制的概念相同,但控制目的、对象和方法等还是有区别,表 12-4 将两者进行了比较。

表 12-4　AFC 与 PLL 情况比较

比较内容	AFC	PLL
控制目的	稳定输出信号的频率	稳定输出信号的频率和相位
控制对象	频率源头	频率源头
控制方法	通过鉴频及环路控制	通过鉴相及环路控制
应用场合	发送、接收、调幅、调频	广泛应用于各种领域

2. 突出特性

已经获得锁定的锁相环有两个突出的特性:**载波跟踪**特性和**调制跟踪**特性。

所谓载波跟踪,是指锁相环对输入信号而言,可以等效为一个窄带跟踪滤波器,同时具有窄带滤波和频率跟踪两种功能。不但能有效地利用窄带滤除干扰和噪声,而且能跟踪输入信号的载频变化,从受噪声污染的输入信号中提取纯净的载波。

所谓调制跟踪,是指环路具有合理的通频带,只要输入已调信号的频谱落在带内,环路就能很好地跟踪输入信号的频率和相位因为调制而产生的变化。与不实施 PLL 相比,信噪比获得很大提高。

上述两个特性,除锁相环之外,其他技术措施很难做到。

3. 环路特性分析

锁相环原理方框图如图 12-9 所示。

图 12-9　锁相环方框图

图 12-9 中,压控振荡和低通滤波已在前面介绍过多次,由于低通滤波在环路中,也称**环路滤波**。

锁相环中最需要关注的是**鉴相电路**的特性。

假设进入鉴相电路的两路信号形式为

$$u_i(t) = u_{im} \sin[\omega_i t + \Phi_i(t)] \tag{12-5}$$

$$u_o(t) = u_{om}\cos[\omega_o t + \Phi_o(t)] \qquad (12\text{-}6)$$

如果以 $\omega_o t$ 作为参考相位,则有

$$\omega_i t + \Phi_i(t) = \omega_o t + (\omega_i - \omega_o)t + \Phi_i(t) = \omega_o t + \Delta\omega_o t + \Phi_i(t) \qquad (12\text{-}7)$$

其中,$\Delta\omega_o$ 为输入信号角频率与压控电路角频率之差,称为环路的**固有角频差**。

令 $\Phi_1(t) = \Delta\omega_o t + \Phi_i(t)$,$\Phi_2(t) = \Phi_o(t)$,则输入信号和输出信号变成

$$u_i(t) = U_{im}\cos[\omega_0 t + \Phi_1(t)], \quad u_o(t) = U_{cm}\cos[\omega_o t + \Phi_2(t)] \qquad (12\text{-}8)$$

经过模拟乘法电路组成的鉴相电路之后,输出电压变成

$$\begin{aligned}
u_d(t) &= K_m U_{im}\sin[\omega_o t + \Phi_1(t)]U_{cm}\cos[\omega_o t + \Phi_2(t)] \\
&= \frac{1}{2}K_m U_{im}U_{cm}\sin[2\omega_o t + \Phi_1(t) + \Phi_2(t)] \\
&\quad + \frac{1}{2}K_m U_{im}U_{cm}\sin[\Phi_1(t) - \Phi_2(t)] \qquad (12\text{-}9)
\end{aligned}$$

其中,K_m 为**相乘因子**。由于 $2\omega_o$ 不能通过环路滤波电路,鉴相电路的实际输出为

$$u_d(t) = \frac{1}{2}, \quad K_m U_m U_{cm}\sin[\Phi_1(t) - \Phi_2(t)] = K_d \operatorname{sim}\Phi_d(t) \qquad (12\text{-}10)$$

其中,$K_d = \frac{1}{2}K_m U_{im}U_{om}$ 称为鉴相电路的传输系数,也称为**鉴相灵敏度**。

$\Phi_d(t) = \Phi_1(t) - \Phi_2(t)$ 称为鉴相电路的**瞬时相位误差**。

用模拟乘法电路实现的鉴相特性是以 2π 为周期的正弦波,也称正弦鉴相电路,如图 12-10 所示。

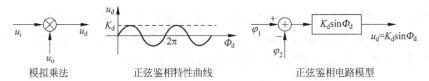

模拟乘法　　　　　正弦鉴相特性曲线　　　　　正弦鉴相电路模型

图 12-10　正弦鉴相特性

由此可见,鉴相电路就是把误差相位转化成误差电压输出,如果两个信号无相位误差,则鉴相电路输出为零;如果有误差,则输出相应的电压。环路滤波电路不让高频杂波通过,放大直流误差电压,控制振荡电路产生相应的频率。

考虑环路滤波和压控振荡电路之后,全部用相位关系表达,如图 12-11 所示。

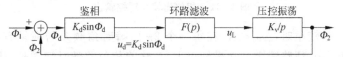

图 12-11　用相位关系表示的锁相环方框图

在相位模型的基础上,可以得到锁相环的基本方程:

$$\Phi_d(t) = \Phi_1(t) - \frac{1}{p}K_v K_d F(p)\sin\Phi_d(t) \qquad (12\text{-}11)$$

其中,K_v 称为压控振荡电路的增益系数,也称为**压控灵敏度**;$F(p)$ 为环路滤波电路的**传输函数**,p 为**微分算子**。令环路增益 $K = K_v K_d$,方程还可以简化。

4. 捕捉与跟踪

锁相环有两种不同的工作过程:捕捉过程和跟踪过程。

（1）捕捉过程

捕捉过程是指环路由失锁状态转变为锁定状态的过程，定义环路能进入锁定状态的输入信号频率最大变化范围的一半为**捕捉带**。

由于式(12-8)包含了环路动态工作的全部信息，可以用来理解捕捉过程。

假设输入信号是一个固定频率的正弦波，ω_i 和 Φ_i 均为常数，不随时间变化。

输入信号的相位为

$$\Phi_1(t) = (\omega_i - \omega_o)t + \Phi_i = \Delta\omega_o + \Phi_i \tag{12-12}$$

$\Delta\omega_o$ 为环路的固有角频率差，引出微分因子 p 的概念。

$$\Delta\omega_o = d\Phi_1(t)/dt = p\Phi_1(t) \tag{12-13}$$

环路方程(12-11)改写为

$$p\Phi_d(t) = p\Phi_1(t) - K_v K_d F(p)\sin\Phi_d(t) \tag{12-14}$$

把 $\Delta\omega_o$ 代入后，环路方程为

$$p\Phi_d + K_v K_d F(p)\sin\Phi_d(t) = \Delta\omega_o \tag{12-15}$$

对于一阶环路，$F(p)=1$；$K_v K_d = K$ 已作定义，环路最简化的固有角频率差为

$$p\Phi_d + K\sin\Phi_d = \Delta\omega_o \tag{12-16}$$

式(12-16)中第一项是环路瞬时相位差的微分，表示环路的瞬时角频率差$(\omega_i - \omega_v)$，第二项表示闭环之后，压控振荡电路受电压控制而产生的角频率变化$(\omega_v - \omega_o)$，称为**控制角频率差**。

闭环之后任何时刻，都符合"瞬时角频差＋控制角频差＝固有角频差"。

把动态方程图解，说明瞬时角频率差$(\omega_i - \omega_v)$与鉴相输出相位差的关系，并由此得到环路捕捉过程中压控振荡电路输出电压的变化，如图 12-12 所示。

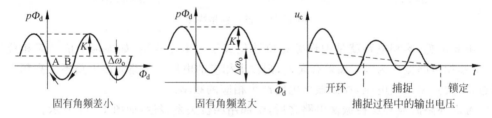

图 12-12　相位比较与压控输出

当固有角频差较小时，$\Delta\omega_o < K$，在每一个 2π 内瞬时角频差与横轴有两个交点 A 和 B，对应状态 $p\Phi_d = 0$，环路锁定。在横轴以上，意味着相位差随时间增长，状态必然沿曲线右移；反之，在横轴以下，意味着相位差随时间减小，状态必然沿曲线左移。A 点是稳定平衡点，B 点是不稳定平衡点。一旦偏离 B 点，就会按图中箭头方向移动，最终稳定在 A 点，达到相位锁定。

当固有角频差较大时，$\Delta\omega_o > K$，环路无法锁定。

当 $\Delta\omega_o = K$ 时，曲线与横轴相切，A 点与 B 点重合。

因此，环路锁定的条件是 $\Delta\omega_o \leqslant K$，在捕捉过程中，压控振荡电路输出电压已在图 12-12 的右图显示。从电压变化规律可以看出，PLL 具有自动把压控频率牵引到输入信号频率的能力。当然，捕捉与锁定是有条件的，压控振荡的固有频率与输入信号频率必

须靠近,否则无法锁定。

(2) 跟踪过程

跟踪过程是指环路由锁定状态转变为失锁状态的过程。如果输入信号频率发生变化,产生了瞬时频差,从而瞬时相位发生变化,环路会及时调节误差电压,控制压控振荡电路,使其输出频率随之发生变化,产生新的控制频差,经环路动作之后,输出频率及时地跟踪输入信号频率。

当控制频差等于固有频差时,瞬时频差再次为零,继续维持锁定。

定义环路能够继续维持锁定状态的输入信号频率最大变化的一半为**同步带**。

上述原理与自动频率微调有很大的相似,但由于在反映信号特征时,相位比频率更精准,PLL 可以取代 AFC,反过来,AFC 不能取代 PLL。

5. 环路应用

由于锁相环的突出性能,应用极为广泛,下面列举了几种。

(1) FM(PM)调制

采用 PLL 技术的 FM(PM)调制方框图如图 12-13 所示。

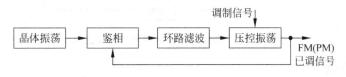

图 12-13 锁相环用于 FM(PM)调制

PLL 用于调制时,环路为载波跟踪环,调制信号不参与环路的反馈。环路锁定后,压控振荡电路的中心频率锁定在晶体振荡电路的频率上;同时,调制信号加在压控振荡电路上,对中心频率进行调制。输出信号的中心频率与晶体振荡电路的频率有着相同级别的稳定度,调频的调制灵敏度与压控振荡电路的电压控制灵敏度相同。

(2) 鉴频(鉴相)

采用 PLL 技术的鉴频(鉴相)方框图如图 12-14 所示。

图 12-14 锁相环用于鉴频(鉴相)

PLL 用于解调时,环路带宽具有适当宽带的低通特性,工作于调制跟踪状态,迫使压控振荡电路的频率与输入信号频率同步,环路滤波电路输出的控制电压与输入信号的频率变化规律相同。如果输入是调频波,则控制电压与调制信号相同,解调后再经过环外滤波电路输出低频信号。

(3) 同步检波

同步检波用于普通调幅波解调时,需要产生本地载波。用锁相环解调普通调幅波时,不需产生本地载波,可利用载波跟踪环特性,从已调波中提取载波分量,再经过 90°相移作为基准信号,同步解调之后,恢复低频信号。

PLL 用于普通调幅波同步检波的方框图如图 12-15 所示。

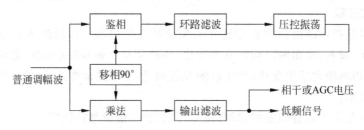

图 12-15　锁相环用于普通调幅波同步检波

（4）时钟提取

载波跟踪环特性还可用于数字通信系统的时钟提取。基带传输数字通信是不传输载波信号的,时钟分量隐含在传输的码流中,PLL 可以提取时钟信号。

PLL 用于数字通信时钟提取的方框图如图 12-16 所示。

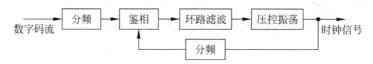

图 12-16　锁相环用于数字通信时钟提取

（5）频率合成

把分频的功能继续扩大,环内与环外都加有分频电路时,源头用一个晶体振荡电路,改变分频比,就能够达到各种数值的频率,而且频率稳定度与晶体振荡电路的稳定度处于相同级别。

如果环外源头的分频比为 M,环内的分频比为 N,则输出频率的表达式为

$$f_V + Nf_N = Nf_M = Nf_0/M \tag{12-17}$$

式中,f_M 为环外分频后进入锁相环的频率;f_N 为环内分频后的频率;f_V 为压控振荡电路的输出频率;f_0 为参考频率。

锁相环用于频率合成的方框图如图 12-17 所示。

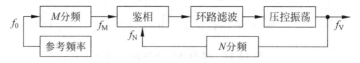

图 12-17　锁相环用于频率合成的方框图

锁相环用于频率合成还需要进一步具体化,关键在于如何控制分频,使频率合成的最终结果满足最大工作频率、频率个数和频率间隔的要求。

图 12-18 是实施吞脉冲技术的锁相环频率合成电路方框图。

图 12-18 中,双模计数为高速分频电路,在控制单元的控制下,按模 p 或 $p+1$ 计数,输出信号频率为 f_V/p 或 $f_V/(p+1)$。模数选择由控制单元根据低速 M 计数分频电路和 N 计数分频电路的状态决定。

在一个循环周期内,先按 $p+1$ 计数,直到 M 计数溢出,共计了 $M(p+1)$ 个高频脉冲(f_V)。

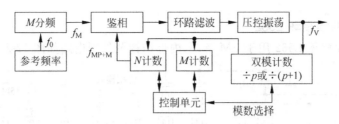

图 12-18　实施吞脉冲技术的锁相环频率合成电路方框图

M 计数和 N 计数一个 CP 脉冲为一拍,在余下的 $N-M$ 个计数节拍内,模数选择输出无效电平,双模计数按模 p 计数,直到 N 计数溢出,共计了 $(N-M)p$ 个高频脉冲(f_V)。

整个时段共计数了 $M(p+1)+(N-M)p=Np+M$ 个高频脉冲,换言之,这种分频电路的分频比为 $Np+M$。让 M 在 $0 \sim p$ 取值,$N \geqslant p$。当 $N=p$ 时,可得到 $p \sim p^2$ 的任意分频比。

例如,取 $p=32$,$N_{min}=1024$,则分频比范围为 $1066 \sim 32800$。如果设定 $f_M=26 \text{kHz}$,则压控振荡电路输出频率范围为 $26.624 \sim 820.000 \text{MHz}$,频道间隔为 26MHz。

12.2.2　电路实例

1. PLL 用于数字通信系统提取时钟信号

锁相环用于数字通信系统提取时钟信号的电路,曾经在本书第 7 章正弦振荡电路中出现过。当时着重介绍压控振荡电路,强调的是一种正弦振荡方式。现在重提,强调的是 PLL 提取数字时钟信号的作用。将原电路改画成方框图方式如图 12-19 所示。

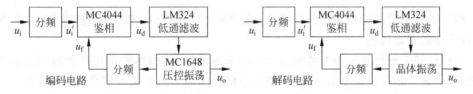

图 12-19　PLL 用于数字通信系统提取时钟信号

数字码流经过分频之后的符号为 U_i',压控振荡电路高频振荡经过分频后的信号为 U_f,两者进入集成电路 4044 鉴相,相位差电压经过集成电路 LM324 组成的低通滤波电路平滑,压控振荡电路受控元件为变容二极管。

图 12-20 画出了 PLL 提取时钟信号电路各主要点波形。

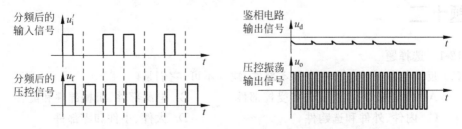

图 12-20　PLL 提取时钟信号电路各主要点波形

2. 集成电路锁相环 L562

集成电路锁相环 L562 用于 FM 解调，内部结构及外围电路如图 12-21 所示。

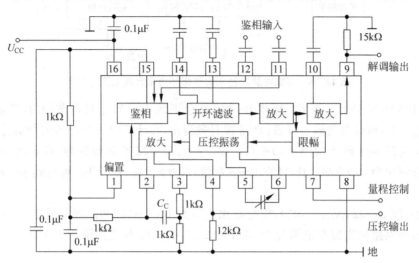

图 12-21　集成电路锁相环 L562 用于 FM 解调

电路特性为：最高工作频率 30MHz，最大锁定范围 $\pm 15\% f_0$（f_0 为压控振荡电路中心频率），电源电压 15～30V，典型工作电流 12mA，工作时由电容 C_C 完成闭环。

小结

相位比频率更能精准地反映连续正弦波的特性，自动相位控制（锁相环 PLL）比 AGC 和 AFC 性能更加优越。

锁相环的关键部件鉴相电路将两个不同来源的信号比相，差值电压经过低通滤波电路之后，再去控制压控振荡电路，使环路输出信号的频率得到输入信号频率的牵引。

锁相环的突出优点表现在载波跟踪特性和调制跟踪特性。

锁相环有捕捉和跟踪两个过程，捕捉完成就形成了环路锁定的动态平衡，建立了捕捉带；跟踪过程是为了保持锁定状态，在失锁之前的带宽（同步带）反映了锁相环保持同步的能力。

由于锁相环的突出优点，因此广泛地应用于通信和电子系统的各个领域。

习题十二

12-1　选择题

(1) 反馈控制系统包含三个基本部件，缺一不可，它们是（　　）。

    A. 检测部件、控制部件和受控部件　　　　B. 电源部件、机械部件和配件

    C. 内件、外件和选购件　　　　　　　　D. 大件、小件和零部件

(2) 反馈控制系统必须（　　）工作，控制的结果使某一个物理量达到动态平衡，环内

任何一个部件出现故障时,自动控制效果就会失效。

　　A. 开环　　　　　　B. 闭环　　　　　　C. 大信号　　　　D. 小信号

　　(3) 汽车防碰撞雷达是一个自动测距系统,其 3 个主要部件是(　　)。

　　　　A. 超声波传感器、控制板和可见可闻装置

　　　　B. 车轮、方向盘和操纵杆

　　　　C. 刹车、油门和变速器

　　　　D. 天窗、雨刮和遥控器

　　(4) 验钞机是一个伪币自动识别系统,其 3 个主要部件是(　　)。

　　　　A. 纸币特征识别传感器、控制板和报警装置

　　　　B. 电源、电路板和机箱

　　　　C. 纸币特征识别传感器、计数装置和机箱

　　　　D. 传动装置、计数装置和机箱

　　(5) 自动增益控制、自动频率控制和自动相位控制,分别控制信号的(　　),使之符合系统要求。

　　　　A. 幅度、频率和相位　　　　　　　B. 失真度、抗干扰性能和长期稳定性

　　　　C. 电压、电流和功率　　　　　　　D. 大小、强弱和高低

　　(6) 自动增益控制、自动频率控制和自动相位控制的英文缩写分别是(　　)。

　　　　A. AGC、AFC 和 APC　　　　　　B. AAC、AFC 和 APC

　　　　C. AGC、AFC 和 PLL　　　　　　D. AGC、AFC 和 ATC

　　(7) 锁相环解决了自动相位控制的问题,还能覆盖 AGC 和 AFC 技术,锁相环中的 3 个主要部件分别是(　　)。

　　　　A. 压控振荡器、鉴相器和低通滤波器

　　　　B. 压控振荡器、分频器和低通滤波器

　　　　C. 低通滤波器、分频器和鉴相器

　　　　D. 放大器、分频器和鉴相器

　　(8) 按照受控部件、检测部件和控制部件的说法,与锁相环内的部件对应的是(　　)。

　　　　A. 压控振荡器、鉴相器和低通滤波器

　　　　B. 压控振荡器、分频器和低通滤波器

　　　　C. 低通滤波器、分频器和鉴相器

　　　　D. 放大器、分频器和鉴相器

　　(9) 压控振荡器、鉴相器和低通滤波器的英文缩写分别是(　　)。

　　　　A. VCO、PD 和 LF　　　　　　　B. PD、VCO 和 LF

　　　　C. VCO、LF 和 PD　　　　　　　D. PD、LF 和 VCO

　　(10) 自动增益控制系统中,受控元件是(　　)。

　　　　A. 有源器件　　　B. 电阻　　　　　C. 电容　　　　　D. 电感

　　(11) 自动增益控制系统中,受控元件收到的信号是(　　)。

　　　　A. 低频信号　　　　　　　　　　　B. 交流信号

　　　　C. 高频信号　　　　　　　　　　　D. 缓慢变化的直流信号

(12) 自动增益控制电路运行的规律是(　　　)。

    A. 接收信号越强,放大电路增益越低

    B. 接收信号越强,放大电路增益越高

    C. 放大电路增益固定不变

    D. 放大电路增益通过人工调节

(13) 自动增益控制电路形式包括(　　　)。

    A. 简单 AGC 和延迟 AGC   B. 低频 AGC 和高频 AGC

    C. 直流 AGC 和交流 AGC   D. 自动 AGC 和人工 AGC

(14) 自动频率控制电路锁定之后的误差称为(　　　)。

    A. 剩余幅差   B. 剩余相差

    C. 剩余频差   D. 剩余频率

(15) 自动频率控制电路中,输入信号与压控振荡电路的输出信号比较,如果比较频率准确,则鉴频电路输出的误差电压为(　　　),压控振荡电路的输出信号频率(　　　)。

    A. 直流   B. 不变   C. 零   D. 变化

(16) 锁相环的两个突出特性表现在(　　　)。

    A. 载波跟踪特性和调制跟踪特性   B. 输出功率大和电路效率高

    C. 信号线性度好和抗干扰能力强   D. 抗干扰能力强和长期稳定性好

(17) 锁相环有两种不同的工作过程,它们是(　　　)。

    A. 捕捉过程和跟踪过程   B. 开机起振和幅度稳定

    C. 直流过程和交流过程   D. 短期过程和长期过程

(18) 捕捉带和同步带反映锁相环的工作能力,其规律是(　　　)。

    A. 捕捉带小于同步带   B. 捕捉带大于通频带

    C. 捕捉带大于同步带   D. 同步带小于通频带

(19) 鉴相在锁相环中是关键环节,用模拟乘法器可以实现(　　　)鉴相特性。

    A. 正弦   B. 余弦   C. 正切   D. 余切

12-2　判断题

(1) 反馈控制系统必须闭环工作,才能达到效果。   (　　)

(2) 反馈控制系统的结果是使某个物理量维持在一个动态平衡值。   (　　)

(3) 中波收音机中的中频 465kHz 信号是通过自动增益控制电路稳定幅度的。 (　　)

(4) 自动增益控制系统中的控制部件一般都是直流放大电路。   (　　)

(5) 自动频率控制系统中的受控部件一般都是压控振荡电路。   (　　)

(6) 电视接收机中的中频 38MHz 信号是通过自动频率控制电路稳定频率的。 (　　)

(7) 捕捉带决定了锁相环进入锁定状态的可靠性。   (　　)

(8) 同步带决定了锁相环锁定之后的相位误差大小。   (　　)

12-3　根据锁相环用于通信系统提取时钟的两种电路形式,试比较其性能特点填于表 12-5 中。

表 12-5

比较内容	编 码 电 路	解 码 电 路
方框图	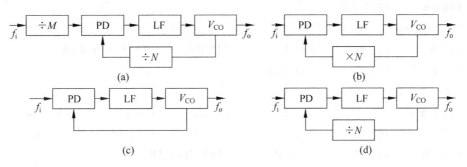	
相同点		
系统要求		
具体实施		

12-4 根据图 12-22 中所列方框图,说明各个电路输入信号频率与输出信号频率的关系。

图 12-22

部分习题参考答案

1-1 选择题

(1) B　　　(2) A　　　(3) AB　　　(4) C　　　(5) BA　　　(6) CDAB

(7) BAA　　(8) C　　　(9) ADE　　(10) B　　(11) D　　(12) ACEF

(13) A　　(14) B　　(15) A　　(16) B　　(17) B　　(18) A

(19) B　　(20) AD

2-1 选择题

(1) B　　　(2) B　　　(3) B　　　(4) BA　　(5) ABCABCBC

(6) BDA　　(7) C　　　(8) AD

3-1 选择题

(1) CB　　(2) A　　　(3) D　　　(4) A　　　(5) C　　　(6) CA

(7) B　　　(8) BB　　(9) C　　　(10) B　　(11) BD　　(12) C

(13) B　　(14) B　　(15) B　　(16) CBFGDF

4-1 选择题

(1) BADC　(2) ABCD　(3) AB　　(4) BB　　(5) AABB　(6) AB

(7) ABCD　(8) AB　　(9) A　　　(10) BA　　(11) AB　　(12) CADB

4-2 判断题

(1) √　(2) √　(3) ×　(4) ×　(5) ×　(6) √

5-1 选择题

(1) A　　　(2) AAB　　(3) C　　　(4) A　　　(5) AB　　(6) B

(7) CB　　(8) C　　　(9) B　　　(10) DACB (11) BE

5-2 判断题

(1) √　(2) √　(3) ×　(4) ×　(5) ×　(6) √

6-1 选择题

(1) BA　　(2) BA　　(3) AB　　(4) CBAD　(5) AD　　(6) AC

(7) AC　　(8) B　　　(9) A　　　(10) D　　(11) C

6-2 判断题

(1) ×　(2) ×　(3) √　(4) √　(5) √

7-1 选择题

(1) B　　　(2) A　　　(3) A　　　(4) B　　　(5) B　　　(6) B

(7) B　　　(8) A　　　(9) D　　　(10) C　　(11) B　　(12) A

(13) AD

7-2　判断题

(1) ×　(2) √　(3) √　(4) √　(5) √　(6) √　(7) √　(8) √

8-1　选择题

(1) BCEI　(2) C　　　(3) BDA　(4) D　　(5) A　　(6) A

(7) D　　(8) D　　(9) D　　(10) B　　(11) A　　(12) C

(13) A　　(14) ABC　(15) BDE

8-2　判断题

(1) √　(2) √　(3) ×　(4) √　(5) √　(6) √　(7) √　(8) ×

9-1　选择题

(1) A　　(2) A　　(3) A　　(4) A　　(5) A　　(6) A

(7) D　　(8) ABC　(9) B　　(10) B　　(11) D　　(12) A

(13) B　　(14) A　　(15) A　　(16) A　　(17) B　　(18) DC

9-2　判断题

(1) ×　(2) ×　(3) ×　(4) √　(5) √　(6) √　(7) √

10-1　选择题

(1) C　　(2) AB　　(3) BC　　(4) ABC　(5) AED　(6) C

(7) C　　(8) B　　(9) B　　(10) B　　(11) C　　(12) ABCDEF

(13) E　　(14) A　　(15) B　　(16) B　　(17) CD　　(18) CA

(19) B　　(20) BAC　(21) BABA

10-2　判断题

(1) √　(2) √　(3) √　(4) √　(5) √　(6) √　(7) √　(8) √

11-1　选择题

(1) A　　(2) A　　(3) AB　　(4) AB　　(5) B　　(6) D

(7) A　　(8) ACDEGH　(9) D　　(10) A　　(11) BFG　(12) BFG

(13) AFH

11-2　判断题

(1) √　(2) √　(3) √　(4) √　(5) √　(6) √

12-1　选择题

(1) A　　(2) B　　(3) A　　(4) A　　(5) A　　(6) A

(7) A　　(8) A　　(9) A　　(10) A　　(11) D　　(12) A

(13) A　　(14) C　　(15) CB　　(16) A　　(17) A　　(18) A

(19) A

12-2　判断题

(1) √　(2) √　(3) √　(4) √　(5) √　(6) √　(7) √　(8) √

参 考 文 献

[1] 陶希平.模拟电子技术[M].2版.北京：化学工业出版社,2008.

[2] 张澄.高频电子电路[M].北京：人民邮电出版社,2006.

[3] 刘聘.高频电子技术[M].北京：人民邮电出版社,2006.

[4] 胡宴如.高频电子线路[M].北京：高等教育出版社,2004.

[5] 管美莹.模拟电子技术习题与解答[M].北京：机械工业出版社,2010.